石油工程技能培训系列教材

石油地震勘探工

陈治庆　主编

中国石化出版社

内 容 提 要

《石油地震勘探工》为《石油工程技能培训系列教材》之一，与《石油勘探测量工》同为物探专业技能培训教材。本教材以石油地震勘探原理为基础，以石油地震勘探常用设备和施工工序为主线，结合现场生产，重点对石油物探方法、地震勘探技术基础知识进行了详细讲解，并就地震钻机、采集设备、地震爆炸设备的故障排除、使用与维护的操作流程和要领做了详细描述，具有较强的系统性、先进性和实操性。

本教材为石油地震勘探操作人员技能培训必备教材，也可作为相关专业大中专院校师生的参考教材。

图书在版编目（CIP）数据

石油地震勘探工 / 陈治庆主编 . — 北京：中国石化出版社，2023.8

ISBN 978-7-5114-7214-4

Ⅰ . ①石… Ⅱ . ①陈… Ⅲ . ①油气勘探－地震勘探－技术培训－教材 Ⅳ . ① P618.130.8

中国国家版本馆 CIP 数据核字（2023）第 149358 号

中国石化出版社出版发行

地址：北京市东城区安定门外大街58号
邮编：100011 电话：（010）57512500
发行部电话：（010）57512575
http：//www. sinopec-press. com
E-mail：press@ sinopec. com
北京富泰印刷有限公司印刷
全国各地新华书店经销

*

787 毫米 ×1092 毫米 16 开本 18.25 印张 402 千字
2023 年 9 月第 1 版 2023 年 9 月第 1 次印刷
定价：78.00 元

《石油工程技能培训系列教材》编写工作指导委员会

物探专业教材编写分委会

主　任：宋明水

副主任：张　伟

成　员：曹国滨　王　平　张光德　曾令龙

陈治庆　唐汇超　陈金林　赵军才

邓　搏　陈海滨　刘传山

《石油地震勘探工》编审人员

主　编：陈治庆

编　写：毕义龙　袁　俊　崔光宇　刘启鹏

王晓东　张兴发　米福贵　柳红杰

盖向阳　张志伟　李　伟　陈登明

郭　海　朱忠安　尹国良　赵继革

姚　雷　蒋　玲

审　稿：胡立新　杨德宽　任立刚　苏培盛

陈国宁　王　博

序

PREFACE

习近平总书记指出："石油能源建设对我们国家意义重大，中国作为制造业大国，要发展实体经济，能源的饭碗必须端在自己手里。"党的二十大报告强调："深入推进能源革命，加大油气资源勘探开发和增储上产力度，确保能源安全。"石油工程是油气产业链上不可或缺的重要一环，是找油找气的先锋队、油气增储上产的主力军，是保障国家能源安全的重要战略支撑力量。随着我国油气勘探开发向深地、深海、超高温、超高压、非常规等复杂领域迈进，超深井、超长水平段、非常规等施工项目持续增加，对石油工程企业的核心支撑保障能力和员工队伍的技能素质提出了新的更高要求。

石油工程企业要切实履行好"服务油气勘探开发、保障国家能源安全"的核心职责，在建设世界一流、推进高质量发展中不断提高核心竞争力和核心功能，迫切需要加快培养造就一支高素质、专业化的石油工程产业大军，拥有一大批熟练掌握操作要领、善于解决现场复杂疑难问题、勇于革新创造的能工巧匠。

我们组织编写的《石油工程技能培训系列教材》，立足支撑国家油气产业发展战略所需，贯彻中国石化集团公司人才强企战略部署，把准石油工程行业现状与发展趋势，符合当前及今后一段时期石油工程产业大军技能素养提升的需求。这套教材的编审人员集合了中国石化集团公司石油工程领域的高层次专家、技能大师，注重遵循国家相关行业标准规范要求，坚持理论与实操相结合，既重理论基础，更重实际操作，深入分析提炼了系统内各企业的先进做法，涵盖了各相关专业（工种）的主要标准化操作流程和技能要领，具有较强的系统性、科学性、规范性、实用性。相信该套教材的出版发行，能够对推动中国石化乃至全国石油工程产业队伍建设和油气行业高质量发展产生积极影响。

匠心铸就梦想，技能成就未来。希望生产一线广大干部员工和各方面读者充分运用好这套教材，持续提升能力素质和操作水平，在新时代新征程中奋发有为、建功立业。希望这套教材能够在实践中不断丰富、完善，更好地助力培养石油工程新型产业大军，为保障油气勘探开发和国家能源安全作出不懈努力和贡献！

中石化石油工程技术服务股份有限公司

董事长、党委书记

2023 年 9 月

前言

FOREWORD

技能是强国之基、立业之本。技能人才是支撑中国制造、中国创造的重要力量。石油工程企业要高效履行保障油气勘探开发和国家能源安全的核心职责，必须努力打造谋求自身高质量发展的竞争优势和坚实基础，必须突出抓好技能操作队伍的素质提升，努力培养造就一支技能素养和意志作风过得硬的石油工程产业大军。

石油工程产业具有点多线长面广、资金技术劳动密集、专业工种门类与作业工序繁多、不可预见因素多及安全风险挑战大等特点。着眼抓实石油工程一线员工的技能培训工作，石油工程企业及相关高等职业院校等不同层面，普遍期盼能够有一套体系框架科学合理、理论与实操结合紧密、贴近一线生产实际、具有解决实操难题“窍门”的石油工程技能培训系列教材。

在中国石化集团公司对石油工程业务进行专业化整合重组、中国石化石油工程公司成立 10 周年之际，我们精心组织编写了该套《石油工程技能培训系列教材》。编写工作自 2022 年 7 月正式启动，历时一年多，经过深入研讨、精心编纂、反复审校，于今年 9 月付梓出版。该套教材涵盖物探、钻井、测录井、井下特种作业等专业领域的主要职业（工种），共计 13 册。主要适用于石油工程企业及相关油田企业的基层一线及其他相关员工，作为岗位练兵、技能认定、业务竞赛及其他各类技能培训的基本教材，也可作为石油工程高等职业院校的参考教材。

在编写过程中，坚持“系统性与科学性、针对性与适用性、规范性与易读性”相统一。在系统性与科学性上，注重体系完整，整体框架结构清晰，符合内在逻辑规律，其中《石油工程基础》与其他 12 册教材既相互衔接又各有侧重，整套教材紧贴技术前沿和现场实践，体现近年来新工艺新设备的推广，反映旋转导向、带压作业等新技术的应用等。在针对性与适用性上，既有物探、钻井、测录井、井下特种作业等专业领域基础性、通用性方面的内容，也凝练了各企业、各工区近年来摸索总结的优秀操作方法和独门诀窍，紧贴一线操作实际。在规范性与易读性上，注重明确现场操作标准步骤方法，保持体例格式规范统一，内容通俗易懂、易学易练，形式喜闻乐见、寓教于乐，语言流畅简练，符合一线员工"口味"。每章末尾还设有"二维码"，通过扫码可以获取思维导图、思考题答案、最新修订情况等增值内容，助力读者高效学习。

为编好本套教材，中国石化石油工程公司专门成立了由公司主要领导担任主任、班子成员及各所属企业主要领导组成的教材编写工作指导委员会，日常组织协调工作由公司人力资源部牵头负责，各相关业务部门及各所属企业人力资源部门协同配合。从全系统各条战线遴选了中华技能大奖、全国技术能手、中国石化技能大师获得者等担任主编，并精选业务能力强、现场经验丰富的高层次专家和业务骨干共同组成编审团队。承担13本教材具体编写任务的牵头单位如下：《石油工程基础》《石油钻井工》《石油钻井液工》《钻井柴油机工》《修井作业》《压裂酸化作业》《带压作业》等7本由胜利石油工程公司负责，《石油地震勘探工》和《石油勘探测量工》由地球物理公司负责，《测井工》和《综合录井工》由经纬公司负责，《连续油管作业》由江汉石油工程公司负责，《试油（气）作业》由西南石油工程公司负责。本套教材编写与印刷出版过程中得到了中国石化总部人力资源部、油田事业部、健康安全环保管理部等部门和中国石化出版社的悉心指导与大力支持。在此，向所有参与策划、编写、审校等工作人员的辛勤付出表示衷心的感谢！

编辑出版《石油工程技能培训系列教材》是一项系统工程，受编写时间、占有资料和自身能力所限，书中难免有疏漏之处，敬请多提宝贵意见。

编委会办公室

2023年9月

目录

CONTENTS

第一章

石油物探基础

PART 1

从油气的生成到油气矿藏的形成，是客观事物不断发展和转化的过程。在适宜的地质环境下，地壳中的原始有机质转化成石油和天然气，并由分散状态聚集起来形成油气藏。在一定条件下，油气藏可能遭受破坏，散逸油气遇到新的合适条件，仍可能再次聚集成矿藏。因此，石油和天然气的生成、运移、聚集、破坏、再聚集，可视为一个统一的发展过程。地震勘探的目标就是寻找油气藏和其他矿产。

石油又称原油，是以液态形式存在于地下岩石孔隙中的可燃有机矿产。在地下油气藏中的石油无论是在成分上还是在相态上都是极其复杂的混合物。石油在成分构成上以烃类为主，含有数量不等的非烃化合物及多种微量元素；在相态上以液态为主，溶有大量烃气及少量非烃气，并溶有数量不等的烃类和非烃类的固态物质。

天然气可以理解为自然界中一切天然生成的气体，包括气圈、水圈、岩石圈以及地幔和地核中的一切天然气体。就石油勘探来讲，天然气是指存在于地下岩石中，与油气田有关的以烃类为主的气体。它既可呈聚集状态，也可呈分散状态；既可与石油伴生，也可单独存在。

第一节 石油物探方法

一 石油物探方法概述

（一）石油天然气勘探的概念

石油天然气勘探是为了寻找和查明油气资源利用各种勘探手段了解地下的地质状况，认识油气的生成、运移、聚集、保存等条件，综合评价含油气远景，确定油气聚集的有利地区，找到储油气的圈闭，探明油气田面积，摸清油气藏情况和产出能力的过程。

石油天然气勘探主要工作方法有地质法、石油地球物理勘探法、石油地球化学勘探法和钻探法。

（二）石油地球物理勘探法

石油地球物理勘探法亦称石油物探法，简称物探法，是基于地球物理学和石油地质学理论，采用相应的地球物理仪器和装备在地球表面（包括陆地与海洋），或者在空中、井中记录地下信息，并通过相应的数据处理和解释获取地下地层的物性（弹性、电性、磁性、密度、放射性）及结构，寻找隐藏在地层中的石油及天然气的方法。

石油物探法主要有地震勘探、重力勘探、电法勘探、磁法勘探、放射性勘探等方法。

1. 地震勘探

地震勘探是指在地球表面或在井中研究人工震源产生的弹性波（又称地震波）在地壳中的传播特性，进而反映地质构造和地层特性的方法，主要是利用岩石的弹性差异进行勘探。地震勘探根据人工震源产生的波型不同分为纵波勘探和横波勘探（或转换波勘探）；根据地震波场特征分为反射法勘探、折射法勘探。上述各种方法既可单独使用，又可联合使用，联合使用时称为多波勘探。地震勘探是石油物探方法中最主要的勘探方法，其中又以地震反射法应用最为普遍。

2. 重力勘探

重力勘探是指在地球表面、空中或井中以研究地下岩石密度分布特征为基础的勘探方法，主要是利用地壳岩石的重力差异进行勘探。

3. 电法勘探

电法勘探是指在地表、井中或空中以测量地表面电磁场空间与时间的分布变化，勘查地质构造及地层的电磁性，进而推断不同电性层起伏及含油气性的方法，主要是利用岩石的导电性差异进行勘探。

4. 磁法勘探

磁法勘探是指在地球表面或空中测量磁场强度或者磁场强度某个分量变化的方法，主要是利用地壳岩石的磁性差异进行地质调查。

5. 放射性勘探

放射性勘探是指在地表或井中测量岩石放射性特性的勘探方法。

二 地震勘探基本原理

地震勘探作为一门边缘性的应用学科，是随着相关学科技术水平的提高而不断发展的。20 世纪 80 年代以来，计算机技术发展突飞猛进，硬件不断小型化，计算速度呈几何级数增长，各类先进的系统软件和应用软件不断发展和完善，多道数字仪、无线遥测技术、海底电缆接收系统等相继得到开发与应用，在勘探方法上实现了从二维多次覆盖向三维、四维地震勘探等技术的迈进；凡此种种，均带动了地震勘探技术的进步，使地震勘探不但能研究地下构造形态，而且可以对岩性变化和流体性质进行研究；不但能为地质勘探服务，而且可为油田开发服务。

（一）地震波形成机理

所谓地震勘探，就是通过人工方法激发地震波，研究地震波在地层中的传播情况，以查明地下地质构造和岩性特征，为寻找油气田服务的一种勘探方法。

地震波的形成：弹性理论揭示，波实质上是弹性振动在弹性介质中的传播过程。在地震勘探中，在震源瞬间激发产生的冲击力作用下，岩石质点产生弹性振动，这种弹性振动在地下岩层中由近及远传播开去，就形成地震波。

由此可见，地震波的形成必须具备两个条件：第一，要有震源，这是产生冲击力和振动能量的来源；第二，存在能够传播弹性振动的弹性介质。

陆上地震勘探一般采用炸药震源。在地面钻一口井，将药包置于井中，然后启爆炸药，在爆炸产生的强大冲击力作用下，药包周围介质形成了破坏圈、塑性带、弹性形变区 3 个形变区（图 1–1–1）。

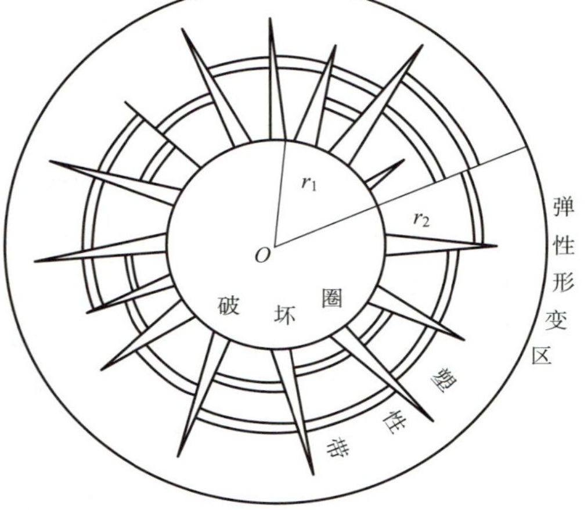

图 1–1–1 爆炸冲击作用下的岩层形变

1. 破坏圈

炸药爆炸瞬间产生的高温高压气体，对药包周围的岩石形成一股巨大的冲击力，由于冲击造成的压力大大超过了岩石的极限强度，所以岩石被压碎破坏，造成一个空腔和一个破碎区，它们合称为破坏圈。有相当大一部分爆炸能量在这一过程中被消耗掉。

2. 塑性带

随着震源距离的增加，爆炸能量迅速减小，于是对岩石的压力也随之减小，但还是超过岩石的弹性限度，因此岩石虽不遭破碎，但发生塑性形变，形成一些辐射状或环状裂隙，称为塑性带。

3. 弹性形变区

过了塑性带后，爆炸能量已经衰减得很小，对岩石的压力也变得很小，同时爆炸的延续时间非常短，只有几百微秒，所以在这个区内的岩石已处于弹性限度内，可以看成理想弹性体，称为弹性形变区。

（二）地震波传播的运动学特征

地震波传播的运动学特征主要包括：波前（惠更斯原理）、射线（费马原理）、时距曲线、速度，它们是几何地震学理论的核心。

地震波运动学研究的内容是地震波在地层中传播的空间几何位置与传播时间的关系，它与几何光学相似，也是引用波前、射线、时距曲线等几何图形来描述波的运动过程和规律，因此又叫几何地震学。

1. 波前与波前原理

假设地下岩石为均匀介质（所谓均匀介质是指地震波在其中的传播速度等于常数的介质）。在地表“O”点爆炸后，地震波就开始从震源“O”处向各个方向传播开去。如果把某一时刻（T_1）介质中所有刚刚开始振动的点连成曲面，这个面就叫作 T_1 时刻的波前。而

由 T_1 时刻介质中所有刚刚停止振动的点连成曲面，叫作 T_1 时刻的波尾。波前与波尾之间的介质质点，此时正在振动，所以这个区间叫作振动带（图 1–1–2）。

惠更斯原理指出波前向前传播的规律，波前上的每一个点，都可以看成是一个新的点震源，叫作子波源；子波源发出的子波以原速度传播，所有子波波前形成的包络面就是新的波前。

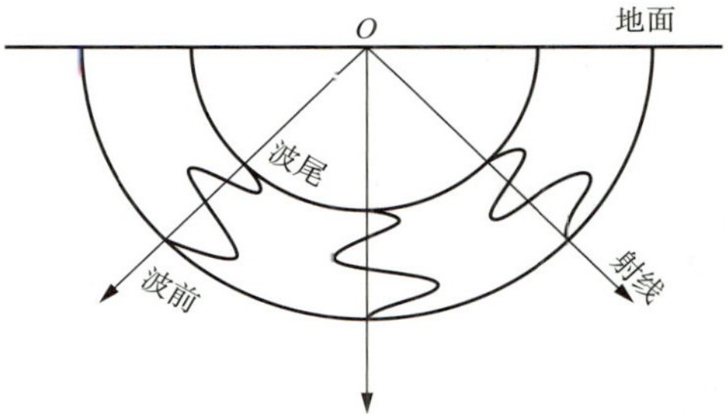

图 1–1–2　地震波传播示意图

根据这个原理，可以由已知时刻的波前，用作图法求出后来时刻的波前。图 1–1–3 就是在均匀介质中求取球面波和平面波前的作图方法。

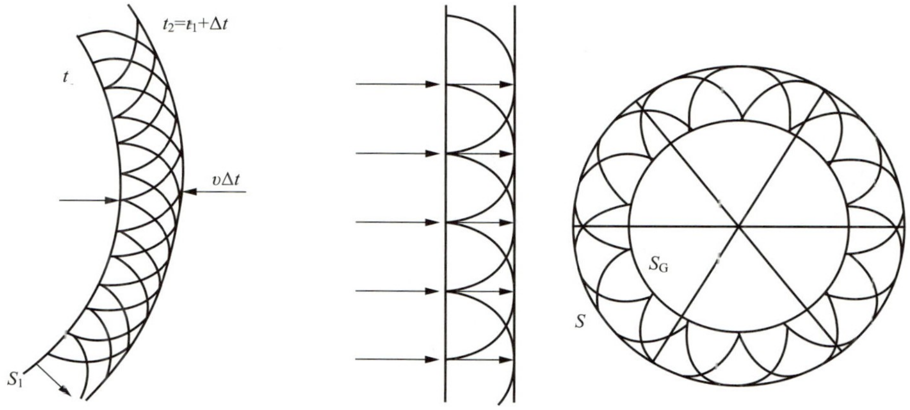

(a)利用惠更斯原理求新波前　　(b) 惠更斯原理对平面波和球面波的应用

图 1–1–3　波前传播示意图

2. 射线与射线原理

地震波的传播，除了可以用波前来描述外，还可以用射线来表示。可以认为，地震波从介质的这一点传播到另一点是沿着一条假想的“路径”运动的，这条假想的路径就叫射线。在各向同性介质中，通过某点的射线总是和通过该点的波面相垂直。

射线只是个假想的概念，并不真正存在，真正存在的是波前。实际的波前图是很复杂的，而采用射线来研究时，往往可使问题简化，所以射线成为几何地震学中方法研究的基础。

波沿射线传播的时间和沿其他任何路径传播的时间比较起来最小，这就是费马原理或时间最小原理。根据费马原理很容易理解下列现象：在均匀介质中，球面波的射线是一簇由波源发出的辐射线，平面波的射线是一簇垂直于波面的平行线。

3. 时距曲线与时距曲线方程

时距曲线是表示波从震源出发，传播到测线上各观测点的传播时间 t 同观测点相对于激发点的距离之间的关系。时距曲线方程是时距曲线的代数方程式。

假设均匀介质，观测点相对于激发点的距离为 x，波速为 v，反射界面埋深为 H，则直达波的时距曲线方程为：

$$t=x/v$$

反射波的时距曲线方程为：

$$t=(4H^2+x^2)^{1/2}/v$$

直达波的时距曲线是直线，反射波的时距曲线是双曲线，如图 1–1–4 所示。

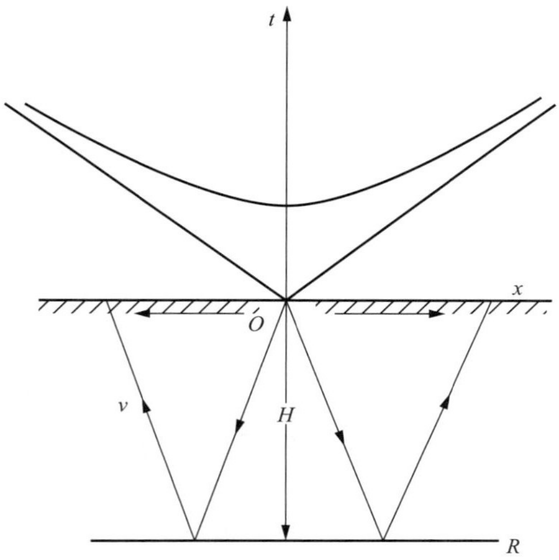

图 1–1–4　直达波和反射波的时距曲线

4. 视速度与真速度

真速度是指地震波沿垂直于波前方向的传播速度，通常就直接称为速度，用 v 表示；视速度是指地震波沿测线方向传播的速度。视速度概念与时距曲线紧密相关，它可由时距曲线求得，即采用微分形式：

$$v^*=\mathrm{d}x/\mathrm{d}t$$

上式表示视速度是时距曲线斜率的倒数。

假设平面波以 α 角入射到水平界面上，速度为 v（图 1–1–5），t_1 和 t_2 代表两个波前平面，相距为 λ，λ 是真波长，设视波长为 λ^*，视速度为 v^*，则有：

$$v^*=v/\sin\alpha$$

$$\lambda^*=\lambda/\sin\alpha$$

因为恒有 $\sin\alpha\leqslant1$，所以视速度总是大于等于真速度，视波长总是大于等于真波长。

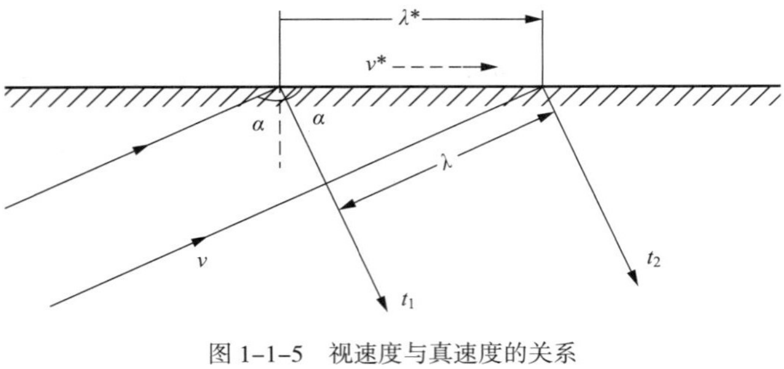

图 1–1–5　视速度与真速度的关系

（三）地震波传播的动力学特征

地震波动力学主要研究波动的形状变化、振幅、能量大小和频率分布等问题，它们是物理地震学的基础。

1. 地震波波形

波在弹性介质中的传播过程，实质上是质点位移随时间和空间变化的过程，描述质点位移随时间或空间变化的图形叫作波形。如果在地面上沿某一条测线布置多道检波器来观测地震波，质点的空间位置用 x 表示，振动时间用 t 表示，质点位移用 U 表示，则地震波波形可分为两种：一种是振动曲线（图 1–1–6），另一种是波剖面（图 1–1–7）。振动曲线是反映某个固定质点，不同时刻的振动关系图形，用 x 表示。这一种应用比较广泛，大家也比较熟悉，平常看到的地震记录就是属于这一种图形。波剖面是反映同一时刻不同质点间的振动关系的图形，用 $U(x)$ 表示。

简谐波可用振幅 A、周期 T、频率 f、波长 λ 和波数 k 来描述。地震波是非周期振动，是脉冲波，不能直接用上述参数表示，为了有所区别，在地震勘探中第二次引入“视”参数的概念，以此来描述地震波的特性。

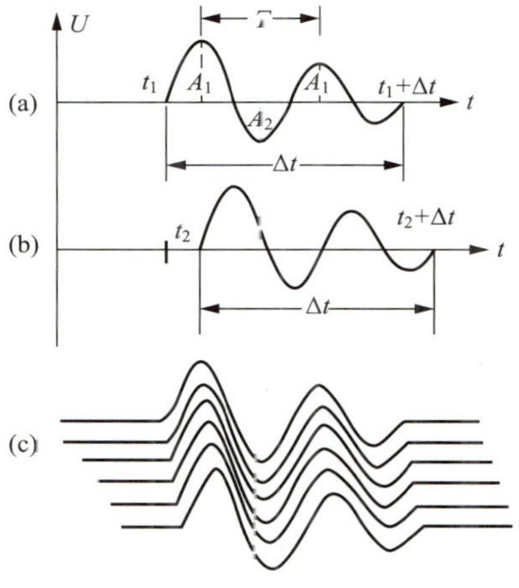

图 1–1–6　地震波振动曲线

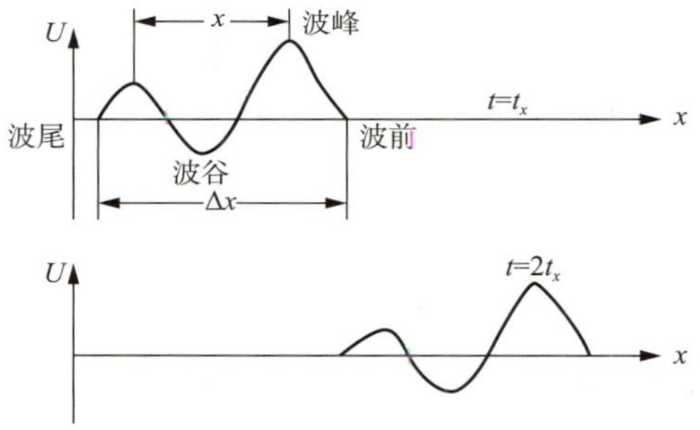

图 1–1–7　地震波波剖面

已知简谐波的 A、T、f、λ、k 与波速 v 之间有下列关系：

$$\lambda=Tv=v/f=1/k$$

地震脉冲波的视参数与波速 v 也有类似关系：

$$\lambda^*=T^*v=v/f^*=1/k^*$$

2. 地震波振幅

反射波振幅是地震勘探中的一个极重要的参数。在地震资料采集、处理过程中，人们千方百计地增强有效波，压制干扰波，目的在于提高反射波振幅。

3. 地震波振幅概念

地震波是非周期脉冲，一般有几个波峰，其振幅大小不一样，所以因研究或实际工作的不同需要，引入三种不同的振幅概念，以适应不同研究对象的需要。

①最大值振幅：选择波峰或波谷中数值最大者作为地震波振幅。

②平均振幅：假设地震脉冲波延续几个采样点，各采样点振幅值为 A_1，A_2，…，A_n，平均振幅 A 定义为：

$$A=\sum_{i=1}^{n}A_i/n$$

③均方根振幅：假设条件同上，均方根振幅 A_r，定义为：

$$A_r=\left(\sum_{i=1}^{n}A_i^2/n\right)s^{1/2}$$

一般说来，引用理论地震子波时，常选择最大值振幅，当研究的问题涉及地震波能量或强度时，更多地选择均方根振幅，通常平均振幅很少引用。

4. 反射波的振幅衰减因子

地震波从激发、传播、接收到最后在磁带上记录下来，在该过程中它的振幅要发生一系列的变化。如果将各种因素的影响都用衰减因子来表示的话，则反射波地震记录中的振幅可以表示为下式：

$$A=D_sD_dD_aRD_tD_rD_xA_o$$

式中 A——地震反射波的最终记录振幅；

A_o——地震波初始振幅；

D_s——综合的激发条件造成的衰减因子；

D_r——综合的接收条件造成的衰减因子；

D_d——波前发散因子；

D_a——介质吸收衰减因子；

R——反射系数；

D_t——中间界面透射损失因子；

D_x——综合其他因素（如面波、声波、侧面波、异常波、环境噪声等干扰波）造成的衰减因子。

5. 地震波能量与强度

根据波动原理，波在其中传播着的那一部分介质的能量 E 等于动能和势能之和。假设波正在传播的那部分介质的体积为 τ，密度为 ρ，波的振幅为 A，频率为 f，则波的能量：

$$E=C\rho\tau f^2A^2$$

式中 C——常数。

将包含在单位体积介质内的能量称为波的能量密度 ω，则有：

$$\omega=C\rho f^2A^2$$

在实际问题讨论中，真正有意义的不是波的总能量，而是单位时间内通过单位面积的能量，称为波的强度 I：

$$I=\omega V=C\rho Vf^2A^2$$

从上面三式中可以看出，波的能量、能量密度和强度都与波的振幅平方成正比，由此再次证实振幅这个参数的重要性。

6. 地震波频谱

频谱–振幅谱与相位谱统称为频谱；振动的振幅与频率的关系称振幅谱，振动的相位与频率的关系称相位谱，如图 1–1–8 所示。

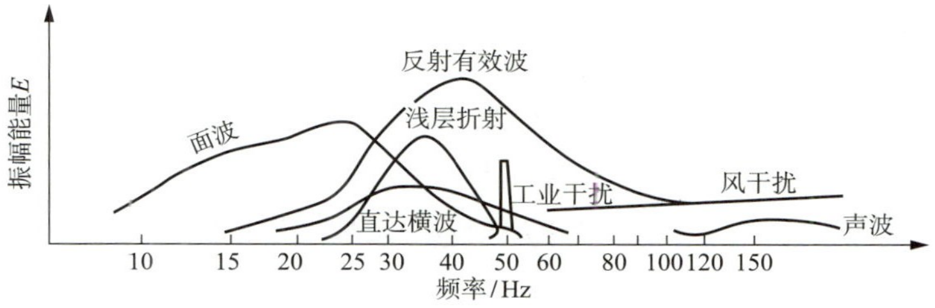

图 1–1–8　地震波的频谱图

地震波的频谱与波形等价，频谱是通过对波形傅里叶变换获得的。地震波属于脉冲波是非周期振动，频谱是连续谱。

地震波的频谱与波的类型有关，又与地层岩性结构有关。所以，地震波的频谱特征是识别波的类型和进行数字滤波的重要依据，也是进行岩性解释的信息之一。

（四）地震波的分类

震源激发后，会产生各种各样的地震波。不同的区分方法，定义了不同名称的地震波；由于研究问题的角度不同，其中有些地震波还被赋予不同的名称。

1. 按弹性形变分类

不同类型的应力产生不同类型的形变，于是也就相应形成不同类型的地震波。按照弹性形变分类，地震波可分为两种基本类型，即纵波与横波。

①纵波又称 P 波：弹性介质发生体应变所产生的波动称为纵波，或者质点的振动方向和波的传播方向相同的波，叫作纵波。

②横波又称 S 波：弹性介质发生切应变时所产生的波动称为横波。它的特点是质点的振动方向与波的传播方向互相垂直，而且只在固体中传播，在液体或气体介质中不存在横波。

由于 S 波的振动方向与波的传播方向垂直，在空间内 S 波的振动方向可分为与波传播方向相垂直的面内两个正交方向的振动，即 SH 波（水平偏振横波）和 SV 波（垂直偏振横波）。质点在垂直于交界面且垂直于波传播方向上振动的波称为 SH 波。当波的传播方向平行于介质交界面时，质点在介质交界面内且与波传播方向垂直的方向上振动的波，称为 SV 波。

当波的传播方向与介质交界面垂直时，SH 波和 SV 波的振动方向均在交界面内。V 是垂直方向，所以质点在垂直于交界面且垂直于波传播方向上振动的波称为 SV 波。

2. 按波在介质中传播的空间范围分类

按波在介质中传播的空间范围分类，地震波可分为体波和面波。

①体波：纵波和横波可以在介质的整个立体空间中传播，所以它们都称为体波。还有一种声波，它是在空气中传播的纵波，也属于体波。

②面波：只存在于不同弹性介质的分界面附近，并沿着分界面传播的波称为面波。面波的主要特点是：其强度随着与界面的距离加大而迅速衰减，但在沿分界面传播时衰减很慢。在地面上接收不到深部岩层分界面上产生的面波。影响地震勘探最主要的面波是沿地表传播的瑞雷面波。

3. 按波面的形状分类

按照波面形状分类，地震波可分为球面波和平面波。

①球面波：在波的传播过程中，如果所有的波面都是球面，叫作球面波。

②平面波：在波的传播过程中，如果波面是一系列互相平行的平面，叫作平面波。

4. 按分界面上的传播方向分类

当地震波入射到波阻抗分界面时，会产生各种不同的波，按照分界面上的传播方向分类，分别叫作入射波、反射波、透射波、滑行波、折射波，另外还有一种转换波。

5. 按上下传播方向分类

按上下传播方向，地震波可分为上行波和下行波两种类型。不管是反射波、透射波还是折射波，凡是由检波器上方到达检波器的波均称为下行波；反之，凡是由下向上到达检波器的波则称为上行波。

6. 按在分界面上反射次数分类

①直达波：由震源出发向外传播，没有遇到分界面反射而直接到达接收点的地震波称为直达波。

②一次波：在反射界面上只经过一次反射的波叫作一次波。

③多次波：地震波在两个以上波阻抗分界面之间多次反射形成的波称为多次波。所有经过二次以上反射产生的波统称为多次波。产生多次波的必要条件是存在反射系数较大的强反射界面。属于这类界面的有基岩面、不整合面、火成岩面、石灰岩面、低速带界面、海底和地表自由界面等。多次波分为全程多次波、长程多次波、短程多次波、层间多次波等。

7. 按提供的信息对勘探目标所起作用分类

地震记录中记录了直达波、反射波、折射波、多次波、面波、声波等各种各样地震波，按它们所提供的信息对勘探目标所起的作用分类，可分为有效波和干扰波两大类。

①有效波：能提供与勘探方法和勘探目标相适应的地震地质信息，有利于解决地质任务的波称为有效波。

②干扰波：所有对有效波起干扰和破坏作用的波叫作干扰波。

有效波和干扰波是一种相对的概念。对反射波地震勘探来说，反射纵波是有效波，其他就成了干扰波；但对折射波法来说，折射波成了有效波，而反射波却变成了干扰波。在反射波法中，折射波是干扰波，但在静校正处理阶段，如果采用初至折射静校正法，那么折射波又变成有效波了。

（五）地震波入射到分界面上的传播规律

与光线入射到空气和水的分界面上所产生的物理现象相类似，当地震波入射到两种介质的分界面时，也会发生波的反射、透射和折射，同时也服从斯奈尔定律（反射－折射定律）。

1. 反射-透射定律

假设地下有一个岩层分界面，如图 1-1-9 所示。波在介质 1 中的传播速度为 v_1，在介质 2 中的传播速度为 v_2，NA 是过 A 点的分界面法线。地震波从 O 点沿射线 OA 入射到分界面上 A 点，入射线和法线所夹的角 α_1 叫作入射角，透射线和法线所夹的角 α_2 叫作透射角，反射波和法线所夹的角 α_3 叫作反射角，反射线、透射线都位于入射线平面内。实验总结得出如下的规律：

①对于反射波来说，$\alpha_1=\alpha_3$，即入射角等于反射角，这就是反射定律。

②对于透射波：

$$\sin\alpha_1/\sin\alpha_2=v_1/v_2=C$$

式中，C 为常数。

入射角 α_1 正弦与透射角 α_2 正弦之比等于两种介质中的波速比，这就是透射定律。

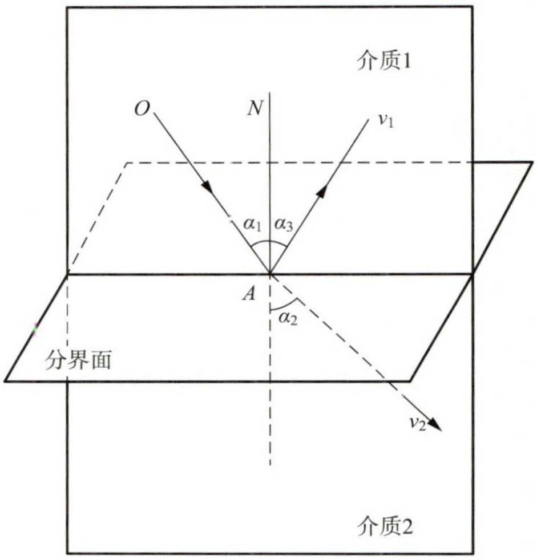

图 1-1-9　地震波的反射与透射

2. 折射波与滑行波

根据透射定律，入射角 α_1 增大时，透射角 α_2 也随之增大，透射线逐渐向分界面靠拢。如果有 $v_2 > v_1$，则有 $\alpha_2 > \alpha_1$，当 α_1 增大到某个角 i 时，可使 $\alpha_2=90°$，这时透射波就以 v_2 的速度沿界面滑行，形成滑行波（图 1-1-10），入射角 i 称为临界角，B 点为临界点。

$$i=\sin^{-1}(v_1/v_2)$$

如果已知 v_2 和 v_1，可以求出临界角 i。

滑行波以 v_2 的速度沿界面传播，这就引起了界面下介质质点的振动，由于界面两侧岩石的质点间存在弹性联系，下面介质 2 质点的振动必然会引起上覆介质 1 质点的振动，于是就在介质 1 中形成了一种新的波动，在地震勘探中称为折射波。

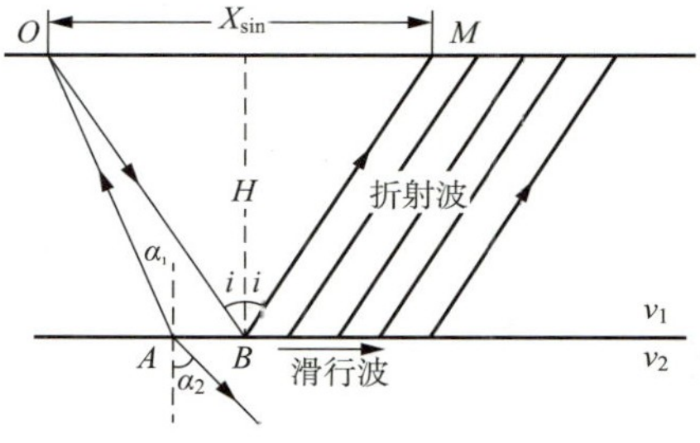

图 1-1-10　滑行波及折射波

射线 BM 是折射波的第一条射线，M 点称为折射波的起始点。从震源 O 到 M 点范围叫折射波盲区。根据图 1-1-10 很容易求出盲区大小。

$$X_m=2H\tan i=2H\left[(v_2/v_1)^2-1\right]^{-(1/2)}$$

式中，H 为分界面的深度。

当地震波的入射角大于临界角 i 时，则在临界点以外的分界面上没有透射波产生，入射波都转换为反射波，这种现象叫作波的全反射。

3. 转换波

根据平面波在弹性固体分界面上的传播理论可知，当纵波入射或横波中的 SV 波入射，且入射角又较大时，则既会产生同类的反射波和透射波，也会产生不同类的反射波和透射波。这种在分界面上由一种振动类型转换为另一种振动类型的波叫转换波。

在图 1–1–11 中，纵波 P 入射，可以产生反射纵波 P–P、透射纵波 P–P、反射横波 P–SV 和透射横波 P–SV，反射横波 P–SV 和透射横波 P–SV 就是转换波。设 v_p 为纵波速度，v_s 为横波速度，α_1 为纵波入射角，α_3 为纵波反射角，α_2 为纵波透射角，β_2 为横波透射角、β_3 为横波反射角。转换波遵循广义斯奈尔定律，即有：

$$\sin\alpha_1/v_{p1}=\sin\alpha_3/v_{p1}=\sin\alpha_2/v_{p2}=\sin\beta_2/v_{s2}=\sin\beta_3/v_{s1}$$

同样，当横波 SV 入射时，也会产生 4 种波，即反射横波 SV–SV、透射横波 SV–SV、反射纵波 SV–P 和透射纵波 SV–P（图 1–1–12），反射纵波 SV–P 和透射纵波 SV–P 也称为转换波。这些波同样服从斯奈尔定律。

需要补充指出，当入射波为 SH 横波时，只产生同类反射波和透射波，不产生转换波。

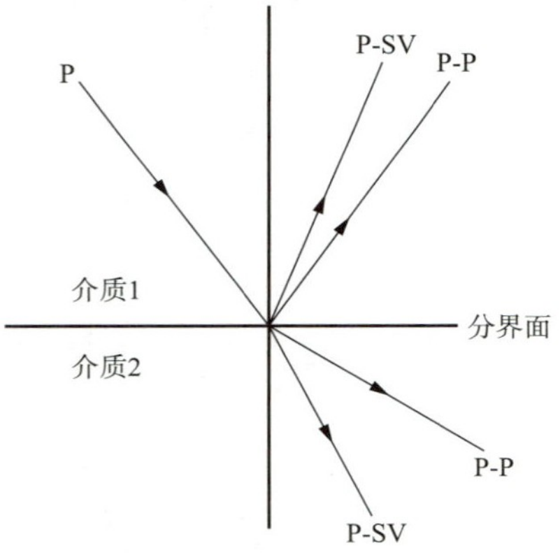

图 1–1–11　P 波入射产生的转换波

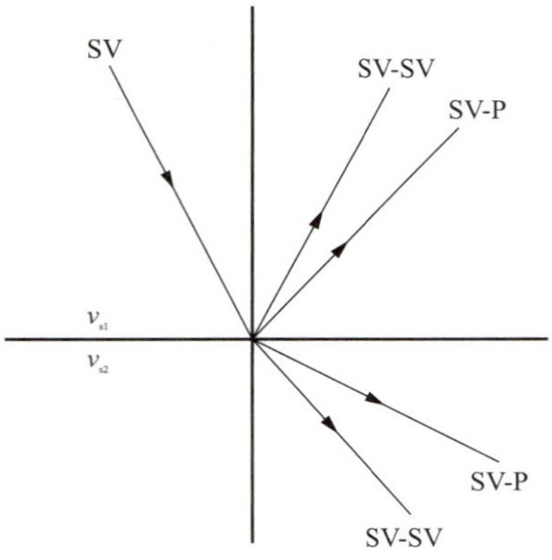

图 1–1–12　SV 波产生的转换 P 波

第二节　地震勘探采集技术

一直以来地震勘探都是寻找油气藏最主要的勘探方法，而地震勘探数据资料采集又是这一系统工程中最基础最重要的工作，数据采集质量的优劣，直接影响后期的数据处理和解释成果的精度，事关勘探成败的大局。

一 观测系统

观测系统是指地震波的激发点与接收点的相互位置关系。为了了解地下构造形态，必须连续追踪各界面的反射波。沿测线在许多激发点上分别激发，并进行连续的多次观测。每次观测时，激发点和接收点的相对位置应该保持一定的关系，以保证能够连续追踪地震界面。

观测系统选择的总体原则是：施工简便，经济高效，能够连续追踪地下界面，满足地震勘探对资料品质（信噪比、分辨率等）的基本要求。

地震测线分为纵测线和非纵测线两种。激发点和接收点在同一条直线上的测线称纵测线，激发点和接收点不在同一条直线上的测线称非纵测线。纵测线观测系统，根据对地下反射界面重复观测次数，分为单次覆盖观测系统和多次覆盖观测系统。地震勘探一般采用二维观测系统或三维观测系统的施工方法进行野外数据的采集。

二 二维观测系统

（一）二维观测系统

二维观测系统是指激发点与接收点在同一直线上的勘探方法。

1. 观测系统参数

观测系统参数如图 1–2–1 所示。

（1）道间距 ΔX（道距）：指相邻两个接收点之间的距离。

（2）排列长度 L：指激发时需要接收的检波点长度。

（3）最大炮检距 X：指激发点到最远端接收点的距离。

（4）炮点间距 d（炮距）：指相邻两个激发点之间的距离。

（5）偏移距 X_1（也叫最小炮检距）：偏移距通常指最小炮检距，激发点到第一个接收点距离称最小偏移距。

（6）覆盖次数 n：指对地下同一反射点观测的次数。

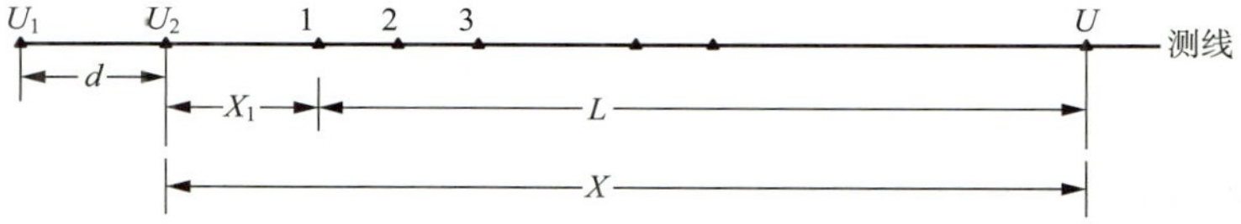

图 1–2–1　二维观测系统示意图

2. 观测系统的分类

根据观测系统的叠加特性来分，分为单边放炮观测系统和双边放炮观测系统。

（1）单边放炮观测系统

单边放炮观测系统是指炮点位于排列一端的观测系统。炮点可以位于排列左端，也可以位于排列的右端，也可以在排列中间。位于左端（小桩号）的叫单边小号放炮，如图1–2–2 所示；位于右端（大桩号）的叫单边大号放炮，如图 1–2–3 所示；位于中间的称中间放炮，如图 1–2–4 所示。

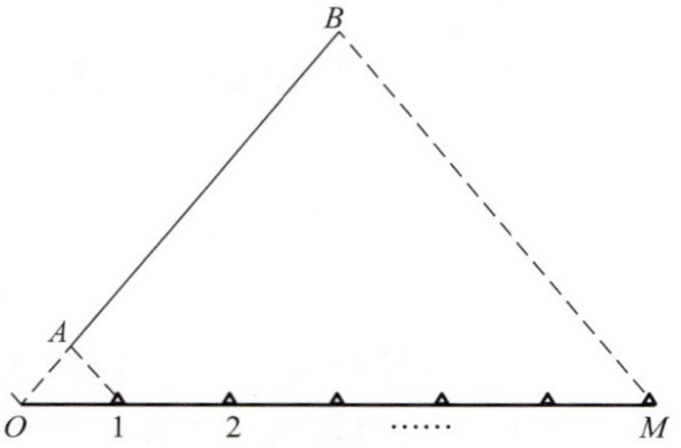

图 1–2–2　单边小号观测系统

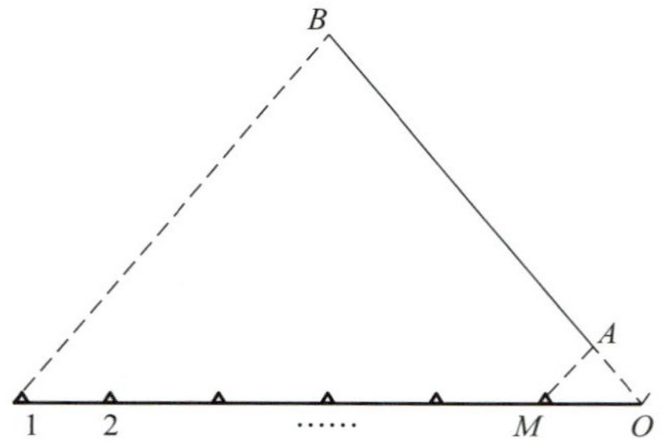

图 1–2–3　单边大号观测系统

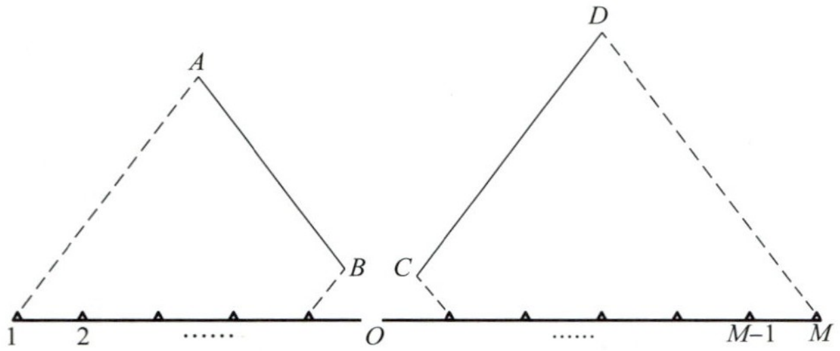

图 1–2–4　中间观测系统

（2）双边放炮观测系统

双边放炮观测系统是指炮点位于排列两侧的观测系统，如图 1–2–5 所示。

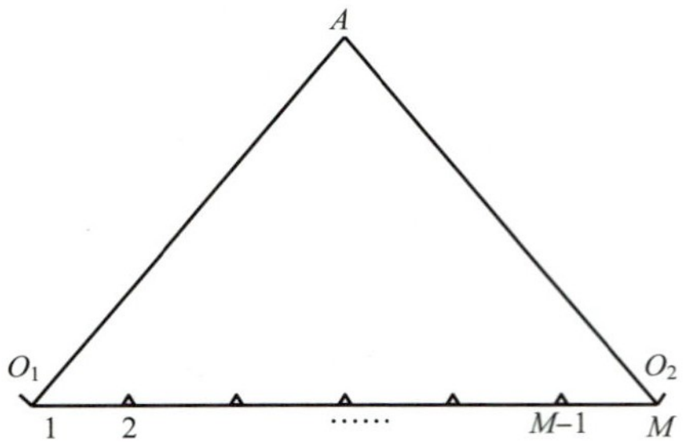

图 1–2–5　双边放炮观测系统

（二）二维观测系统描述方法

采用纵测线观测时，观测系统可用图形表示，图示方法有两种：时距平面图和综合平面图。

1. 时距平面图

做法：先把激发点和排列（安置检波器的接收段叫排列）按一定比例尺绘在横轴 X 上，通过激发点作纵轴 t 表示时间。然后把接收到的时距曲线和对应的反射界面画出来，就是纵测线的时距平面图，如图 1–2–6 所示：

O_1 激发，O_1O_2 段接收，时距曲线为 1，地下界面为 ab；O_2 激发，O_1O_2 段和 O_2O_3 段分别接收，获得的时距曲线分别是 2 和 3，反映的地下界面为 bc 和 cd。以此类推，不断移动激发点和排列位置，得一系列的时距曲线和连续的地下反射界面。

2. 综合平面图

做法：先把分布在测线上的激发点和接收点，按一定比例尺标在一条水平直线上，然后过激发点向有排列的一侧做 45° 斜线，再把测线上的接收段投影到 45° 斜线上，这种图示即综合平面图。

如图 1–2–7 所示：O_1 激发，O_1O_2 段接收，用 O_1A 表示；O_2 激发，O_1O_2 段和 O_2O_3 段接收，分别用 O_2A 和 O_2B 表示。

综合平面图的优点是：绘制方法简单，表示激发点和接收段的相对位置关系明确。在复杂情况下要表示的观测内容也是明确的。在二维勘探中大多采用综合平面图。

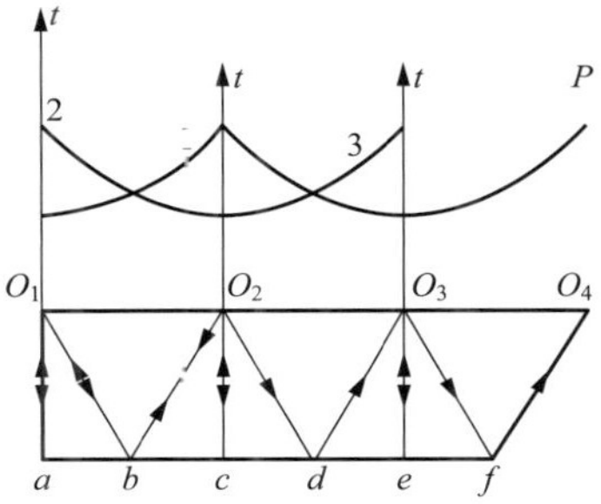

图 1–2–6　时距平面图

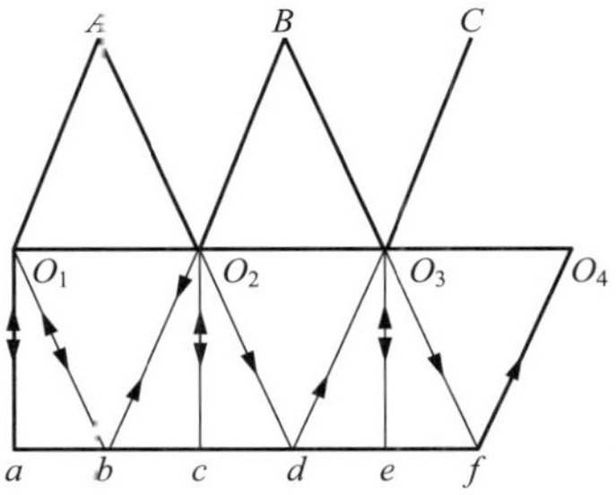

图 1–2–7　综合平面图

3. 二维多次覆盖观测系统

多次覆盖就是用多次独立的观测系统来连续追踪地下同一反射界面。下面以单边放炮 24 道接收 4 次覆盖为例说明多次覆盖的观测系统。如图 1–2–8 所示，炮点位于排列的一端，每激发一炮，炮点和接收点一起向前移动 3 个道间距。这样便组成一个 4 次覆盖的观测系统。

具体做法：将所有的炮点 O_1、O_2、O_3、O_4…及接收点按一定比例尺标在同一水平线上，然后从各炮点向排列一侧作与水平直线呈 45° 的直线，将同一排列上的 24 道分别投影到对应炮的 45° 斜线上，即得多次覆盖观测系统图。

从图中可以看到 O_1 炮的第 19 道、O_2 炮的第 13 道、O_3 炮的第 7 道、O_4 炮的第 1 道，都接收到来自 A 点的反射。因此，在观测系统图上依次选出 O_1 炮的第 19 道、O_2 炮的第 13 道、O_3 炮的第 7 道、O_4 炮的第 1 道就是共反射点道集。其他的反射点，也可以找到相应的共反射点道集。

从图 1–2–8 中可以看到，O_1、O_2、O_3、O_4 炮后只能获得 4 次覆盖的 6 个共反射点 A、B、C、D、E、F。如果放完 O_4 之后，继续放 O_5、O_6、O_7、O_8…，则可获得一条连续观测的 4 次覆盖界面。

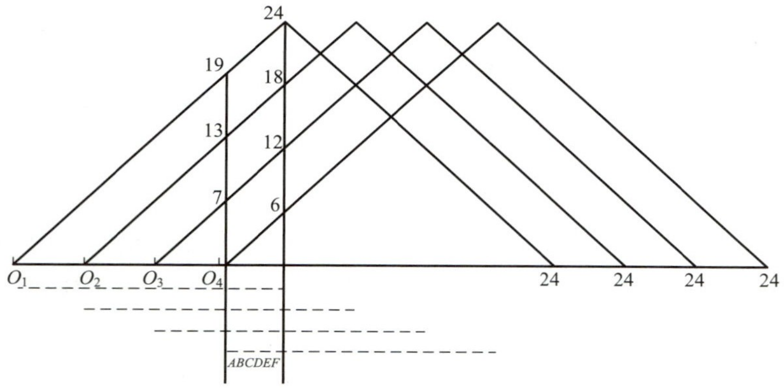

图 1-2-8　4 次覆盖观测系统

4. 二维观测系统表述方式及覆盖次数计算

（1）二维观测系统的表述方式

其表述方式反映出道距（ΔX）、最小炮检距（偏移距 X_{min}）、最大炮检距（X_{max}）等主要观测系统参数和炮点、检波点的相对位置。

单边放炮：大号放炮“$X_{max}-X_{min}-\Delta X$”或小号放炮“$\Delta X-X_{min}-X_{max}$”。

示例：大号放炮“6075–125–50”或小号放炮“50–125–6075”。

中间放炮：“$X_{max}-X_{min}-\Delta X-X_{min}-X_{max}$”。

示例：“6075–125–50–125–6075”。

（2）二维覆盖次数计算

计算公式如下：

$$N_x = \frac{n}{2d_x}$$

式中　N_x——覆盖次数；

n——接收道数；

d_x——激发点移动间距相当道距的个数。

三　三维地震观测系统

三维地震是在一定的面积内采集地下地震信息的方法，它可从三维空间（立体的）了解地下地质构造情况。这种方法可以提供剖面的、平面的、立体的地下地质构造图像，大大地提高了地震勘探的精确度，对地下地质构造复杂多变的地区特别有效。

三维地震勘探工作方法一般是指在一个面积内布设接收点，所以三维地震观测法又称为面积观测法。

（一）三维观测系统设计原则

观测系统是指地震波的激发点与接收点的相互位置关系。三维地震观测系统设计要综合考虑地质任务、地震地质条件、地形地貌特点、人文条件及所使用的采集设备情况等。设计观测系统主要原则如下：

①在一个炮点道集或一个 CDP 道集内应有均匀分布的地震道。炮检距应当是从小到大均匀分布，以满足不同勘探目标的需要。

②在一个 CDP 道集内各炮检点连线的方位角应尽量均匀。这样一个面元上的地震道是从各个方向入射到这个面元上的，使三维的共中心点叠加具有真实显示三维反射波的特点。

③各反射面元的覆盖次数应尽可能相同或接近，均匀的覆盖次数是保证反射波振幅均匀的前提条件，有利于对复杂地质构造与岩性岩相的研究。

④三维观测系统的设计还受地面条件的制约。因此，设计前还要对三维施工工区进行较详细的踏勘。如果地面条件允许，应将采用规则的测网进行三维地震观测。复杂地表条件下，可根据踏勘情况确定出既适合于工区地表条件，又有利于地质目标的多种三维观测系统。

⑤三维地震观测系统还受地层倾角、规则干扰波等各种因素的影响，因此在最大炮检距、道距（面元大小）、覆盖次数等参数选择方面还要进一步论证。

⑥充分利用设备资源，在满足预期地质任务的前提下降低采集费用。

（二）三维观测系统有关术语的定义

①震源点：也称激发点或炮点，是指地震勘探中的能量释放点。

②接收点：也称检波点，是指地震勘探中通过检波器接收地震波的点。

③接收线：也称排列线，是指沿测线方向布设接收点的线。

④震源线：也称炮点线，是指垂直测线方向布设炮点或震源点的线。

⑤接收线距：也称排列线距，是指相邻两条接收线间的距离。

⑥激发线距：也称炮线距，是指相邻两条炮点线间的距离。

⑦道距：是指沿接收线方向相邻道之间的距离。

⑧面元：是指其中的各反射点叠加成一个叠加道的区域。

⑨排列片：一个特定炮点激发时，由参与接收的全部检波点所构成的区域（或接收点集）就是这一炮所对应的排列片，有时几个炮点可以有共同的排列片。

⑩ In-Line 方向：纵向，三维勘探中平行于接收线的方向。

⑪ Cross-Line 方向（X-Line）：横向，在三维勘探中指与接收线正交的方向。

⑫ 炮检距：在三维观测系统中任意炮点与和检波点（接收点）之间的距离。

⑬ 最小炮检距：在三维观测系统中指炮点与检波点之间距离最小的炮检距。

⑭ 最大炮检距：在三维观测系统中指炮点与检波点之间距离最大的炮检距。

⑮ 纵向最大炮检距：是指在纵向（In-Line）方向上的检波点到炮点线的最大距离。

⑯ 最大非纵距：是指在横向（Cross-Line）方向上的炮点到接收线的最大距离。

⑰ 横纵比：通常定义为最大非纵距与纵向最大炮检距之比。

⑱ 纵向滚动距：排列片平行接收线方向移动的距离。

⑲ 横向滚动距：排列片垂直接收线方向移动的距离。

（三）三维观测系统类型

三维观测系统基本分为不规则观测系统和规则观测系统两大类。不规则观测系统是指在勘探区内炮点、检波点分布极不均匀，不能连续或重复的观测系统。一般用于地面施工条件不好，有特殊施工障碍的地区和特定地质目标的区域。规则观测系统是指炮检点分布相对均匀，能重复的观测系统。多用于地面施工条件好，无特殊障碍物的地区。

1. 不规则观测系统

不规则观测系统的形式是多种多样的，可以是任意形状的，主要是根据地表条件而定。

1）框架式或环形观测系统

这种观测系统激发点和接收点都布设在各矩形或任意闭合形块的边界上，如图 1-2-9 所示。

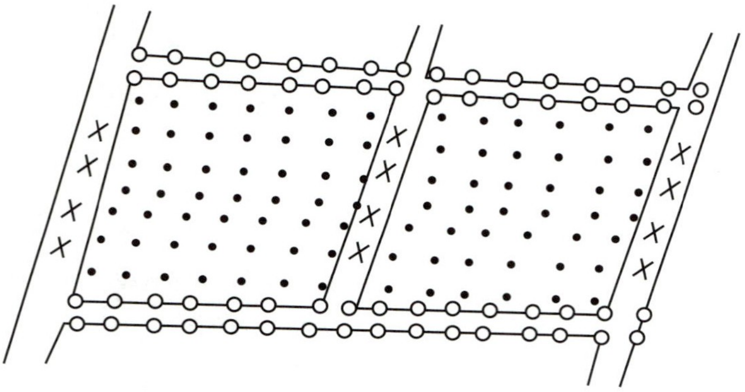

图 1-2-9　框架式或环形观测系统示意图

×—激发点；○—接收点；●—CDP 点

这种观测系统的 CDP 点距、覆盖次数是不均匀的，没有统一的公式计算。

2）树状观测系统

这种观测系统一般多用于山区，由于地表原因，只能沿地形走势布设。这种观测系统，既不呈规则形状，也不是闭合回路，只能沿实际地形采用树状的观测方式，如图 1-2-10 所示。这种观测系统使地下的 CDP 点分布、覆盖次数更加不均匀。不规则观测系统覆盖次数、CDP 点分布都可能是不均匀的，因此也是很少使用的。

2. 规则观测系统

规则观测系统的形式也是多种多样的，下面介绍几种基本的和常用的类型。

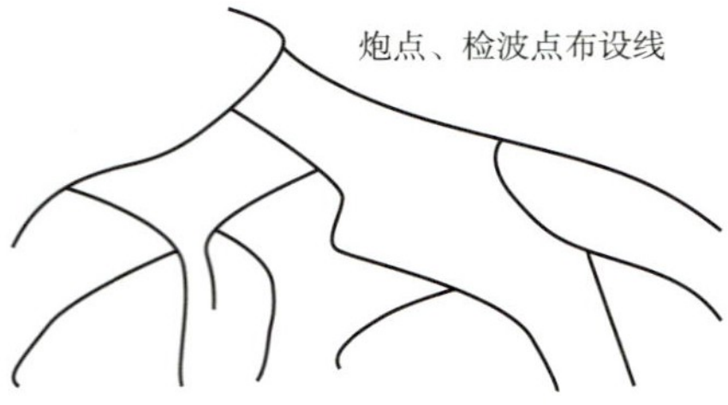

图 1-2-10　树状观测系统

1）十字型观测系统

十字型观测系统是规则观测系统中最基本的形式，其特点是震源线与接收线相互垂直，形成一个正交的“十”字排列，如图 1-2-11 所示。

十字型排列观测系统一般用于地震仪道数不多的情况，是三维地震工作早期所采用的一种观测系统。

2）正交型观测系统

正交型观测系统是在十字型观测系统的基础上，增加了接收线数，其特点是震源线与接收线相互垂直，如图 1–2–12 所示。这种观测系统是三维地震勘探常用的一种观测系统。

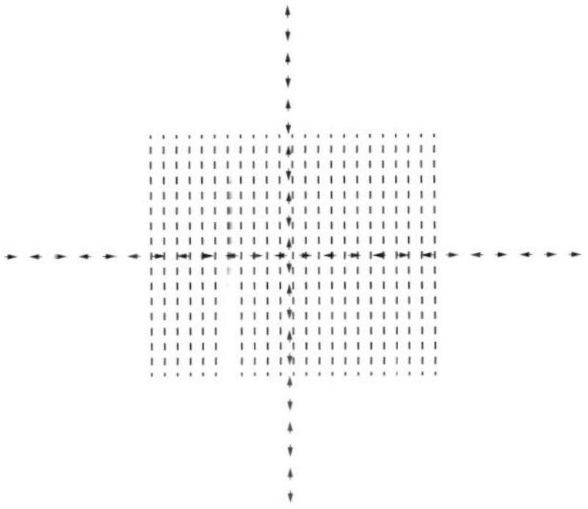

图 1–2–11　十字型观测系统

图 1–2–12　正交型观测系统

3）砖墙式观测系统

砖墙式观测系统，由于震源线与接收线构成的图形类似砖墙而得名。是在正交观测系统的基础上，交替地把相邻接收线之间的激发点群错开一定的位置，使观测系统的炮检距分布更加均匀，如图 1–2–13 所示。

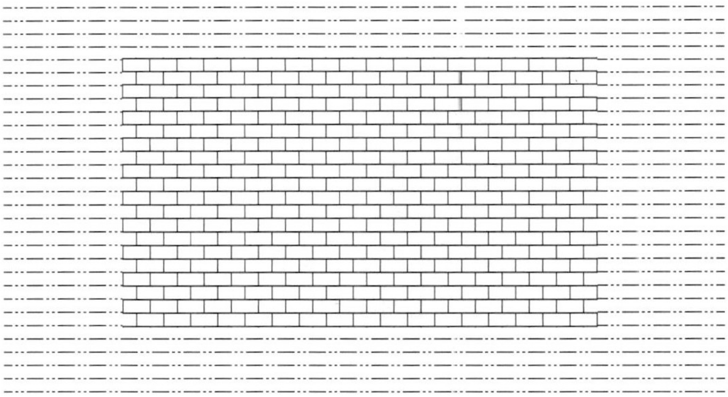

图 1–2–13　砖墙式观测系统

4）斜交观测系统

斜交观测系统因激发线和接收线是非正交布设而得名，一般激发线与接收线呈 45° 角，如图 1–2–14 所示。

5）锯齿状观测系统

锯齿状观测系统是因激发线呈锯齿状而得名，可以看作是斜交观测系统的一种变形。锯齿状观测系统分为常规锯齿观测系统、镜像锯齿观测系统，如图 1–2–15、图 1–2–16 所示。

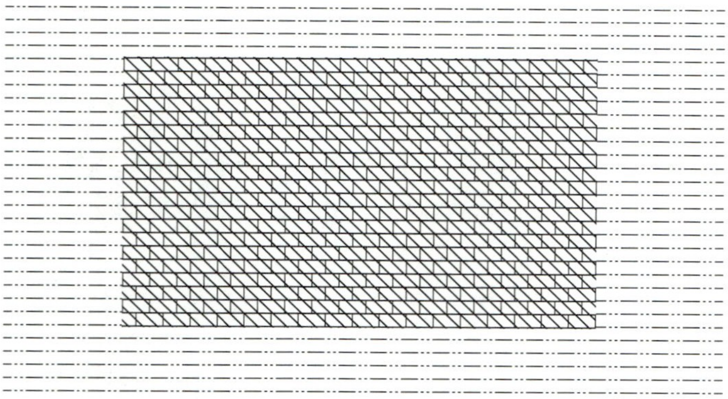

图 1-2-14　斜交观测系统

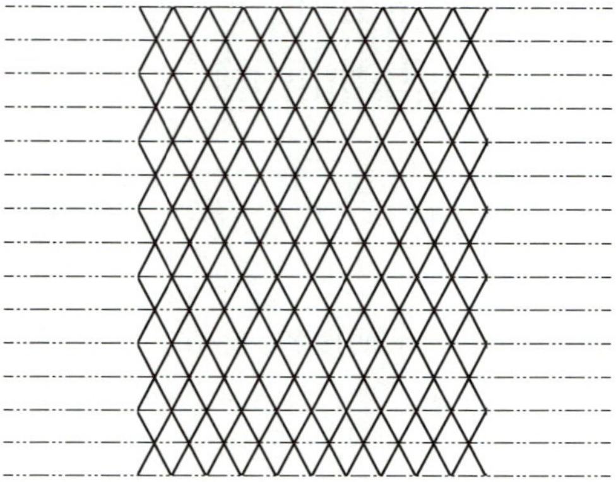

图 1-2-15　常规锯齿观测系统

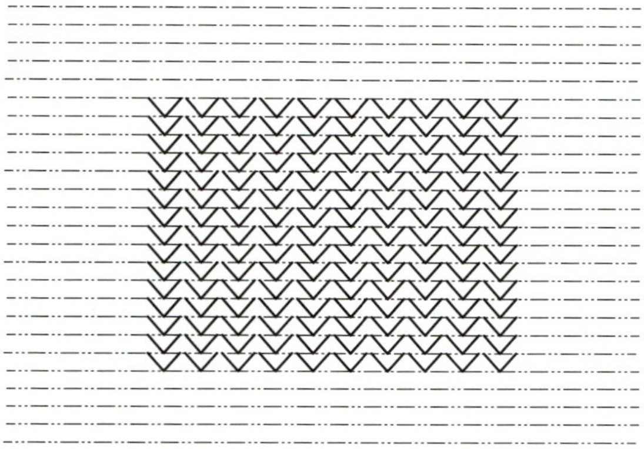

图 1-2-16　镜像锯齿观测系统

6）纽扣状观测系统

纽扣状观测系统因排列片形状似纽扣而得名，也叫块状观测系统。一个排列子区就是一个纽扣，每个纽扣都规则地布设接收点，接收点排列成矩形点阵，一般以 $A \times B$ 表示，A 表示有 A 排检波器，B 表示每排有 B 个检波器，如图 1-2-17 所示。

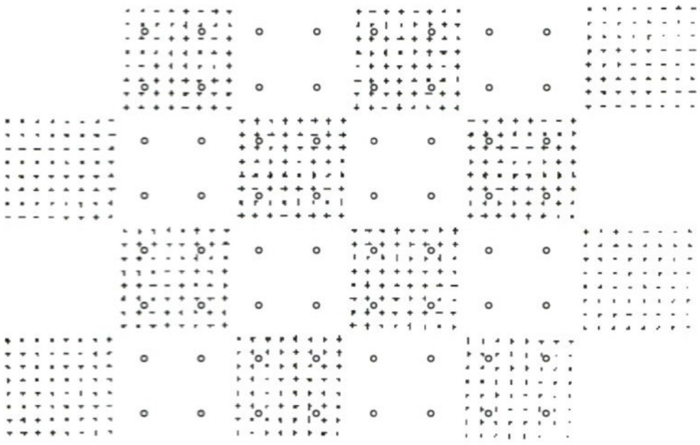

图 1-2-17　纽扣状观测系统

（四）三维地震观测系统表述和覆盖次数选择与计算

1. 三维地震观测系统表述方式

三维地震观测系统表述应反映出主要观测参数、炮点、检波点的相对位置和炮点线相对接收线的形状。

规则观测系统一般表述为："接收线束 L× 炮点数 S× 单条接收线的接收道数 T× 滚动接收线条数 R+ 形状"。示例：20L×14S×168T×2R 斜交，或简单表述为：20L14S168T2R 斜交，代表 20 线 14 炮单线 168 道横向滚动 2 条接收线斜交式观测系统。

三维纵向观测系统按二维观测系统表述（见二维观测系统表述）。

不规则观测系统一般按接收线、炮点线及相对形状来表述，如“树状三维”等。

2. 覆盖次数选择与计算

三维总覆盖次数（N）：是指纵向覆盖次数与横向覆盖次数之积。总覆盖次数选择应不少于最佳品质二维覆盖次数的三分之二，并满足地下共中心点覆盖次数分布均匀。为克服其横向介质的非均匀性，应满足横线方向上有足够的覆盖次数。

纵向覆盖次数的计算（按二维覆盖的次数计算）公式：

$$N_x = \frac{n}{2d_x}$$

式中 N_x——纵向覆盖次数；

n——单排列接收道数；

d_x——纵向激发点移动间距相当道距的个数。

横向覆盖次数的计算公式：

$$N_y = \frac{P \cdot R}{2d_y}$$

式中 N_y——横线方向覆盖次数；

P——排列不动所需的激发点数；

R——接收线数；

d_y——线束滚动距离相当横向激发点距的个数。

总覆盖次数：

$$N = N_x \cdot N_y$$

四 高分辨率地震勘探

随着油田勘探开发程度的不断深入，对地质体成像精度和要求越来越高，在原来地震勘探的基础上，为进一步提高地震分辨率的勘探方法，称为高分辨率地震勘探。要提高分辨率就必须缩小地震波长，提高地震资料的频率。

高分辨率地震的野外工作技术有高采样率、单点单检采集、高频震源、宽频记录、多次覆盖的特点。

（一）高采样率

高采样率包括时间采样率和空间采样率。提高时间采样率就是缩小采样间隔，使纵向分辨率提高；提高空间采样率就是缩小采样面元，使横向分辨率提高。

（二）单点单检采集

在一个接收点桩号上采用单只检波器接收地震信号，目前，主要采用两种检波器。一种是普通的动圈式检波器，另一种是加速度检波器。采用单道单个检波器接收，防止检波器组合时压制了高频。

（三）高频震源

使用较多的还是炸药震源和可控震源，炸药震源一般应在低（降）速带以下含水地层中用小药量激发，炸药类型可选用高爆速、高密度以激发出高频率的地震波。可控震源施工时，可增加高频和宽频带的扫描信号来提高地震波的频率。

（四）宽频记录

地震仪具备的高截止频率必须达到 250Hz 以上。一般不加低截止频率，用以加宽记录的频率范围，同时应采用宽频检波器接收。

（五）多次覆盖

为了充分提高资料信噪比，应尽可能采用高的覆盖次数。同时也得仔细研究动、静校正，以免多次覆盖时产生误差压制了高频。

五 多波多分量地震勘探

（一）基本概念

1. 三分量检波器接收

三分量检波器是指按照同一方向布设三分量检波器进行接收的方法。是内置三个相互垂直的传感器的地震检波器，采用三分量检波器可同时记录一个纵向分量和两个横向分量。

2. 多波多分量勘探

多波多分量勘探又称矢量勘探，是指综合利用纵横波震源和多分量检波器对各种波场进行观测，以揭示更多的地下构造、岩性和油气信息的勘探技术。

（二）多波多分量地震勘探工作方法

1. 激发因素

激发因素的设计与选择应遵循纵波勘探中的规定，同时还应考虑以下因素：

（1）井中激发深度一般应在潜水面以下，选择合适的岩性，减少面波和声波的干扰，考虑表层的虚反射，使原始记录有较高的信噪比。

（2）药量的选择，应使激发的频带较宽、高频成分有足够的能量，目的层反射有较高的信噪比。

（3）采用可控震源激发时，扫描频带宽度宜根据井炮资料的频谱分析确定，扫描起始频率尽可能低，扫描长度、震源台次要有利于改善纵波、P-SV 转换波和横波的子波频带宽度和提高纵波、P-SV 转换波和横波信噪比。

由于转换波勘探的激发方式与纵波相同，因此涉及转换波的激发因素选择方法方面研究不多，实际生产中基本沿用纵波的激发理论和方法。但是实际上尽管激发方法一样，对于纵波和转换波的影响不尽相同，尤其是在涉及高分辨勘探中，激发方式的选择会更加复杂。

2. 接收因素

接收必须使用专用的三分量检波器。三分量检波器是指在一个检波点上拥有三个分量的检波器，检波器一个分量指向排列方向，一个分量指向垂直排列方向，一个分量指向铅垂方向，各分量指向保持一致性。

3. 横波的资源处理与解释

横波的处理工作与纵波基本相同。横波的解释工作多半与纵波解释综合进行，除了可以进行常规的剖面解释以复核纵波的构造解释外，还可以进行速度解释和振幅解释。

随着油气勘探的逐步深入，需要解决的地质问题越来越复杂，对地震数据的成像质量、分辨率和相关的地下岩性信息要求越来越高。多分量地震勘探技术在研究裂隙、各向异性和储层及流体预测等方面具有较大的优势，因此开展多分量地震勘探工作是进行岩性勘探以及流体预测的必然选择。

六 四维地震简介

四维地震 (4D) 是通过在不同时间对同一工区按相同观测方式进行重复性地震观测，所获取的差异地震信息监测油气藏动态变化的地震探测新方法。由于此方法常以三维观测方式进行，即对一个三维勘探区块在不同时间采用相同的地震观测系统和观测参数进行两次以上的重复性三维观测，因此又被称为时移地震。时移地震响应可以表征油藏性质的变化，所以此方法属于油藏地球物理技术范畴的一种油藏监测技术。时移地震按观测方式分为时移三维地震（即四维地震）、时移二维地震、时移 VSP 和时移井间地震等，其中四维地震的应用最多。

20 世纪 80 年代中期以来，三维地震技术的运用已从提供精确的构造图发展到利用地震资料进行油藏描述。通过将地震数据与测井资料、岩心及其他的油藏物理数据相结合，可以实现对油气藏的精细成像，而地震成像又包含了关于油气储层的两方面的信息：

①静态信息，如岩性等。

②动态信息，如流体饱和度、压力和温度等。

显然，一次三维测量中同时包含了这两方面的信息对成像的贡献，如何将它们区分开来，获取在开发过程中储层流体随时间的变化信息，将对油田掌握油藏的动态变化，提高采收率大有益处。四维地震就可以解决这方面的一些问题。

目前，世界上大多数油田都已进入强化采油阶段，此时油藏内各种因素造成的地震响应特征会随着流体的注入和采出而发生一系列相应的变化。如果这种变化足够明显，就可以应用重复的地震测量来绘制油藏内流体分布、压力、流体界面以及温度等随时间变化的等值线图，以帮助油田确定下一步的工作方向。四维地震包含了对同一地区、同一油藏的多次重复观测，旨在更好地掌握油藏在开发过程中随时间的变化情况。将三维地震的空间高分辨率数据同测井资料的一维纵向高分辨率结合起来，就有可能揭示出在油气开采这一复杂过程中，井与井之间的流体是如何运动的，在流体运动尚未对生产造成影响之前将之预测出来。

简单地讲，四维地震的作用可以概括为以下三点：

①对新油田：在注采以前，应用这一技术监视采油过程，采取一定的措施，就可以避免许多问题的发生。

②对中期油田：在注采以后，若问题已经出现（如流体进入了储层的什么地方等），则可以帮助及时进行解决。

③对晚期油田：可以帮助决定该井是否要封，其中的剩余油还有无工业开采价值等。

在技术上，四维地震是一整套完整的技术体系，它不仅包含了地震测量，还综合了传统的诸如井间测量和套管井测井等在内的油藏工程的多个方面。因此，它所包含的信息是高度丰富的。同时，它首次使用了复合模型——地震模型和油藏模型相结合来解决问题，所以能够全面地、动态地观测油气藏的全貌，这也正是为什么目前石油行业倾向于接受四维地震的关键所在。

第三节　地震勘探施工方法

地震勘探野外地震资料的采集是地震勘探中重要的基础工作，可以获取准确的地震资料数据，为下一阶段地震资料处理提供准确的信息保障。地震勘探野外工作流程主要包括物探测量、表层结构调查、地震波激发及接收等环节。

一　地震勘探工作环节

地震勘探由地震资料采集、地震资料处理和地震资料解释三个环节组成，它们相对独立又互相衔接，上一个环节的工作对下一个环节的成果起着关联作用。特别是野外采集投入大、占地面积大、成本高，施工又是一次性完成的，如果发生问题，没有及时发现，是很难再有补救机会的，因此采集阶段工作显得格外重要。

（一）地震资料采集

地震资料采集是在地质工作和其他物探工作初步确定的含油气目标区布置测线，人工激发地震波，并用地震仪器把地震波传播的情况记录下来。其成果是原始地震信息记录，这一工作由地震队完成。

（二）地震资料处理

地震资料处理是根据地震波的传播理论、地震勘探的基本原理、信号分析与处理的各种方法，利用大型计算机对获得的原始地震资料进行“去粗取精、去伪存真”的加工处理，并计算地震波在地层内传播的速度。资料处理阶段得到的是地震剖面图或具有“三高一准”（高信噪比、高分辨率、高保真度、准确成像）的成果数据以及地震波速度资料，这一工作由计算处理中心完成。

（三）地震资料解释

地震资料解释是以地质理论和规律为指导，运用地震波传播的理论和地震勘探的方法原理，综合地质、测井、钻井和其他物探资料，对地震数据进行深入研究、综合分析的过程。解释成果是目标层位的构造图、钻探井位以及成果报告等，这一工作由研究院或解释中心完成。

二 石油物探测量

测量学是研究地球表面各个部分以及整个地球的形状和大小、确定地球表面的位置和相互关系的一门应用科学。石油物探是个系统工程，首先需要测量技术为石油物探的激发点、接收点提供准确的地面位置，并实测出准确的坐标和高程，为物探资料解释提供必要的数据基础。所以说，石油物探测量就是在地球物理勘探作业中所进行的各种测量工作的统称。

（一）物探测线及物理点的基本概念

石油物探测量的任务是依据物探设计，将物探测线的物理点采用一定的测量方法放样到实地，为物探野外施工、资料处理及解释提供符合要求的测量成果和图件。

1. 物探测线

物探测线是石油地质勘查工作者根据地质勘探的目标要求，以勘探目的区域的地质信息为依据，以石油物探方法为参考，在地球表面设计的一系列具有排列规律的线段。这些测线是石油物探施工的主要场所，在规定好的测线上完成勘探任务。

2. 物理点

物理点是实现对地下地质构造的勘探和描述，在设计测线上布设一定数量、一定分布规律的激发点和接收点。地震勘探中的接收点、激发点以及非地震勘探中的各种观测点统称为物理点。

（二）物理点测量

测线物理点的坐标是由室内设计，通过测量仪器设备在野外将设计的位置在地表面标识出来。物理点的测量通常称为设计物理点的地面放样，可以通过光学经纬仪、全站仪、全球定位测量仪等任何满足于测量规范要求和工程技术要求的设备进行测量施工。无论哪种工作方法，都要进行室内的测线物理点设计、野外测量施工作业、野外观测数据的内业处理分析、上交测量成果等基本过程。

在野外施工中，无论通过哪种测量方法，都不能绝对地把设计坐标放样到理论位置，因为工作中包含了大量的误差，其中包括仪器系统误差、环境干扰误差、人为偶然误差等。测量员通过仪器在地面标定出设计点位置，这一测量位置与设计理论位置的偏差称为放样误差。

三 表层结构调查

随着石油勘探技术的日益成熟和对地震勘探质量要求的不断提高，表层结构调查作为石油勘探的前期基础工作变得越来越重要。高精度地震勘探也要求更高精度的表层调查和静校正工作。表层结构调查的作用，一是为选择激发因素提供依据；二是表层模型建立和静校正量计算提供最基础的数据。静校正是地震资料正确成像的关键，它同时影响着地震资料的叠加效果和构造的准确性，甚至影响地震剖面的分辨率，近地表结构调查是做好静校正工作的基础。通过获取的表层数据，计算出近地表各层的速度和厚度模型，取得工区内表层速度和厚度在横向上和纵向上的变化规律，进而为野外地震资料采集选择最佳激发岩性和井深，确保野外地震资料采集质量，并为地震资料的后期处理提供精确的静校正计算模型。

表层结构调查方法分为地震勘探方法和非地震勘探方法，地震勘探方法常用的有浅层折射法（或井中折射法）、微测井法（或双井微测井法），近几年又发展了小反射法和面波法、大折射法、深井微测井法、小折射结合大炮初至的方法以及基于初至的回折波法和层析反演等方法；非地震勘探方法常见的有表层地质调查法、地质雷达法、大地电磁测深等方法。每一种表层调查方法能够反映的表层特征是不同的，不同的表层结构及岩性特征的地区，各种表层调查方法的探测精度是不同的。

对地震勘探表层调查工作而言，任何一种方法均不是万能的，在不同施工区域解决问题的能力是不同的。现在主要采用地震勘探类表层结构调查方法：微测井和浅层折射法，采用双井微测井法进行表层虚反射界面情况调查，采用井中折射方法克服表层高速层对浅层折射资料的影响。

（一）基本概念

1. 静校正

几何地震学的理论是以地面水平、地表介质均匀为前提假设的，实际情况并非如此。当地表起伏不平，低降速带厚度及速度横向变化剧烈时，会在叠加道集中的各道之间产生很大的时差，影响叠加效果和成像质量。这时，要进行表层因素的校正（消除），此即为静校正。

2. 低速带

存在于地表面的低速介质称为低速带。通常是指由空气而不是水充填岩和非固化土层孔隙的区段。

3. 降速带

降速带是低速带与高速层之间的过渡带，速度高于低速带。降速带岩性一般与低速带差异不大，主要是压实作用或含水程度的不同造成的速度差异。

4. 高速层

高速层就是低降速带下面的地层，一般指饱和含水层，有些地区因基岩出露，缺失低降速带，地表以下都是高速层。

5. 高速层顶界面

高速层顶界面是高速层与降速层（低速层）之间的界面。

（二）地震勘探表层结构调查方法

地震勘探表层结构调查方法分为微测井法和浅层折射法。

1. 微测井法

（1）微测井原理

采用打穿低降速带的钻孔，进行井中激发（接收）地面接收（激发），利用透射波初至时间研究低降速带的方法称为微地震测井法，简称微测井法，如图 1–3–1 所示。通过获取不同观测深度的初至时间，拟合深度曲线得到分层速度和厚度。通常微地震测井资料作为较精确的数据，起到控制作用。微测井一般要求井深钻至高速层 10~15m，以在高速层中的控制点不少于 3 个为宜。

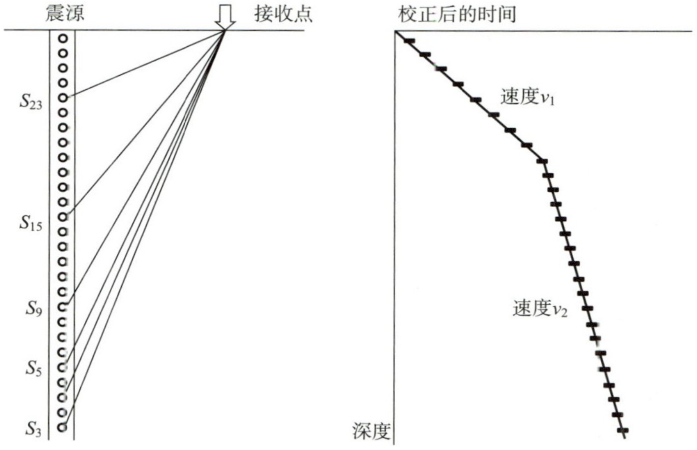

图 1–3–1　井中激发微测井原理示意图

井中激发、地面接收的调查方式，被称为地面微测井。它将激发点布设在井中不同深度，一般用炸药震源（井深较浅时只用雷管）或电火花震源激发，井中激发点距随着深度的增加而逐渐增大。地面微测井方法的优点主要有两个，一是用井中炸药震源激发，可以保证较深激发点的地震波能量；二是可同时接收多方位和多个偏移距地震波信息。地面微测井仍是目前常用的方法，但它也存在成本高、环保性差等缺点。

（2）双井微测井概念及原理

双井微测井就是在一定的距离内钻两口打穿低降速带的井，两井间的距离一般为4~6m，如果表层低降速带内含有流砂层，则应适当地加大两井之间的距离，以保证两井间的原始地层不会被破坏。其中一口井内不同深度布设激发点，另一口井作为接收井，井下设有检波器。

在激发井井口附近布设地面检波器（图1–3–2），地面和地下接收用的检波器型号相同，用10Hz或40Hz的单只检波器均可以。一般采用6~24道接收，每道一个检波器呈扇形或直角形布设，井间距一般采用1~4m。激发系统由电缆、雷管及引线构成，把雷管固定在专用微测井电缆上的指定位置，一次性下入井中，由深至浅依次激发。井中激发点的间距要考虑介质的速度、厚度、检波器的灵敏度、仪器的采样间隔、动态范围等，激发点的间距太大会造成控制点数减少甚至丢层，反之冗余的采样会造成浪费。接收井井下检波器深度和最深的激发点相同。

地面检波器采集的信号主要是地震波的初至。井下检波器接收的信号，除直达波以外，还有来自界面的反射波（图1–3–3）。选择单一反射界面模型为对象，建立如图所示的坐标系，图中 h 是两口井间的水平距离，L_0 是反射界面在激发井中的深度，当激发点位于反射界面上时，直达波和界面反射波重合，因此，该重合点对应激发点的深度为反射界面的深度点。当激发点在反射界面 L_0 上面时，井下检波器接收的信号主要为透射波。双井微测井法主要用于表层虚反射界面的调查。

（3）影响微测井施工质量的环节

①炸药（或雷管）捆绑位置是否准确。

②激发电缆下井方式。

③激发电缆井口位置是否准确。

④井中回填及填充效果。

⑤采集过程中激发电缆多次下井。

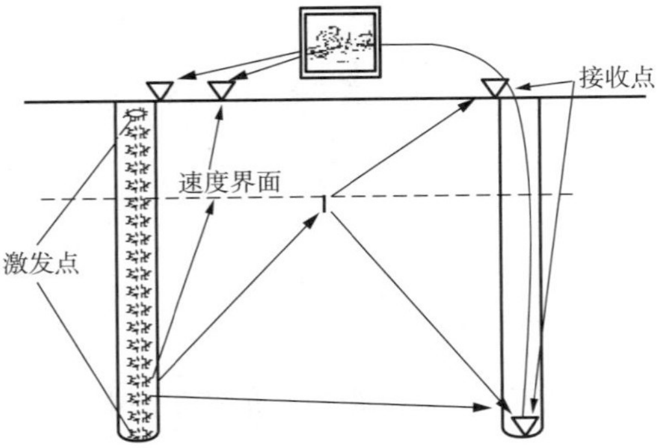

图1–3–2　双井微测井原理图

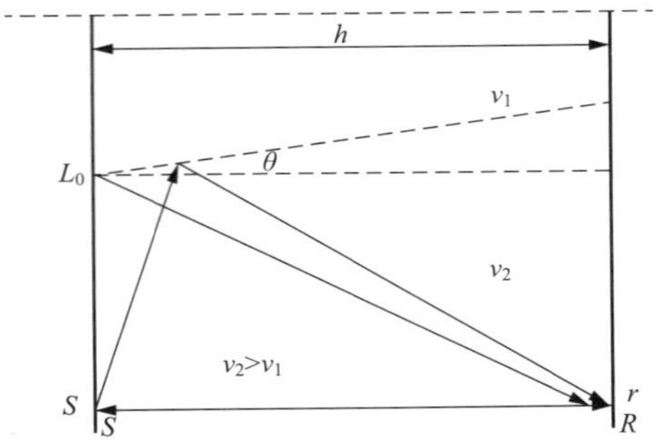

图1–3–3　井下检波器接收原理图

2. 浅层折射法

（1）基本概念

浅层折射法：利用直达波和近地表界面传播的折射波初至测定风化层（低降速带）速度、厚度及高速层速度的方法。由于调查深度浅、排列长度短，又称为小折射法。

（2）浅层折射法的适用条件

该方法适合于地形平坦、速度从浅到深增加的层状介质地区。但在速度反转时，折射法无法将低速层的界面分开，以及表层有速度较高的冻土层时，不适合开展常规折射法。浅层折射法具有简单易行、成本低等优点，但调查精度不高。一般适用于以下地区：

①地表平坦地区。

②地下界面为平面（水平或单斜面）地区。

③界面倾角不大地区。

（3）浅层折射法的排列形式

浅层折射法的排列形式，可根据试验获得的低速层厚度和速度的不同而变化，其排列形式一般有两种，可分别适用于单边激发或双边激发。

1）排列中的道距两头小中间大

这种排列形式适合于两边激发。这是由于在炮点附近的直达波时距曲线的视速度较小，只有采用较小的道距，才能清楚地反映直达波时距曲线的形状，便于波的对比、识别。另外对于低速带底界高速层的折射波，因视速度较大，可采用较大的接收道距接收。

2）排列中的道距采用一头小一头大

即近激发点处接收道距较小，远离激发点的接收道距增大，这种排列形式适合于单边激发。

排列长度一般考虑高速层的埋藏深度，并根据高速层折射波的时距曲线是否有足够的长度而定，以保证低速带的直达波及高速层的折射波都能记录到为原则，一般为工区低降速带总厚度的 8~10 倍。道距设计以保证直达波、各层折射波时距曲线控制道数不少于 4 道为原则，个别低速层很薄的点，直达波时距曲线控制道数不少于 3 道。

（4）浅层折射法的观测系统

地震勘探中的观测系统，是指地震波的激发点与接收点的相对位置关系。观测系统的选择取决于地震勘探的地质任务、工区的地质条件及使用的采集方法。激发方式为浅坑炸药激发（坑深不大于 0.5m) 或重锤敲击激发，在保证初至波清晰、起跳干脆的基础上尽量减少激发能量，偏移距不宜太大，一般不大于 2m。总体原则是：施工方便、经济高效，又能够满足低速带测定的目的。

1）单支观测法

在排列一端放炮，道距设计为一头密一头疏，靠近炮点的道距小，随着炮检距的增加，道距逐渐增大，如图 1–3–4 所示。此种方法适用于地表平坦并且地下界面倾角很小的地区，在有限道数情况下可以设计更大的排列长度并能合理地分配道距，保证直达波和各层折射波的控制道数，缺点是精度较低。

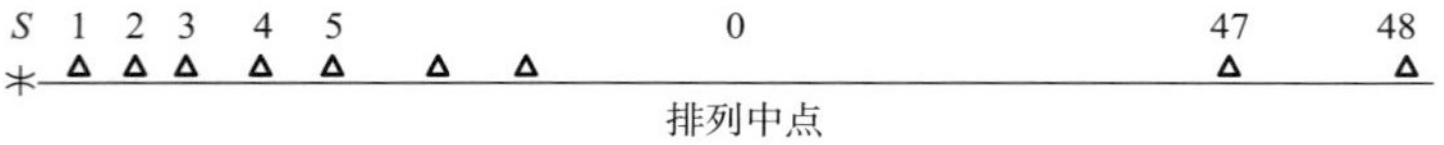

图 1-3-4　单支观测系统示意图

2）常规相遇观测法

在排列两端放炮，观测系统设计是对称的，即相对于排列中点来讲两边对应道的道距相等，两头密，中间疏，相当于两个单支观测排列对接起来，如图 1-3-5 所示。此方法可以接收不同方向的折射波，适用于地表平坦或地下界面有一定倾角的地区。可在一定程度上消除界面倾角的影响。

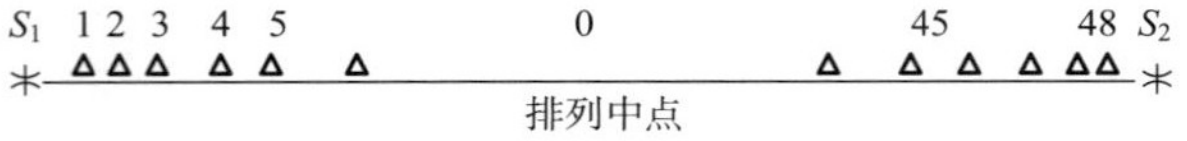

图 1-3-5　常规相遇观测系统示意图

3）追逐放炮观测法

通过移动炮点或排列加大观测范围，目的是调查更深的地层界面，其原则是：炮点移动的距离应小于排列长度，如图 1-3-6 所示。

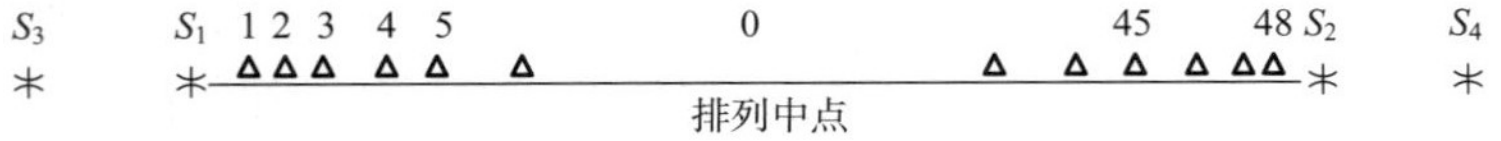

图 1-3-6　追逐放炮观测系统示意图

4）中间放炮观测法

中间放炮观测法同样适用于地表平坦或地下界面有一定倾角的地区，观测系统如图 1-3-7 所示，该方法有如下三个优点：

①野外只需放一炮，方便野外施工并可节约成本。

②可以通过左右排列在炮点位置的交叉时间相等原理来判断野外施工和资料解释的正确性。

③方便与大炮初至相接的资料解释方法。

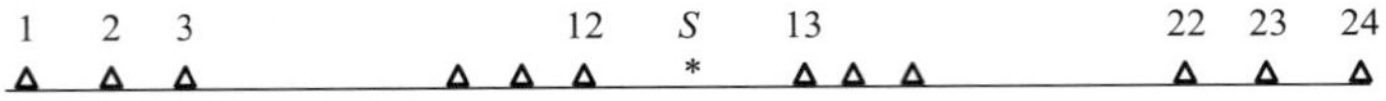

图 1-3-7　中间放炮观测系统示意图

（5）浅层折射采集注意事项

①地表平坦地区，排列直，高差小。

②偏移距、道距准确。

③炮点或排列中心对准桩号。

④在保证安全的前提下，炮坑宁浅勿深。

⑤排列走向平行于测线方向。

（6）浅层折射采集观测方法选择

①平原：地形平坦，表层结构简单的地区选择单支观测系统。

②沙漠：地形起伏大，表层结构简单，选择双边观测系统。

③山地：山地山前带表层结构复杂应选用双边观测系统、追逐放炮。

四 地震波激发

（一）地震波激发要求

在地震勘探的野外采集中，要用人工方法激发地震波。地震波激发应使地震有效波具有较强能量，且激发产生的有效波与干扰波之间在能量、频谱方面有差异，具有较高的分辨率，在同一工区震源类型、激发参数、记录特征应保持基本一致。

（二）地震勘探震源种类

1. 震源种类

地震勘探震源主要分为两大类：一类是炸药震源，另一类是非炸药震源。

2. 炸药的主要类型

炸药主要有三类：硝酸甘油、TNT 和硝铵。每类炸药具体的爆速和密度，与其各合成配料的百分比有关。总体上，三者的爆速呈现高、中、低关系。低者如硝铵，爆速约 3000m/s，相对密度约 1.0，其特征阻抗与含水的第四系地层阻抗（爆速 1700m/s，相对密度约 1.9）大体相当。

3. 陆上非炸药震源类型

陆上非炸药震源类型主要分为撞击型（如重锤和气动震源）和震动型（如可控震源）。

①重锤：是由车装机械装置将 3t 以上的重锤高举至 3m 后，让其坠向地面冲击以产生地震信号。产生的面波较强。

②气动震源：是一种利用高压气体驱动振动器的机械装置，属于低频、低能量震源。

③可控震源：是一种通过可控信号使车载振动器连续向地面冲击的机械装置。扫描信号和扫描时间是计算机计算产生的，然后控制液压伺服系统，推动振动器振动。可控震源的施工参数主要包括：扫描方式、扫描频率、震源组合台数、出力、扫描长度和震动次数等。

4. 海上非炸药震源的种类

①电火花震源：利用高压电极在水中的放电效应，使其间的水介质形成通路，电极间放电产生的热能使海水汽化，对海水产生巨大的冲击力，激发地震信号。

②空气枪震源：将压缩空气在瞬间内释放于水中，形成气泡并造成强烈的振动。

③混合气体震源：将丙烷和氧气混合起来代替空气，以激发出更强大的地震脉冲。

④无气泡蒸汽枪：在海水中释放高温蒸汽造成振动，蒸汽在海水中迅速散热并恢复其体积，可以消除气泡效应并达到良好的地震效果。

（三）炸药震源激发参数和激发方式

1. 炸药震源的特点

在油气田地震勘探中使用炸药震源，突出的优点是具有较强的能量，频率范围较宽，同时施工效率较高。为了减少声波的干扰，降低对地表的破坏，炸药震源一般采用井中激发。

2. 激发因素的选择

（1）激发条件选择的原则

激发条件选择的原则主要考虑三个因素：激发子波的能量和频谱、虚反射的影响和激发岩性，并根据地质任务和实际地表结构确定井深和药量。

激发条件的选取应符合以下几项原则：

①使产生的面波、浅层折射波等干扰尽可能弱，并不出现声波。

②目的层反射能量强、信噪比高。

③有效波频带较宽，符合地质任务的要求。

④激发后，在地面上不留有明显的爆炸痕迹。

⑤在保证资料品质的前提下尽量降低成本。

（2）激发岩性的选择

选择激发岩性应选取潮湿的可塑性岩层，如胶泥、黏土、湿砂等岩性，可使大量的激发能量转化为弹性振动能量，获得的地震波具有显著的振动特性。

（3）炸药激发深度的选择

以反射波来说，要选在潜水面以下。最好穿过低速带，在潜水面以下 3~5m 的黏土或泥岩中激发。

（4）炸药激发药量的选择

选择炸药用量应考虑几方面的因素：药包周围的岩性，要求的勘探深度，激发点与接收点之间的距离，仪器的灵敏度等。药量的选择应保证最大勘探深度的反射波振幅比背景噪声大几倍，在此基础上尽量用小药量。当必须使用大药量时，可以组合激发。因为单井最大药量有一个限度，可以采用小药量组合激发，这样还有利于激发高宽频信号，提高分辨能力。

（5）组合激发

当单井激发地震反射能量弱、信噪比低、不能达到勘探目的要求时，或因勘探目的层较深而需要加大激发能量时，可进行组合井激发。

随着深层地震勘探的发展，最大炮检距增大，如果仍采用单井、小药量激发，采集到的单炮表现为高频低能，面波等一些低频噪声干扰严重；风吹草动和检波器松动、50Hz 工业电等高频干扰几乎淹没了高频有效信息，记录信噪比低，有效频带窄，资料品质差。资料处理时，不论采用多高超的处理手段也难以补偿这种先天缺陷，无法提高资料信噪比和分辨率。采用组合激发可采集到能量更强信噪比更高的地震记录。

1）关于组合激发的概念

①组合激发：几口炮井（几台震源）按一定规则布设，作为一次激发，称作组合激发。

②组合基距：指组合内最远两个炮井或可控震源之间的距离。

③组合内距：指组合内最近两个炮井或可控震源之间的距离。

④组合高差：指一个组合内最高的井下激发点（震源点）与最低的井下激发点（震源点）之间的高程差。

要取得好的组合激发效果，必须使最近两个激发点间距不小于由单个药包起爆所形成的塑性带半径的二倍。

2）组合激发的作用

①井组合可以提高信噪比。组合激发时，可以把大药量分布在每个单井中，每个单井各为中等药量激发，炸药爆炸时造成的空穴和破碎带就较小，激发噪声小，下传能量强，信噪比得到了提高。

②井组合可以压制次生干扰。压制激发噪声是提高地震采集资料信噪比和分辨率的关键因素，激发噪声的能量主要来源于散射波，而井组合中各井激发的散射波之间存在时差可以通过调整组合基距来压制，使激发噪声在叠加后能量减弱，从而达到压制噪声的目的。

③井组合可以压制面波。井组合中各激发井产生的不同时差的面波在检波器处叠加，使得进入检波器的面波能量减弱，从而提高接收信噪比。

④井组合在最佳激发岩性薄的地区显得更重要。在最佳激发岩性薄的地区，采用组合井激发效果更加明显。当好的激发岩性薄（0.5~1m）时，采用组合井激发，避免了因药柱过长而落入激发岩性差的井段，从而达到提高信噪比和分辨率的目的。

（6）源驱动激发技术

爆破人员采用智能掌机定位并发送至 APP 软件，将炮点定位信息发送到相应爆炸机的无线蓝牙接收器中，爆炸机从无线蓝牙接收器中读取并保存定位信息；然后，爆炸机通过通信电台再将定位信息发送到地震仪器的编码器上，采集系统从编码器中读取该定位信息后，以最小距离（最小二分法）原则自动计算并抓取炮点表中相应的炮点桩号，然后激活接收排列，并自动进入放炮等待队列后，仪器操作员进行激发。

抓取炮点桩号的准确性：只要定义的 VP 桩号抓取半径小于相邻炮点距的一半，定位误差小于 VP 桩号抓取半径时（二分法），抓取的炮点桩号准确率为百分之百；当定位误差大于抓取半径时，系统将弹出定位误差及最近炮点桩号提醒信息窗口，此时需与放炮组进行核对桩号。当 GNSS 信号不稳定、无法进行定位时，放炮组直接报桩号进行源驱动放炮。

（四）可控震源激发

1. 可控震源基本原理

可控震源是一种机械震源，它是靠安装在特种汽车上的振动器连续冲击地面而产生地震波动的，又称为连续振动震源，因为振动的连续时间和频率的变化范围可以人为控制，又称为可控震源。

通过一个与大地紧密耦合的振动平板，以反作用方式向地下传送一组连续振动的弹性波信号（又称扫描信号），再经过对地面接收到的反射波信号的处理和辨识，用于解释地下地质目标的构造形态与产状。这种扫描信号是一种连续的、频率变化的信号。不是所有的连续信号都可以用于地震勘探，除伪随机信号外，可控震源的扫描信号必须满足如下基本要求：①分辨勘探地质目标对频率的要求；②能量在频率上分布的一致性；③振动的稳定性；④低畸变、低干扰、高出力工作可靠性。一般采用升频扫描信号，主要参数有起始和终止频率、起始和终止斜坡时间、扫描长度、峰值出力等。

2. 发展简史

美国大陆石油公司（CONOCO）于 1952 年开始进行连续振动地震作业方法试验，并在 1956 年完成专利注册。同年，世界上第一个可控震源地震队成立。早期的可控震源是一套由机械装置控制的连续振动系统，并且其振动控制系统采用开环控制方式，因此，系统控制精度较低。1959 年研制出了液压伺服控制的可控震源，并开始对输出信号进行相位控制的试验。1963 年以控制振动平板输出信号相位为目的的现代可控震源开始投入使用。1967 年研制成功用于海上勘探的可控震源。

20 世纪 70 年代出现现代模式的可控震源，其主要标志是具有高通过性专用承载底盘，野外通过能力强，振动输出采用液压伺服控制，激发频率及激发能量可控，激发信号同步控制精度高，允许采用多台同步垂直叠加方式进行作业。20 世纪末出现了液压伺服和电磁控制的海上可控震源。

3. 分类

以油气勘探为目标的可控震源从早期的 70kN 左右的输出力已经发展到 400kN 左右的输出力，同时，可控震源的振动性能和应用潜力更多地取决于其振动控制系统的能力上。可控震源按激发能级分为：

①轻量级可控震源，输出力在 70kN 以下。

②常规量级可控震源，输出力为 70~230kN。

③大吨位可控震源，输出力为 270kN 左右。

④超大吨位（重型）可控震源，输出力在 300kN 以上。

按震源激发信号类型分为纵波震源、横波震源和多波（多分量）震源。按使用空间分为陆地可控震源、海上可控震源及井中可控震源。

4. 使用特点

可控震源之所以能够在油气勘探与开发领域得到广泛应用，主要与其所具有的技术优势有关，主要表现为：

①运载工具具有较高的机动性通过能力。

②激发频率在较大的范围内可控。

③激发能量可控、可任意分配，并且可通过增加激发时间实现能量积累。

④精确的相位控制可以实现多台可控震源激发，保证激发能量的同步叠加。

⑤具有较灵活的震源组合性能，有利于提高激发能量压制背景干扰。

⑥较高的施工效率，很少受地下岩性或表层变化的影响。

⑦是安全、干净的激发源，对周围环境及植被破坏和影响较小。

在中国西部地区，在大面积的戈壁滩、山前带，常规地震钻井作业特别困难，而使用可控震源却可以应用自如，尤其是采用大吨位级可控震源在地震勘探激发中所表现的优势就更加明显。对于目的层埋藏较深、表层激发条件不好的地区，大吨位震源可以有效地提高激发能量。采用大吨位可控震源激发是提高地震采集数据信噪比的重要途径之一。可控震源振动频率、出力的可控性，实现对震动较敏感地区的安全激发，如江湖堤坝、文物古迹以及城镇等炸药震源禁止工作的地区。未来可控震源还是用于研究多波勘探最有效的激发工具。

5. 定义和缩略语

（1）定义

真参考信号（true reference）：记录在仪器的辅助道，用于与记录数据道的地震信号进行相关处理。

参考信号（reference）：用于可控震源相位计算与驱动的输出信号。

有线参考信号（wire line reference）：用于完成震源有线一致性检查的参考信号。

无线参考信号（radio reference）：用于完成震源无线一致性检查的参考信号。

一致性测试（similarity test）：对比两个信号是否一致的检查。有线一致性是采用电缆传输扫描震源信号的方法，而无线一致性是采用电台传输指令信号的方法。

扫描检查（sweep checksum）：用于检查可控震源扫描信号参数是否变化的校验结果。

震源检查（vibrator checksum）：用于检查可控震源结构与控制参数是否变化的校验结果。

（2）缩略语

GF：可控震源输出力（又称地面力）（ground force）。

QC 数据：质量控制数据（quality control data）。

6. 可控震源项目开工前的检查与测试

（1）液面检查

发动机机油液面、发动机水箱或散热器液面、液压油箱液面、分动箱内的齿轮油面、变速箱内油面、驱动桥桥包内油面、驱动桥轮边齿轮油面、电瓶液面、刹车制动液液面和燃油箱燃油液面等各种液面，检查结果应在该型号可控震源操作与使用维修手册规定的范围内。

（2）皮带张紧度检查

发动机风扇、空调、发电机皮带等可控震源使用的各种传动皮带的松紧度检查，检查结果应满足该型号可控震源操作与使用维修手册的规定。

（3）液压胶管与平板外观检查

检查液压胶管、空调胶管、暖风胶管、气路管线和车辆电器连线等与邻近部件接触部位的磨损，应无损坏、无渗漏现象，振动平板底面与表面应无裂纹。

（4）传感器、电器连接与紧固件检查

与位移传感器、电液伺服阀、加速度表连接的控制电缆线和接头，可控震源控制系统、电台、导航及其他辅助电子设备的连线等接插件紧固情况检查。连线表皮应无磨损，插头或插座无松脱现象；检查发动机底座、驾驶室底座、前后桥、摆动架、轮胎、振动器、驱动马达与变速箱的各紧固螺栓、螺母、限位块等关键紧固部位，各紧固件应牢固可靠，无磨损或缺失；限位块无脱落；有扭矩要求的螺栓、螺母应按该型号可控震源操作与使用维修手册规定的扭矩紧固。

（5）储能器充氮压力检查

可控震源液压系统各储能器氮气充气压力值应在对应型号可控震源操作与使用维修手册规定的范围内。

（6）润滑脂加注检查

传动轴、铰接头、摆动架、导柱、平板挂钩和绞车等部位的关节轴承应定期加注润滑脂。

（7）其他检查

①设置油水分离器和气路排污阀的系统应将水或污物排净。

②液压系统排气阀和绞车截止阀应处于关闭位置，其余各截止阀应处于开启位置。

③驾驶室各控制开关及控制阀操作手柄应在正确位置。

④电瓶桩头连接应可靠。

（8）可控震源发动后车辆系统的检查

可控震源发动后应检查下述项，检查结果应满足对应型号可控震源操作与使用维修手册规定的技术指标要求。

①发动机机油压力表指示、震动低压表指示、驱动低压表指示、气压表压力指示、电压表指示值，隔震空气弹簧、平衡空气弹簧、定心空气弹簧充气压力值。升压后检查振动高压压力，减压阀调定压力。

②发动机、分动箱、液压泵等应无异响，可控震源各个部位应无泄漏现象。

③可控震源的信号照明灯（前后转向灯、刹车灯、前大灯、轮廓灯、照明灯、倒车警示灯）、蜂鸣器应工作正常。

④发动机水温应达到正常工作温度，液压油温度应达到38℃以上。

⑤可控震源箱体上电后，控制系统工作状态显示应正常。

⑥首次配装可控震源电控系统时，按电控箱体提示做震源安装与标定后，结果显示应正常。

⑦按操作要求升压后，用小振幅进行可控震源扫描试振，无异常后恢复正常工作设置。

（9）可控震源控制系统的信号校准测试

①激发信号的极性，可控震源激发信号极性应满足SEG规定的要求。

②激发信号启动零时校准检查（zero time calibration），可控震源作业前，控制系统参考信号应完成与仪器编码器真参考信号的启动零时校准或验证，技术方法和指标应满足如下要求。

方法：起始频率设定为200Hz，终了频率设定为201Hz，扫描长度设定为4s，斜坡长度设定为 250ms；将可控震源的参考信号通过有线方式接入数据采集系统或震源性能测试系统，检查编码器的真参考信号与可控震源参考信号的时间差或相位差。

要求：两个参考信号的相位误差应不大于 100μs。

③可控震源有线参考信号的零时校准（wireline reference calibration），采用有线一致性对可控震源振动性能进行检查时，首先应完成可控震源有线参考信号的零时校准，技术方法和指标应满足如下要求。

方法：起始频率设定为 200Hz，终了频率设定为 201Hz，扫描长度设定为 4s，斜坡长度设定为 250ms；将可控震源的参考信号通过有线方式回传到编码器，检查编码器的有线参考信号与可控震源参考信号的时间差或相位差。

要求：两个参考信号的相位误差应不大于 100μs。

④可控震源无线参考信号的零时校准（reference calibration），采用无线一致性对可控震源振动性能进行检查时，首先应完成可控震源无线参考信号的零时校准，技术方法和指标应满足如下要求。

方法：起始频率设定为 200Hz，终了频率设定为 201Hz，扫描长度设定为 4s，斜坡长度设定为 250ms；将可控震源控制系统的参考信号通过无线方式回传到编码器，检查编码器的无线参考信号与可控震源参考信号的时间差或相位差。

要求：两个参考信号的相位误差应不大于 100μs。

⑤可控震源指令电台传输可靠性与通信距离测试，指令电台传输可靠性与通信距离测试的技术方法和指标应满足如下要求：

方法：平坦地区，编码器与震源间无线电的通信距离应不小于 15km。

要求：编码器发出 100 次启动指令，可控震源启动扫描信号的次数应不低于 99 次，QC 数据返回不低于 90 次。

⑥可控震源启动信号重复性精度室内校准，启动信号重复性精度室内校准的技术方法和指标应满足如下要求。

方法：用直通信号线逐一将可控震源控制系统的电台接口与编码器系统的电台接口按发射接收直接相连，震源控制系统与振动模拟器连接，每组连续启动 10 次，分别计算启动信号的平均时间延迟。

要求：每组测试结果均应满足信号启动平均延迟时间误差应不大于 200μs。

（10）可控震源振动性能测试

1）振动性能测试内容

振动性能测试内容包括：可控震源参考信号的背景噪声、可控震源输出力、可控震源输出力相位误差、可控震源输出力畸变水平。

2）测试参数

①频带宽度：7~118Hz。

②信号类型：线性。

③扫描长度：8s。

④起始斜坡：0.5s。

⑤终了斜坡：0.5s。

⑥锁相信号：可控震源输出力（地面力）。

⑦振幅控制：基值力。

⑧基值输出力幅度设定：最大静载压重的 75%。

3）测试条件

①测试场地应选择较为平坦的地表。

②测试前应完成传感器对比测试并满足：相位差不大于 1°，振幅差不大于 10%。

③用可控震源控制系统的参考信号或无延迟的时断（TB）信号作为数据采集系统的触发控制信号。

④根据振动性能测试仪的数据采集连线方式，采集并记录被测可控震源的平板加速度信号、重锤加速度信号和参考信号。

4）技术指标

参考信号与真参考信号的自相关结果应满足旁瓣对称，衰减圆滑且无大的脉动，背景噪声不高于 –80dB。参考信号与震源输出信号（GF 信号）相关计算的结果应满足：

①斜坡段结束后，相位谱在所有频点上的相位误差不大于 8°。

②任何情况下，可控震源峰值输出力不应高于最大静载压重值。

③同一扫描信号，可控震源间输出力信号畸变的相对值应不大于 10%。

（11）可控震源振动的有效性测试

连续性测试：采用同一参数对可控震源在同一振点上连续采集记录 3 次，输出信号间平均相位最大绝对误差应不大于 5°，基值振幅绝对误差应不大于 10%。

快速性测试：采用同一参数对所有参加作业的可控震源进行振动性能测试，每台震源的测试时间应不大于 15min。

（12）可控震源系统的一致性测试

采用生产因素，可控震源一致性信号采用控制系统的锁相信号，测试结果应满足：

相位：起始斜坡时间结束后，参考信号与震源信号的最大相位误差应不大于 2ms。

振幅：起始斜坡时间结束后，波形基本圆滑，无断续及跳变现象，各震源返回的信号幅度应在同一水平。

7. 现场质量控制指标

可控震源作业：

可控震源作业中现场质量控制指标都是指所能允许的最大误差限。如果可控震源作业中的技术指标处于临界状态，应进行调整，不允许可控震源在技术指标经常处于临界状态下连续工作。

单台震源作业，应满足的指标：

①平均相位误差值不大于 8°。

②峰值相位误差值不大于 30°。

③平均输出力不低于平均输出力设定值的 90%。

④峰值输出力不大于最大静载压重值。

⑤平均输出力畸变不大于 15%。

⑥峰值输出力畸变不大于 30%。

多台震源作业，应满足的指标：

①平均相位误差值不大于 8°。

②峰值相位误差值不大于 30°。

③平均输出力不低于平均输出力设定值的 90%。

④峰值输出力不大于最大静载压重值。

⑤平均输出力畸变相对值不大于 15%。

⑥峰值输出力畸变相对值不大于 30%。

对实时返回的 QC 的状态数据的要求：

①可控震源除独立设置的扫描激发参数，同组作业的可控震源的扫描校验和 / 或 CRC 校验码应一致或不出现错误。

②同类可控震源的震源校验应保持一致。

③可控震源不应出现系统内部故障警示。

④每次振动结束后，发回扫描输出信号相位误差与输出力的计算结果。

⑤同一可控震源不应连续 3 次出现输出信号峰值相位或峰值畸变超过设定的误差。

⑥同一可控震源不应连续 3 次出现加速度表报警提示。

⑦同一可控震源不应连续 3 次出现过载 (FMVE) 警示。

作业结束后的质量控制数据分析：

①每天出现 T_0 错的总数应小于当日扫描总数的 10%。

②因“提升未准备好”而导致的扫描缺失百分比应小于扫描总数的 10%。

③同一可控震源出现输出信号峰值相位或峰值畸变超过设定值的总量应低于扫描总数的 10%。

五 地震波接收

（一）地震波接收对地震仪器的基本要求

1. 放大作用

地震波经过长距离的传播，到达地面的振动是极其微弱的，由检波器所接收的最小地震信号，输出电压小至 1μV，这样微弱的地震信号，通常是不能直接记录的。因此，在记录之前，必须先进行放大，直到地震信号的幅度达到记录设备所要求的电压范围。

2. 滤波

有效波与干扰波的频率范围是有显著差异的，通常有效波频率为 25~60Hz，而面波的频率为 5~20Hz，为了压制干扰波放大有效波，地震仪器中设有带道滤波装置，有选择地放大有效波，阻止干扰波通过。目前，地震信息采集不加滤波。

3. 增益控制

来自深层的地震信息十分微弱，但来自浅层的地震信息却相当强烈。强弱的变化可达几十万倍，甚至近百万倍，若以最大振幅与最小振幅之比，定义为动态范围，则地震信息的动态范围可达 120dB 左右。这样大幅度的变化往往超出了记录设备的动态范围，这就要求地震仪器在记录浅层信号时，降低增益，在记录深层信号时，提高增益。可是浅层至深层的信号，在时间上的变化只有几秒钟，因此地震仪器必须根据地震信号幅度变化，自动地进行增益控制，使输出信号总是维持在记录设备所能接受的动态范围之内。

4. 分辨能力

地震信息的分辨能力，是指在地震记录上能区分相邻界面反射波的能力。在仪器设计方面应该合理选取仪器参数，使仪器能够记录更高频率的地震信号，提高分辨能力。

5. 数字记录

地震采集是以数字形式记录地震信号，但检波器最先接收的一般是连续的模拟地震信号，地震仪器再通过 A/D 转换将连续的模拟地震信号变成数字形式的信号，就是数字记录。

（二）接收方法

检波器（串）组合接收→电缆线→采集站→仪器解读。

检波器（串）组合接收：检波器是安置在地面、水中或井下拾取大地震动的地震探测器或接收器。它的实质是将机械振动转换为电信号的一种传感器。检波器有动圈式、涡流式和压电式。检波器组合接收的原理是利用有效波和干扰波的传播方向不同来压制干扰波的。组合是把 n 个检波器的输出叠加起来作为一道信号记录的接收方式。

地震电缆是连接检波器（串）、采集站、电源站、交叉站等到地震记录仪，并传递地震信息的一组导线。

（三）组合检波

1. 组合检波的概念

利用有效波和干扰波的差异，采用不同的组合方式来压制干扰波、突出有效波。

组合法是利用有效波和干扰波传播方向上的差别来压制干扰波的方法：将多个检波器按一定的方式连接起来，组成一个地震道的输出。它是在一点激发，多道接收，每道一个检波器，这是在最基本的地震野外工作方法的基础上发展起来的一种压制干扰波的有效措施，目前仍是野外工作的一种最基本的技术。

组合不但可以压制规则干扰波，还可以压制随机干扰。要想压制干扰波，就要清楚干扰波与有效波的主要区别，下面总结一下有效波与干扰波的主要区别：

①有效波和干扰波在频谱上有差别（有效波主频在 15~40Hz，面波的主频在 5~20Hz，工业电干扰主频在 50Hz 左右）。

②有效波和干扰波质点振动有所差别。

③有效波和干扰波在传播方向上有所不同。

④有效波与干扰波经过动校正后的剩余时差有所差别。

⑤有效波和干扰波在出现的规律上有差别（有效波时距曲线为双曲线而干扰波则不同，如面波出现的规律为直线，随机干扰随时出现）。

2. 检波器（串）组合形式

检波器（串）形式有线性组合和面积组合两种。

（1）检波器（串）的线性组合

检波器（串）的线性组合，就是组合时检波器沿测线方向布设在一条直线上，是最简单的野外排列布设方法。线性组合方式只能压制沿测线直线方向传播的规则干扰波，或者是只能压制沿测线垂直方向传播的规则干扰波。可见，检波器串的线性组合方式，只能用在环境噪声非常小的工区内，而且主要是抑制沿着测线直线或垂直方向传播的干扰波。

（2）检波器（串）的面积组合

在实际的野外地震勘探工作中，经常采用检波器（串）的面积组合，即组合时检波器布置在一个面上。这是因为沿测线的直线组合只能压制沿测线方向传播的规则干扰波，而不能压制垂直于测线到达的规则干扰波。因此，如果工区内存在着来自不同方向的规则干扰波，采用检波器（串）的面积组合较为合适。

检波器（串）面积组合主要有十字形、矩形、圆形及放射状组合等几种形式。当干扰波主要是沿着测线方向传播，别的方向也有时，一般采用矩形面积组合形式，即沿测线方向检波器多一些，垂直测线方向少一些。在实际生产中，考虑到施工方便，大多采用检波器（串）矩形面积组合。多用于高精度的二维、三维地震勘探施工中。此外，在检波器（串）组合中，应从保护有效信号的频率出发减少组合基距，具体检波器的个数、组合图形和组合基距还需要通过试验确定。

（3）组合参数的选择

检波器组合个数 n 的选择：一般情况下，信噪比高时，n 取小些；信噪比低时，n 取大些。规则干扰波视速度变化大时，n 取大些，反之取小些。

组内距 $\delta\chi$ 的选择：要使有效波落在通放带，使干扰波落在压制带，组合长度 $\iota=(n-1)\delta\chi$ 要考虑应大于随机干扰的相关半径，而最大组内距（组合基距）应以有效波的最小视速度来决定。

第四节　地震资料采集流程

地震资料采集工程是地震勘探项目中投资的资源最多、工作量最大、协调管理难度最大的工程。随着地震勘探市场竞争的日益激烈和甲方对资料采集精度要求的日益提高，对地震资料采集、作业现场实施有效监控和采集过程的管理变得尤为重要。

地震采集项目的实施一般分为地震勘探施工准备阶段、施工作业阶段和竣工验收阶段。

施工准备阶段一般分为工区踏勘工作、施工设计阶段和试验工作。

施工作业阶段包括测量、表层调查、激发、接收、地震资料的分析与评价等工序的工作及一系列后勤保障等具体工作。

竣工验收阶段包括资料分析、整理、验收和归档。

一 施工准备

（一）地震测线的设计

1. 地震测线布置原则

根据物探施工方法的不同，物探测线又分为二维测线和三维测线。二维测线为提供详查二维剖面勘探成果使用，三维测线为提供精查三维立体勘探成果服务。二维测线线间距比较大，一般为 2~4km，测线之间一般相互垂直交叉。垂直于构造走向布设比较密集的测线为主测线，与之垂直的测线为联络测线。二维激发点一般与检波点在一条直线上，或偏离检波线一侧 3~5m。三维测线相对于二维测线比较密集，线间距离一般为 100~200m，测线之间相互平行，炮线垂直于检波线。

（1）二维地震测线设计的原则

二维地震测线设计应遵循以下原则：

①地震测线应根据地质任务要求，按区域地质单元进行整体规划。一般采取先设计骨干测网，然后逐步加密的部署原则。

②主测线应垂直构造走向，为了特殊目的，也可少量布置其他方向测线。

③测线按直线设计，无法实施直线时，宜采取折线设计。

④在直测线、折测线无法实施时，宜采用弯线设计。

⑤在黄土塬、山区等低信噪比地区可考虑采用宽线施工。

⑥工区地震测线应通过主要探井。

⑦相邻工区、不同年度、不同野外采集方法的两条测线连接时，其连接点宜在各自的满覆盖段内。

（2）二维地震测线命名及编排

1）测线命名

测线的命名应由测线所在地区、施工年份和测线编号三部分组成。

示例：“QY2003—356.5”，“QY”为施工地区名称汉语拼音的头一个字母组合，由 2~4 个字母组成；“2003”为施工年份，由 4 个阿拉伯数字组成；“356.5”为测线编号，由 2~7 个字符组成。

测线编号由西向东、由南向北递增，在规则测网情况下，测线编号以千米（km）为单位，也可采用简易编号如 2009SW01，表示 2009 年 SW 工区 01 号测线。

2）测线桩号编排

测线桩号以米（m）为单位，按由西向东、由南向北递增的规则编排。实际施工中可采用自然点号编排，但应给出自然点号与测线桩号的对应关系。

（3）三维地震测线设计原则

三维地震测线设计应遵循以下原则：

①根据地质任务要求，以区域地质单元为单位，一般采取整体部署、分步实施的原则。

②三维工区边界应尽可能规则，边界拐点尽可能少。

③三维工区的范围应满足目的层的地震偏移成像效果。

④三维地震主测线方向一般宜垂直构造走向，当采用高密度、宽方位三维观测系统（横纵比＞0.85）进行地震采集方法布设，且解决地质问题不需考虑目标区以往地震资料时，可依地表情况和工区形状调整测网方向。

⑤两块三维工区相接时，如果采集方法差别较大，应考虑满覆盖相接；当采集方法相同或相近时，可考虑物理点相接。

（4）三维地震接收点、线和激发点、线的编排

接收点、线和激发点、线以及 CMP 点、线按由西向东、由南向北递增的规则编排。

2. 不同勘探阶段的测线布置目的和要求

根据不同勘探阶段地质任务的要求，分下列几种情况：

①线路普查：一般在没有做过地震工作，但已做过一些其他物探工作（如重力、磁力或电法）的地区进行。其地质任务：了解区域性的地质构造情况，取得进一步所需要的地震地质条件的资料。布置测线的要求是在垂直工区的区域地质构造走向的原则下，尽可能穿过较多的构造单元，测线应尽量为直线。一般布置若干条区域大剖面，测线间距以不漏掉局部构造为原则，通常为十几公里到几十公里，并要有一定数量的联络测线。

②面积普查：主要是在有油气远景的地区寻找可能的储油带，研究地层分布规律，查明大的局部构造。测线布置的要求：主测线垂直构造走向，测线间距以不漏掉局部构造为原则，线距不应大于预测构造长轴的一半。一般做测线较稀的面积测量，测线间距通常为几千米。

③面积详查：任务是在已知构造上查明其构造特点，测线布置应根据初步查明的构造大小和形态，要求主测线一般要垂直构造走向，线距为 2~3km，联络测线垂直于主测线并与主测线组成多边形的闭合圈，以便检查对比解释工作的正确性。

④面积精查：任务是查明构造的细节和地下断层产状等情况，提供钻井井位，直接为油气田的进一步勘探和开发服务。测线间距加密到 1km，甚至几百米。

（二）尽职调查

根据甲方的《工程技术设计》和总体部署，项目组接到任务后，安排相关人员对工区进行尽职调查，调查内容如下：

①掌握工区内的行政区的划分以及当地的政治、经济、人文不境及有关的法律法规，并与当地政府相关部门建立联系。

②了解当地的民族构成、宗教信仰、风俗习惯和治安情况等。

③掌握当地的季节变化、气候条件、疫情等自然环境特点。

④掌握当地的物资供应能力和物价水平，确定生产、生活服务网点。

⑤掌握工区的通行条件，预测交通安全控制点，确定主要运载机具。

⑥掌握工区的地表条件，调查允许的施工范围，确定攻关对象，探讨赔偿价格，预测施工装备。

⑦调查工区内的近地表条件及允许施工的范围，配置合理的钻机、钻具，预测钻井的生产能力，进行科学的风险评估，以提高施工效益。

⑧制定生产组织和生产管理方式，按照 HSE 规范，确定影响生产效率和效益的关键点。

⑨确定合理的资源配置及合理的各工序作业方法。

⑩制定质量控制点和针对性质量保证措施。

⑪ 确定施工方法，制订合理的作业计划。

⑫ 制定合理的 HSE 管理方法。

⑬ 选取合适的营地，建立良好的公共关系。

⑭ 分析野外各环节的施工难点和技术难点，并有针对性地提出相应的技术攻关方法。

二 施工作业

当野外试验工作完成后，选择最佳的野外施工因素经过审定后，方可正式开始野外资料采集工作。施工中认真做好各道工序之间的信息传递、信息反馈及衔接工作，各工序的采集工作严格按标准化程序进行施工作业，严格坚持下道工序检查上道工序，严格执行有关标准和要求，确保质量管理体系和 HSE 管理体系的正常运行。

（一）表层调查工作

1. 表层结构调查要求

①表层调查应在测线（束）生产前完成，采用炸药震源激发时，表层调查应为设计激发井深提供依据，施工顺序位于测量之后钻井之前。

②浅层折射的排列宜布设在平坦地段，排列内相对高差小于 2m；排列方向尽可能沿测线（束）方向布设。在特殊地表条件下，排列方向可任意选择，中心点应对准桩号，点位可以适当调整，最大移动距离为浅层折射调查设计点距的 10%；浅层折射施工因素的选择以求准低速层、降速层的速度、厚度和高速层的速度为依据。

③微测井应根据表层结构的复杂程度而定，微测井施工时，应求准低速层和降速层的速度、厚度以及高速层的速度。

④在浅层折射、微测井施工时，同一速度层不少于 4 个控制点，初至清晰。

⑤在具连续介质特征的沙漠和黄土塬等地区，除常规表层调查方法外，还应对不同地区、不同类型的地表进行连续介质特征调查。

⑥低降速带巨厚区，可采用浅层折射微测井联合调查。

⑦采用重锤激发时，垫板与大地充分耦合。

⑧野外施工时，实测偏移距。

2. 浅层折射质检要求

①浅层折射仪器年、月、日检记录合格。

②浅层折射班报上测线号、物理点桩号、录制因素、接收因素等记录齐全准确。

③浅层折射记录初至起跳干脆，能准确拾取。

④浅层折射记录干扰背景小，不影响初至及一定时间内的续至波。

⑤爆炸信号准确。

⑥浅层折射相遇时距曲线互换时差小于 10ms。

⑦浅层折射解释时距图上每一层位应不少于 4 个控制点。

（二）地震波激发

1. 激发的基本要求

①应按测量设置的激发点位置施工，确保位置正确。

②遇特殊地形、地物不能按规定位置施工，应及时上报施工组或有关人员。

③激发参数应符合设计规定和试验后确定的参数。

④使用的遥爆系统应达到性能稳定、正常，确保工作安全和信号准确，爆炸机应编号使用，每一个生产月的检修日应对所有爆炸机进行检测，钟 TB 与验证 TB 的时差应采用仪器最小采样间隔记录，误差不超过一个采样间隔。

⑤每个施工期开始或施工期间更替遥爆系统后应进行固有爆炸延迟时间的测定，并保存测试记录。

⑥激发前应核对激发点桩号、点数、点位、井深、药量、雷管数，使之符合设计要求。激发后，如实填写班报。

⑦激发前，应做好激发点、接收排列周围警戒。遇强干扰源时，应采取有效措施排除或减弱干扰。

⑧当激发点连续空点较多（致使总覆盖次数低于设计覆盖次数四分之三）时，应及时进行补炮或变观。

⑨可控震源与炸药震源联合施工时，应在同一地点进行两种震源激发对比试验，以求取不同激发子波。

2. 炸药震源激发要求

①组合井激发时，其组合中心应在以测量标志为中心，半径为十分之一道距的范围内，按设计的组合方式、井距、井深要求钻井，平原区各井井底高差不超过 0.5m，山地、黄土塬、沙漠等地形起伏区各井井底高差不超过 2m。组合井井间距应大于爆炸半径的 2 倍。

②选择井深和药量，应使激发频带较宽，并有足够的能量。

③应采用地震专用雷管引爆炸药，药包中的雷管宜放置在药包顶端，采用组合激发时，

雷管应串联。

④激发深度以药包顶面为准。

⑤井口检波器要埋置在距井口 2~3m 处，同一工区应保持一致。

3. 可控震源激发要求

①每天施工前，对可控震源进行日检。

②可控震源组合基距应准确，组合中心对准桩号，可控震源组内相对高差大于 2m 时，应调整组合图形。

③可控震源生产时，每台每次振动扫描都应有相应的实时质量监控记录。可控震源的标准信号与扫描信号之间的相位差应小于 2°。

④可控震源振动器平板与地面耦合良好。

4. 可控震源技术要求

①可控震源的 DGPS 坐标与测量坐标之差应小于道距的十分之一。

②可控震源的重锤加速度、平板加速度、力信号应符合要求，即信号完整无缺失、畸变在正常范围内、没有外来因素对信号的干扰等。

③实时监控可控震源的最大畸变、平均畸变、最大相位、平均相位，发现异常时要查找原因并重新激发。

（三）地震波接收

1. 地震数据采集系统的检查

①开工前应对数据采集系统进行极性检查，极性统一规定为初至下跳，可控震源和井炮共同生产时，其极性使用炸药震源激发检测。

②投入生产的仪器（含采集站）年检合格，年检周期不超过一个自然年。

③按期进行仪器（含采集站）月检，月检验周期不超过 32 个自然日。

④每日开工前取得仪器日检及可控震源一致性、气枪日检的合格记录，并按规定保存备查，施工结束后，经甲方验收后销毁。

⑤同一工区或至少同一条测线的记录因素不变。

⑥采用多台仪器联机工作时，应确保各台仪器之间有严格的时间同步。

⑦激发前要检查电缆和检波器的通断、绝缘、道序及警戒等情况。

⑧应监视背景噪声及工作道，做好警戒，每日开工前，至少记录一张环境噪声记录。

2. 采集仪器辅助系统一般要求

①应做好地震电缆和各种检波器串的日常维护，修理后的电缆线和检波器串应进行测试，经检查合格后方可投入使用。

②地震电缆线、检波器型号统一（水陆交互带除外）。

③施工前，应测试所有的电缆和检波器串，导通良好，外线绝缘电阻不小于 10MΩ（沼泽检波器不小于 20MΩ），各项性能达到有关检验指标要求。施工中如更换电缆或检波器，应进行性能测试。

④检波器串应统一编号，施工期间每月都应以所有在用地震检波器串为基数，按不低于 20% 的比例随机取样，并用检波器测试仪进行检测，抽样合格率应达到 95% 以上。如果抽样合格率小于 95%，则要求在一个月之内对所有在用地震检波器进行检测。

⑤在水深小于 1.5m 的各类水域，不应使用水中压电式检波器。水深大于 3m 的流动性水域，应使用水下测量定位系统或初至波定位方法，测定检波器的实际位置。

3. 检波器埋置要求

①进行组合接收时，检波器组合中心应对准桩号，应按技术设计或试验所确定的组合图形埋置检波器。特殊地形应将组合图形等比缩小或沿地形等高线摆放，同道检波器埋置条件一致，与地表耦合良好，达到平、稳、正、直、紧的要求，不应使用外壳破损和无尾锥检波器施工。

②因障碍不能布设检波器的道，应核对准确桩号，并在仪器班报上注明空道及原因。当连续道达到 3 道以上时，应采取就近横向偏移的方法。

③平原或水陆交互带地震采集施工，接收点的组合中心与测量标桩的定位差；二维沿测线方向不大于道距的十分之一，垂直测线方向不大于道距的十分之三；三维沿接收线和垂直接收线的方向均不大于道距的十分之一。

④大风和封冻季节，应做好对检波器埋置情况的检查工作。

⑤检波器电缆线不应悬挂在高秆作物等之上。

⑥排列上的特殊地形地物及时报告当班操作员，并在班报上备注。

⑦同一道检波器组合埋置高差应符合规范和设计要求。

⑧在大型障碍区内，应评估布设检波器道的难度，在满足设计要求范围内灵活采用特殊观测系统。

（四）地震资料分析与评价

首先要对当天的记录进行认真的分析，然后根据记录评价标准进行严格评价，以便有针对性地指导野外生产工作。

1）看炮号

拿到一张监视记录，首先看炮号是否与班报相符，如不符应在班报上注明，并查明原因。

2）看初至

从初至波的到达时间（即各道开始起跳的时间）可以分析排列上各道的位置是否正确以及地形有无变化。从近炮点道的初至时间可以分析炮点位置是否正确。

3）看能量分析识别有效波

一张良好的记录必须具备能量强、信噪比高的特点。当有效波出现时，振幅明显增强，而且各道同一层反射波相同相位连线比较光滑，具有一定的长度，以此可以判断反射波的出现。

4）看爆炸信号和井口信号

要求爆炸信号准确、真实、无感应，每炮记录必须都有。从井口时间可以分析井深及激发条件的变化，同时为资料数字处理提供依据。防止井口信号电缆线漏电或与炮线交叉造成井口信号感应。

5）看反射层次

必须获得施工设计中要求的目的层，并且保证其反射品质良好（能量强、同相轴光滑），评价能否完成地质任务。

6）看道

在看监视记录时，要认真分析各道的工作情况，要求各道工作正常，无外界干扰。道工作不正常（如反向、乱跳、有 50Hz 干扰）或不工作（拉直线）将直接影响记录质量。

7）注意回放因素

注意仪器回放因素的选择是否正确，若因素选择不当，会在记录上造成异常现象。

三 竣工验收

完成野外采集作业后，施工单位应向公司提出申请，公司组织相关单位进行自我验收，然后向甲方提出申请。甲方接到申请后组织验收，现场验收结束后，验收组对验收情况进行全面评价，并出具采集项目验收意见书。甲方验收合格后方可结束野外施工。

第五节 海上地震勘探

一 海上地震勘探

海上地震勘探是在海水中进行人工地震的调查方法。其特点是在水中激发，水中接收，激发、接收条件均一，可进行不停船的连续观测。震源使用非炸药震源，接收常用压电地震检波器，工作时将检波器及电缆拖拽于船后一定深度的海水中或将接收设备沉入海底。

海上地震勘探工作具有下述几方面特点：①多数使用非炸药震源。②水中激发，水中接收，记录数字化。③一般为单船作业，记录仪器和震源在同一条船上，走航连续记录，目前多船作业也逐渐增多。④采用高次覆盖，资料由计算机处理，工作效率高。⑤采用导航定位技术实时确定船的位置和炮点的位置。

海底地震勘探技术是海上地震勘探技术的一种，同样由震源和采集仪器组成。海底地震勘探技术大都采用非炸药震源（以空气枪为主），震源漂浮在海面，由海上地震勘探船拖拽；采集仪器放到海底来接收震源发出、经过海底底层反射的纵横波信号。由于海水不能传播横波，只有把检波器放到海底才可接收到横波及转换波。其特点是在水中激发，水中接收，激发、接收条件均一；可进行不停船的连续观测。检波器最初使用压电检波器，现在发展到压电与振速检波器组合使用（双检检波器）。海底地震勘探技术又可分为海底电缆勘探技术（ocean bottom cable，简称 OBC）和海底节点地震仪勘探技术（ocean bottom node，简称 OBN)。OBC 技术是将成百上千个检波器连接在海底电缆上，由专用的放线艇在定位仪的引导下将采集电缆沉放到海底（海底电缆可以是一条或多条），海底电缆的一端连接到固定的仪器船上（仪器船要在海上抛前后锚以保证船身不转向和船位不偏移），而由海洋地震勘探船在海面四周按设计测线放炮的方式采集海底地震数据。

二 海上地震波激发

海上地震采集技术在 50 年的发展中，针对海洋特点，在震源、接收记录和定位导航三大系统以及施工方法上形成特定的技术。

最早的震源是简单地把陆地炸药震源引入海上，但很快暴露出缺陷：一是施工安全隐患大，不能自动化操作，人工操作危险；二是对环境污染严重，尤其对鱼类的伤害不可避免。

（一）气枪震源

随着科技的进步，海洋地震勘探震源设备和技术也取得了相当大的进步。从最初的炸药震源逐渐发展到现在的多种非炸药性震源，例如，空气枪、蒸汽枪、烯气枪、水枪、电火花等。其中，气枪震源占主导地位，现在 95% 以上的震源属于气枪震源。气枪作为目前最主要的海上震源勘探设备，无论是在深海拖缆作业中，还是在滩浅海过渡带作业中，都发挥着重要的作用，有效地提高了施工效率，降低了施工风险。

海洋勘探领域中主要使用以下几种枪型作为震源设备，BOLT 公司的长命枪、SERSEL 公司的 G 枪和 I/O 公司的 SLEEVE（套筒枪）。各种枪型有各自的特点，使用的环境也有所不同。例如，BOLT 公司的 2800LL-X 长命枪，体积小，适合于浅水区域，工作容积为 10～120in^3；1900LL-X 枪体积较大，适合于较深水域，工作容积为 40～1500in^3；An nular Port Gun 适合于较深水域。G 枪是一种单枪，能很好消除气泡振动，它有两个储气室和释放孔。激发时，主气室首先释放，形成有效的压力波，从而有效地阻止气泡振动，BGP PIONEER 和 DFKT1 大型拖缆船都是采用这种枪型作为震源。SLEEVE 枪最大的特点，就是采用外置梭阀提供 360° 全方位的声波释放孔，释放效果更好。从结构来讲，主枪体经优化设计，整枪零件数量极大降低，最终体现在维修保养更容易，整体可靠性更高，BGP ATLAS 采用的就是这种枪型。

（二）气枪震源配置基本要求

气枪震源系统主要组成部分为气枪激发系统、高压空气供给系统、气枪控制系统、气枪悬挂系统及辅件。

为了保证气枪震源系统具有较高施工效率，对施工区域、施工方法的适应性和良好的质量控制措施，一套完整的气枪震源系统必须具备和满足以下 5 个基本要求：

①满足施工区域对设备适应性的要求。

②满足高施工效率的要求。

③满足高可靠性和质量控制的要求。

④满足地质任务对气枪阵列激发能量和频谱的要求。

⑤满足可视化的辅助质量控制要求。

如果震源系统工作区域在 2.5 ~ 30m 水深浅海，为了使震源船具有较大的施工覆盖面积和良好的抗风能力，震源船的吃水深度应控制在 1.5 ~ 2.0m。

气枪阵列应采用在船两舷的侧吊式方式，有利于快速施工上线和最大限度地靠近浅水区激发点，可以有效地提高施工效率。其缺点是在气枪激发时产生的冲击波振动较大，需要采取一定的减震措施。

三 海上勘探接收系统

海上地震勘探记录系统与陆地基本相同，检波器采用了压电检波器以取代动圈式检波器，采用密封的检波器、数字包等浮电缆一体化的接收装置。浅海施工时检波器采用双检波器，即压电检波器加动圈式检波器的方式，以降低海水面产生的虚反射效应，同样也经历了从模拟到数字的发展过程。为了提高地震分辨率，最重要的是在记录低频有效波的同时，也能记录能量很弱的高频有效波，这就要求记录系统具有较宽的动态范围。24 位模数转换仪器，在一定程度上提高了记录系统的动态范围，是海上勘探的优选设备。

四 浅海地震勘探测量

浅海地震勘探测量是为浅海地震勘探服务的，作业范围一般是 50m 以内水深的海域，属于海洋测绘的一个分支。浅海地震勘探测量主要分为三部分：一是为调查工区海底地形进行的水深测量工作，同时也为后续检波点高程测量计算提供资料，通常采用 GNSS 定位仪配合回声测深仪进行；二是接收点的测量，包括海缆（检波器或节点）放置时的导航放样工作和海缆放置到水底后的检波器二次定位，海缆放置时一般采用精度较低的信标差分定位仪或广域差分定位仪进行导航放样，引导放缆船将海缆放置到水底，再使用声学定位系统来测定其在水底停留位置的精确坐标；三是配合气枪震源激发进行的导航和激发位置的测量，即激发点测量，它由一套控制软件系统集成 GNSS 定位、回声测深、电罗经定向、姿态仪定姿，准确引导震源船到达激发点位，并且发送指令控制地震仪器、枪控，待气枪激发时获取气枪激发时刻的激发点精确位置信息。

五 海洋物探设备

海洋下面蕴藏着丰富的矿产资源，特别是在广阔的大陆架浅水海域蕴藏着大量的石油、天然气和其他矿藏。为了查明海底石油和矿藏，人们专门建造了海洋勘探船。从事海上勘探工作的人员组织起来称为海上地震队。海洋物探船用于海洋地质勘探，船上装有地震仪和有关勘探设备，它们应用了地震、重力、磁性、电性等物理方法，来寻找海底石油和矿藏，所以又把海洋物探船叫作物理勘探船。

在海洋及湖泊等水域进行的石油地震勘探，通常使用气枪震源作为地震波激发源。气枪控制器系统作为气枪震源的控制核心，与导航定位设备、地震采集设备联机应用，确保系统间的同步联机作业。气枪控制器系统在得到导航定位设备的启动指令后，控制着气枪震源的激发并协调控制地震采集设备，从而实现同步采集地震数据。浅海 OBC 系统，用于浅海水域的地震波接收。由水下地震传感器和传输电缆组成，施工时布设在海底，完成地震数据的采集记录。水下地震传感器一般为多分量检波器。除此以外，还有其他相关的辅助设备：机动橡皮艇、空气船、赫格隆、罗力冈等。

思考题

1. 地震勘探的工作环节由哪几部分组成？
2. 地震勘探激发的要求有哪些？
3. 井中爆炸的优点有哪些？
4. 海上地震勘探有哪些特点？
5. 四维地震勘探的作用有哪几点？

扫一扫
获取更多资源

第二章

地震勘探钻井

PART 2

地震勘探钻井是利用钻机完成钻进、洗井、起下钻具等综合功用的工艺流程。地震钻机由承载机、井架、动力头、钻杆、液压系统等组成。一般装在载重卡车或其他运输设备上。地震钻井是通过机械或人工方式在地表钻孔，将雷管炸药连接制作好的药包放入井底作为震源。根据地表条件差异选用不同型号的钻机进行钻井作业。

第一节　地震钻井概述

一　地震勘探对井位要求

地震勘探中的钻井是在地震测量布设的炮点上依据束线设计任务书的井深、井数的要求，利用机械设备或人力在地表钻孔。

（一）陆地上地震勘探对钻井的要求

①井位准确：钻井前要核准桩号，井位水平、垂直偏移距要符合技术要求，井位位置尽量在测线的同一侧（3～5m）布置，以保证排列摆放。在遇特殊地形，钻机不能按规定位置钻井时，钻井点位应与测量桩号一致。

②井深足够：一个探区设计井深是对激发岩性的选择，常常在潜水面以下 3～5m 的黏土和泥岩中。井深不能随意改变。

③药量适当：根据勘探目的层设计选择，不应任意增减，保证药柱无泄漏，能完全爆炸。

④完钻记录：如实填写班报，记录井深下药情况。

（二）陆地上地震勘探对井位的要求

选择井位应该从安全及施工方便等各方面综合确定，严格遵循地震钻机安全操作规程中有关规定。只有这样，才能有效避免钻井事故和钻井废炮的发生。

①施工前尽可能与有关部门联系，了解地下电缆、油气水管道的准确位置，并明确标注在施工图上，预先采取措施，以防造成损害。

②确定井位后，必须观察周围及上空是否有线杆和高压电线，防止起升井架碰触电线以及放炮后线飞搭在高压线上而发生触电事故。

③在无特别障碍时，钻井点位应与测量桩号一致，保证原始资料的真实性。

④炸药是地震勘探的主要震源，其所产生的地震波有一定破坏性。实际施工中，为减小对工农业设备和民用建筑危害，钻井炮点可在技术许可的范围内偏移。

（三）井位选择

井位的选择要依据地表实况而定，在施工前要详细研究本工区测线网概况，即测线走向、编号起点、覆盖范围、主要工作量、重要建筑和施工障碍等。

1. 常规井位确认法

①携带当日施工任务书（必要时还要携带施工草图）或手机地图，到工区寻找测线炮点桩号。测线炮点编号规则是由西向东、由南向北方向递增。

施工任务书：施工组提供的关于施工具体内容的说明。其中标定了钻井点位、数量、井深、药量及注意事项。

施工草图：测量员绘制的供施工参考的图件。它综合标识了作业区地表状况与建筑物的详细分布位置。

②找到炮点桩号后，严格按相关技术规程要求选择井位。井位应选在炮点桩号的正点位置，如有地形地物限制，可适当调整，但二维施工井位在平行测线方向偏离桩号应小于5m，在垂直测线方向偏离桩号最大不能超过排列道距的一半。三维施工要求井位偏移应控制在桩号5m范围内，无法保证时可采用“恢复炮”或“变观炮”来处理，所有偏离设计桩号点位置均需测量组实测。

③井位距离确定应对实际因素全面考虑。为了保证井深和有效激发能量及钻井作业顺利进行，要遵循避难就易的原则，山地施工还应做到避高就低，避干就湿。同时，要兼顾到施工方便，以作业车辆能沿测线方向连续前进为原则，尽可能预防完钻后倒车、绕行、压排列线等不利现象产生。

④当井位和行车方向大致确定后，开始挖钻井液池和钻井液槽。钻井液池是存放钻井液用的，挖成直径80cm、深40cm的圆坑；钻井液槽是钻井液循环的沟道，从圆坑伸出，挖成长100cm、宽20cm、深15cm的浅槽，其始端即井位的标志。这样，一个井位就最后确定了。

2. 特殊井位选择方法

当地震勘探测线穿过工农业设备和民用建筑区域等障碍物时，如果炮点距太近，应做“特殊井位”处理，特殊井位选择的原则应当是既合乎勘探技术要求，又确保安全无事故隐患产生。其措施有三种：

①偏移井位：采取恢复炮或变观炮。

②加大井深或减少药量：应符合安全技术规定。

③组合井位：单井激发效果不好时，应确定双井及以上组合井形式炮点，要使组合整体中心对准测量桩号。

（四）寻找井位桩号

1. 一般标志

①测线网及钻井井位都按统一规律编号。每个统一桩号都插有小旗、木桩和土堆标志，土堆下埋有桩号卡，寻找井位依据地震勘探测线网的编号进行，如图 2-1-1 所示。

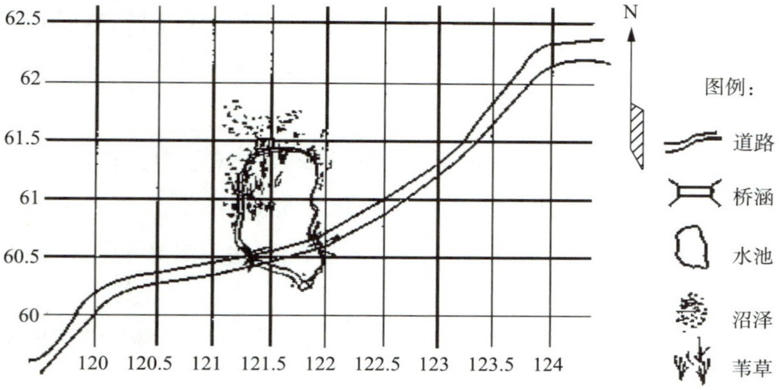

图 2-1-1　地震勘探测线网编号示例

②测线、井位编号规律：由西向东、由南向北方向递增。如南北测线 120 的点桩号从南向北依次为 60、60.5、61……；东西测线 60 的点桩号从西向东依次为 120、120.5、121……。

③找井位时，常由已见桩号推测需找的桩号位置。如：已见 120.5 测线 60.5 桩号，需找 123.5 测线 62 桩号，可知在东第六条测线北方。知道线距和桩号距还可以精确推算实距，其余类推。又如：在桥上见 121.5 测线 60.5 桩号，桥下不能钻井，绕行水池见到沼泽中有 61.5 桩号，可知 61 桩号正在水中，可做水中炮或连同桥下共空两炮处理。

④当井位桩号丢失，要依次向前或向后寻找一两个桩号来证实。当疑问较大时，还应寻找两个以上的桩号查对并及时与施工主管人员联系处理。注意：由于某种原因全测线桩号反向误置或被他人迁埋；当相邻两条测线太近时，桩号正确而两条测线错位一条现象也可能发生。所以，寻找井位桩号前建立工区测线整体概念十分重要，在实际施工中应能有效避免因井点错而影响全部地震采集作业。

2. 特殊标志

①油漆、石灰水、涂料：穿越居民区、矿等，可将桩号涂写在建筑物墙面或树身近地处。

②竹竿、木杆彩旗：林丛、海滩和水域工区多用，桩号写在小旗上。

③钢钎红塑旗：沙漠旷野工区多用，桩号写在小旗上。

（五）组合井一般布置形式

要严格按照组合井间距及基距设计布置，与施工组共商炮井组合形式，保证组合井整体中心对准桩号。2～5 井组合较合理的形式如图 2-1-2 所示。

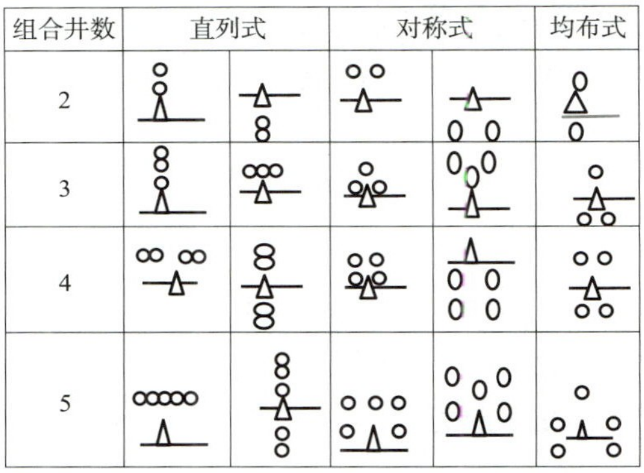

图 2-1-2　组合炮点布置示例

—测线；△炮点桩号；○钻井点位

（六）陆上激发方式

激发方式有单井激发和多井组合激发。但当钻井十分困难时，如我国西北的戈壁滩地区，地下水面很深，地表又被砾石覆盖，水源稀少，钻井工作很难进行，只能采用多个浅井组合激发，或使用可控震源，在江河湖泊地区工作时，可采用电火花或气枪激发。

在井中激发时，有一个选择井深及其岩性的问题。大量的实践证明，选择在潜水面以下 3 ~ 5m 处的黏土层或泥岩中爆炸，激发的地震波频谱适中，能量较强，这是由于潜水面是一个强的反射界面，激发的地震波能量由于潜水面的强烈反射作用使大部分能量向下传播。如果在潜水面以上的低速带中爆炸，则大部分能量经潜水面反射至地面而成为面波等干扰波的能量。所以激发条件的选择也有一个压制干扰波提高信噪比的问题。为了选择激发条件，对工区的表面岩性及潜水面的变化情况应做一些调查研究工作，如收集水文资料，调查民用水井，做一些微测井等。

二　钻井液

（一）钻井液的基本组成和作用

钻井液是由黏土、水（或油）和少量处理剂混合形成的，具有可调控的黏性、密度和降失水等性能，其基本作用：①悬浮和携带钻屑，保持孔底清洁；②稳定井壁，防止井塌；③防止漏失；④冷却、润滑钻具。其来源广泛，配制使用方便，所以成为应用最广泛的钻井液。

按适用条件，可以把钻井液分为：

①用于砂层、卵砾石层、破碎带等机械分散性地层的钻井液，简称松散层钻井液。

②用于土层、泥岩、页岩等水敏性地层的抑制性钻井液，简称水敏抑制性钻井液。

③用于岩盐、钾盐、天然碱等水溶性地层的钻井液，简称水溶抑制性钻井液。

④用于较为稳定、漏失较小的硬岩钻进的钻井液，简称硬岩钻进钻井液。

⑤用于异常低压或异常高压地层的低比重钻井液或加重钻井液。

⑥用于超深井、地热井等高温条件下的抗高温钻井液。

（二）钻井液的选用

1. 清水

清水是最常用的钻井液，用清水比配制钻井液要方便、省时、成本低，因为清水的来源广泛、直接。从材料性能优点上看，清水黏度小（仅为 1MPa·s），流动性好，因此冲洗井底岩屑的能力强，冷却钻具的效果好。

2. 砂层、砾石中使用的钻井液

在砂层、砾石以及破碎带地层中钻井，成孔的难度很大，这类地层称为机械分散地层。由于颗粒之间缺乏胶结，钻进时井壁很容易坍塌。对于这类地层用钻井液护壁，解决问题的关键是增加井壁颗粒之间的胶结力。黏性较大的钻井液适当渗入井壁地层中，可以明显增强砂、砾之间的胶结力，使井壁的稳定性增强。该类钻井液的相对密度在 $1.06 \sim 1.10 g/cm^3$。

（三）可压缩钻井循环介质

1. 可压缩钻井循环介质基本特征

空气是密度最低的钻井介质。以雾作为钻井介质，则称为雾钻井。空气的密度非常小，空气的可压缩性又非常大，而水几乎为不可压缩。若用空气作为钻井循环介质，必然表现出明显区别于常规钻井液的低密度和高压缩的特性。在一些特定条件下，用空气钻井比常规钻井液的效果好，其中有些情况下只能用空气钻井。

可压缩钻井循环介质主要是因下述方面的钻井需要而产生的：

①在无水、缺水、干旱、沙漠、冰冻地区钻井，用自然气体取代配制钻井液所需的大量用水，以解决供水困难。

②在低压地层中钻井，常规钻井液的密度相对过大，钻井液压力使井眼失稳破坏并造成钻井液严重漏失。对此，使用低密度钻井液可以有效减轻对地层的压力。

③向井底输送气体，实现井底气动冲击碎岩，在一些硬脆地层中具有比常规钻井方法快得多的钻井速度。

2. 可压缩钻井循环介质的类型

可压缩钻井循环介质分为干气体、雾状体系、钻井泡沫、充气钻井液：

①干气体。用干空气或天然气体作为钻井循环介质。其特点是工艺相对简单，但是由于气体悬浮和携带岩屑能力差，因此需要很大的环空流速，即需要较大的送气量。

②雾状体系。气体是连续介质，液体是分散相的分散体系。在井内水量较多的情况下，原用的空气循环钻井转变为这种循环体系。

③钻井泡沫。分散相是大量气体、连续相是少量液体构成的分散体系。它在悬浮和携带岩屑能力等诸多方面比空气钻井优越。

④充气钻井液。在钻井液中加入发泡剂、稳泡剂，经剧烈混合后形成大量微小泡沫，它在一定范围内的相对密度和黏度调整上比纯泡沫优越。

三 复杂地表地质条件下钻井

（一）坍塌地层钻井

1. 坍塌地层的分类

坍塌地层按井壁坍塌的程度不同可分为以下 3 类：

①轻微坍塌：钻井时钻具回转呈现阻力，钻井液黏度、密度、含砂量略有升高，起下钻具遇阻或下钻不到底。

②中等程度坍塌：钻进时钻具回转呈现阻力很大，甚至钻具逐渐不能转动，钻井液黏度、相对密度、含砂量升高，泵压升高甚至憋泵，提钻开始时阻力很大，下钻下不到底。

③严重坍塌：泵压猛增，甚至钻井液循环中断，钻具往往被埋在孔内，造成陷埋或卡钻事故。

2. 孔内坍塌掉块情况的判断依据

①根据钻井液携带上来的坍塌层的碎屑来判断坍塌地层及坍塌程度。

②根据钻井液性能的变化、泵压的变化、钻具回转阻力的变化，提升钻具开始的阻力，下钻是否到底等情况分析判断孔内坍塌的程度。

3. 坍塌地层的处理

井壁的坍塌是由于岩层松散破碎和外界条件（如钻孔形成后破坏了孔壁岩层的受力平衡、钻井液的浸泡、钻具的敲打、快速提钻时的抽吸作用等）促使孔壁岩层失去稳定性而造成的。因此解决孔壁坍塌问题应从采用人为的胶结方法增强松散破碎岩层的稳定性，减少或消除外界条件的影响，隔离坍塌孔壁等方面入手，有时还采用专用化学钻井液来护孔防坍、套管跟进等。

（二）漏失地层钻井

1. 漏失地层的分类

漏失地层按漏失程度的不同可分为以下 3 类：

①轻微漏失：多属于孔隙和微小裂隙的渗透，此时孔口内有返水，但孔口返水量小于向孔内的送水量，钻井液的液面有明显下降。

②中等程度漏失：多属于裂隙漏失，此时孔口无返水，但孔内保持有一定高度的水位。

③严重漏失：多属于大的裂隙、溶洞或窟窿漏失，孔内没有钻井液保存。

2. 发生漏失的原因

①岩层具有裂隙和孔洞，为钻井液漏失提供了天然通道。

②孔内液柱压力大于地层压力，在压力差的作用下，迫使钻井液沿裂隙和孔洞漏失。

3. 漏失地层的处理

①调整孔内液柱压力。

②堵塞钻井液漏失通道。

③把漏失地层与钻孔隔离。

第二节　地震钻机

一　钻井工艺对钻井机械设备的基本要求

（一）钻井工艺的要求

钻井工艺对钻井机械设备的基本要求有以下 3 个方面：

①旋转钻进的能力：要求机械设备应能提供给钻具一定的转矩和转速，并维持一定的钻压。

②起下钻具的能力：要求具有一定的起重量及起升速度。

③洗井的能力：能提供一定的泵压，使一定的液量通过钻杆清洗井底，并将岩屑带出井外。利用空气钻井，其原理是一样的。

此外，钻机要适应不同地区的钻井需要，考虑钻机流动性大的特点，要求设备容易安装拆卸和搬运。钻机的使用维修工作必须简便易行，钻机的易损件应便于更换。

（二）钻机的特点

由于钻井工艺特点与使用场地的不同，钻机表现出与一般机械不同的特点，可概括为以下 4 个方面：

①为了完成钻进与起下钻等钻井作业，钻机必须是一整套大功率的重型联合工作机组。由于发动机具有单一的特性，而工作机与井底钻具则要求具有不同的特性，所以从发动机到工作机与井底钻具间就有着不同的能量转换、运动变化和能量传递路线。因为各工作机组的利用又不是同时的，其载荷随着井深等因素发生变化，这就必然造成钻机传动与控制结构的复杂化以及很大的能量消耗。

②用地面旋转钻机带动钻具钻井，与一般机器不同的特点是操作是不连续的；而且在深井钻井中，起下钻具这一非生产性质的辅助操作跃居主要地位。所以，起升机组变成了主要的工作机，起钻时必须付出很大的能量，而下钻时产生的能量又不能回收，造成很大的能量损耗。

③钻机的工作场所与一般机器不同，它是在矿场、山区、沙漠、沼泽、海洋上进行流动作业的。这就要求钻机具有高度的运移性，即拆装简易，部件尺寸和质量适宜大块搬运或整体运移。为了适应各地区的载运条件，钻机就要具有不同的结构形式。

④钻机与其他机器相比技术水平较低，这主要反映在两方面：一方面是钻机的强度和寿命（包括耐磨性和耐疲劳性能）不能适应不稳定的、带冲击的工作载荷，致使钻井设备故障频繁，检修工作比重较大；另一方面，由于钻机的加工对象（岩石）特性变化不定，以及钻进和起下钻的不规律性，所以，实现钻机高度机械化、自动化较难。

二 钻机的组成

（一）钻机的分类

钻机是一套综合机组，一般由动力机构、传动机构、执行机构、操纵系统、辅助机构等部分组成。其主要作用是带动钻具破碎孔底岩石，下入或提出在孔内的钻具。可用于钻取岩心、矿心、岩屑、气态样、液态样等，以探明地下地质和矿产资源等情况。钻进深度为 2~15000m。按破碎岩石的方式不同，可分为回转式钻机、冲击式钻机、冲击回转式钻机、旋挖钻机、螺旋钻机、静压钻机等；按钻探深度不同，可分为地表取样机（2~50m）、浅孔钻机（50~300m）、中深孔钻机（300~600m）、深孔钻机（600~6000m）、超深孔钻机（6000~15000m）；按用途不同，可分为岩心钻机，水文地质水井钻机，工程钻机，石油勘探钻机；按施工现场不同，可分为地表钻机、坑道钻机、海底沉没式钻机等。国内生产厂家有保定宏业机械、北京三一重工、上海中联、内蒙北方、江苏徐工等。国外厂家有德国宝峨、意大利卡萨、法国 Sercel、加拿大 Foremos 等。

目前，国内石油地震勘探用钻机主要有以下几种分类。

1. 按操纵形式分为

①人工钻机。如手摇钻、人墩钻、洛阳铲等。

②机械钻机。如 WTZ-100、WTZ-50、701 型车装钻机、HY-40G 型山地钻机、QPY30 型人抬钻机。

2. 按使用地区不同分为

①平原用钻机。如 WTZ-50 型车装钻机。

②沙漠、戈壁用钻机。如 WTZ-300、WTZ-100 型车装钻机。

③山地用钻机。如 WTRZ-2000、HY-40G 型山地钻、QPY-30 型人抬钻机。

④海洋湖泊用钻机。

另外，按动力驱动形式分为机械传动钻机、液压传动钻机等。

（二）地震钻机的组成

地震勘探钻井工艺决定了地震勘探钻机的性能，而钻机性能是由一套综合机组来完成的。根据钻井工艺中钻进、洗井、起下钻具各工序以及处理钻井事故的要求，整套钻机由旋转钻进系统、循环系统、加压提升系统、动力驱动系统、传动系统、控制系统及平台等七大部分组成。

①地面旋转钻进系统：为了转动钻具，破碎岩石和确定方向井的方位，钻机配备有钻盘、水龙头或动力头等。

②循环系统：为了随时清洗井底已破碎的岩屑和正常连续钻进。

③加压提升系统：为了起下钻具、更换钻头、下套管等装配的一套起升设施。由常用的 WTZ–50 型钻机中涡轮减速器、链条、链轮及井架组成。

④动力驱动系统：为了工作机获得足够的动力进行运转，必须配备动力设备及辅助设施，如汽车发动机等。

⑤传动系统：主要是连接发动机与前三个工作系统，把发动机的能量传递且分配给各工作系统，可分为机械传动、液力传动、液压传动等。

⑥控制系统：指挥各机组协调工作，在钻机中还装备各种控制设施，如机械控制设施、气动或液动设施、电控及观察仪表。

⑦钻机平台：车装钻机的平台底座较为简单，整体组装在汽车底盘上，搬运很方便。

以上是适应钻井工艺要求而形成的钻机系统和部件，它们有机地结合成一套钻机设备，协调完成钻井任务。

三　气压传动系统

（一）气压传动的工作原理

气压传动是以压缩空气为工作介质进行能量传递和信号传递的一门技术。气压传动的工作原理是利用空压机把电动机或其他原动机输出的机械能转换为空气的压力能，然后在控制元件的作用下，通过执行元件把压力能转换为直线运动或回转运动形式的机械能，从而完成各种动作，并对外做功。

（二）气压传动系统的组成

气压传动系统和液压传动系统类似，也是由动力部分、控制部分、执行部分、辅助部分组成。

1. 动力部分

动力部分为气源装置，是获得压缩空气的装置，其主体部分是空气压缩机，它将原动机供给的机械能转变为气体的压力能；气压发生装置主要是压缩机。

2. 控制部分

控制部分是用来控制压缩空气的压力、流量和流动方向的，以便使执行机构完成预定的工作循环。它包括各种压力控制阀、流量控制阀和方向控制阀等。

3. 执行部分

执行部分是将气体的压力能转换成机械能的一种能量转换装置。包括气缸、气动马达、摆动马达。

4. 辅助部分

辅助部分是保证压缩空气的净化、元件的润滑、元件间的连接及消声等所必需的，它包括过滤器、油雾气、管接头及消声器等。

（三）冲击器

一种钻探工程需要使用的基础设备，一般分为两种：气动冲击器和液动冲击器。

1. 气动冲击器

气动冲击器又称风动冲击器或风动潜孔锤，是以压缩空气为动力介质，利用压缩空气的能量产生连续冲击载荷的孔底动力机具。压缩空气同时可以兼作洗孔介质。气动冲击器有高风压和低风压、阀式和无阀式之分。通常气动冲击器直接与硬质合金柱齿钻头连接以冲击方式碎岩。主要应用于水文水井钻探、无岩心地质钻探、地质灾害防治工程以及矿山凿岩等领域。适合在卵砾石及硬岩层中应用，配置特殊结构的钻头也可在软土层中使用。机械钻速一般大大高于液动冲击器钻进，但需要配备能力较大的空气压缩机，燃料消耗较大，有噪声、粉尘污染。钻进深度受地下水水位、水量的影响较大。

2. 液动冲击器

液动冲击器又称液动冲击回转钻具或液动潜孔锤。以钻探冲洗液为动力介质，利用高压液流能量及动态水击能量产生连续冲击载荷的孔底动力机具。通常直接连接在取心钻具上部，在回转钻进的同时，将连续的冲击载荷传递到取心钻头上，使钻头以回转切削和冲击两种方式联合破碎岩石。用于地质岩心钻探，特别适合在坚硬、破碎岩层以及中等硬度的粗粒不均质岩层中应用。液动冲击回转钻进技术可以提高机械钻速，延长回次进尺，减缓钻孔弯曲。

四 钻机维修保养

钻机在运行中，由于受摩擦、振动、冲击以及自然条件等各种运行条件的影响，各部件和零件会产生不同程度的松动、变形、磨损、疲劳、腐蚀、老化和损伤。随着运行时间的增加，技术状况逐渐变坏，故障率上升。导致动力性、经济性和安全可靠性下降，甚至出现意外的机械事故。所以要定期保养，除了平时的润滑和紧固外，达到一定的程度就要对设备进行维修。

（一）钻机损坏的原因

钻机损坏一般可分为不正常损坏和正常损坏两大类。

1. 不正常损坏的原因

（1）制造或维修质量没有达到设计要求

制造或修理的尺寸、形状未达到设计的精度和光洁度；材料的物理机械性质及热处理没有符合要求；装配时没有保证所要求的配合，同心度不对等。

（2）运输和保管不当

运输和保管不当会使零件变形、光洁的表面碰伤，甚至严重损坏。

（3）违反操作规程

操作不当或没有及时地进行保养。如润滑油不清洁会引起机械的剧烈磨损；在低温时高速启动，常常会带来严重损伤。

2. 正常损坏的原因

（1）磨损

由于机械零件互相摩擦，造成机械零件表面产生尺寸、形状和表面质量的变化而损坏。为了减少磨损，延长零件的使用寿命，应保证零件间的润滑和润滑油的清洁，防止尘土的侵入等。

（2）疲劳

在长期交变载荷作用下，由于材料的疲劳，齿轮、轴承和轴等零件会产生疲劳裂纹而造成表面剥落或折断。零件的磨损和腐蚀使表面粗糙，修理质量不高或加工质量不高使零件的疲劳强度削弱等都能使疲劳破坏发生。

（3）变形

机械在工作时，当外载荷引起的应力超过零件材料的屈服极限时，零件就会产生变形。零件加工时残留的残余应力，也能使零件产生变形。在目前的工艺条件下，零件在使用中的变形是不可避免的，只能认清其规律，采取适当的措施，减轻变形的危害。

（4）腐坏

腐坏包括腐蚀和腐朽，例如金属的生锈、橡胶的老化等。这种腐坏还不能完全防止，但是可以采取积极措施来减轻它。

（二）钻机维护保养制度

钻机维护根据作业周期分为定期维护和非定期维护两类，如图 2-2-1 所示。

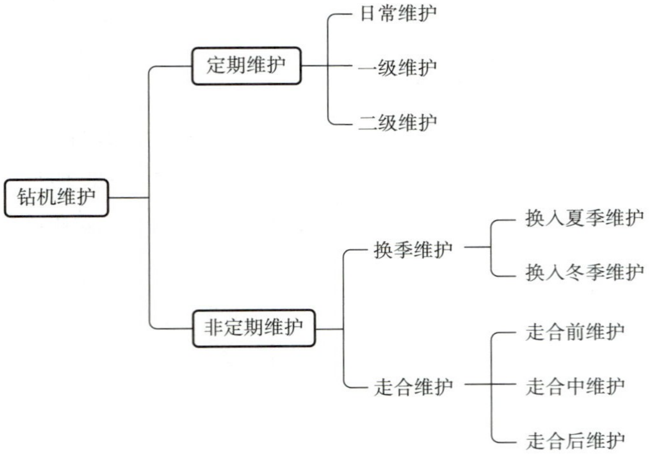

图 2-2-1　钻机维护分类

①日常维护：日常维护以清洁、添加为中心内容。

②一级维护：一级维护以润滑和紧固为中心内容。

③二级维护：二级维护以调整和检查为中心内容，二级维护的间隔时间一般是一级维护间隔时间的 4 ~ 5 倍。

注：二级维护作业内容应包括一级维护作业和日常维护作业；一级维护作业内容应包括日常维护作业。

（三）钻机液压系统的维护

维修工人和操作人员一起对液压系统进行正确的维护，可减少系统产生故障，延长系统的工作寿命。

1. 油液污染

液压油是液压系统的工作介质，液压油是否清洁，不仅影响系统的工作性能和液压元件的寿命，而且直接关系系统是否能正常工作。液压系统常见的故障中有 75% 是与油液不清洁有关。因此，必须重视防止油液污染。

（1）油液污染的后果

油液污染的主要原因是机械杂质混入，如在修理过程中，对液压元件未做彻底清洗，混入切屑、棉纱、橡胶颗粒等杂质。其次是系统在使用过程中，水分渗入或冷却液混入。加之油液温升和上述杂质的共同作用，加速了油中有机杂质的分解和油液的氧化。

受机械杂质污染的油液，会加剧相对运动零件的磨损或因摩擦引起划痕、拉毛、咬死、堵塞管道小孔或节流缝隙。而氧化后的油液则变成黏性物质，使机械微粒积聚黏附在相对运动表面上，也会造成缝隙、小孔等通道堵塞或将阀芯卡死。结果使液压元件不能正常工作，动作失灵，产生噪声和振动。显而易见，经常保持液压油的清洁度，是维护液压设备的一个重要方面。

在日常的维修工作中，当发现油箱中油液呈乳白色时，则说明油液中已混入水分或冷却液；而当控制元件动作失灵、执行机构速度异常、系统产生冲击或噪声严重时，则可能是油液中机械杂质过多所致。这也可以从滤油器上积聚的机械杂质的多少来判定。

（2）防止油液污染的主要方法

①液压系统在最后组装前必须用煤油做仔细的洗刷，严禁用带纤维的织物（如棉纱）擦拭。

②当液压系统安装好后，尤其对长期工作的液压设备在更换新油时，必须对管路和油箱做彻底清洗。一般用加热到 50 ~ 80℃、黏度为 20cP（38℃时）的透平油作清洗液，对主回路作自动循环清洗。

③系统各部分的密封装置必须可靠，禁止使用不耐油的密封件或软管。

④应经常检查滤油器，做定期的清理。如有破损，应及时调换或修复。

⑤定期更换液压油，更换的新液压油必须按规定选用。当无指定的液压油时，可选用特性相近的油液代用。

2. 空气进入系统

空气进入液压系统后，将对其工作性能产生很大影响。

（1）空气混入系统产生的后果

液压系统中所用液压油的可压缩性很小，而低压空气的可压缩性很大，约为油液的10000倍。因此，当系统中一旦混入少量空气，就增大了液体的弹性，使系统刚度降低，动作滞后并丧失抗自振的稳定性，从而导致开车冲击、低速爬行等故障。溶解在油液中的空气，在压力低时会从油液中逸出，变成气泡（空穴），破坏了液流连续性，甚至在小径流道中造成“气塞”，妨碍阀正常工作。而这些气泡一到高压区，在压力油的冲击下很快被击碎，急剧受到压缩，形成局部高压（高达几百大气压）和高温（可达1000℃以上），并出现振动和噪声，高压形成局部的液压冲击，高温促使接触气泡区的金属加剧氧化腐蚀，严重时表皮脱落而出现小坑，形成所谓的气蚀现象。

一般当油箱中的油液变成乳白色时，说明可能是空气混入。当系统爬行、冲击严重时，应判断是否由于空气混入油液后造成。

（2）防止空气进入液压系统的措施

①应经常检查油箱中油面高度，当发现油量不足，应及时补充新的油液。否则，一旦油量不足，液压泵吸油管浸入油液太浅，在吸油口处形成漩涡，将空气吸入。因此，在最低油面时吸油管口和回油管口应保证在油面以下，同时两者应由隔板隔离，避免由于回油飞溅，搅成泡沫，使空气被吸入进油管或系统停止工作时进入。

②定期检查密封装置、管接头及接合面处的连接情况，发现失效的密封装置应及时更换。否则，如果系统中的密封元件性能不良，管接头及液压元件接合处的螺钉因受震动而松动，当液压系统停止工作时，空气就会从这些部位侵入系统中。

③在系统中设置排气装置，一般设置在液压缸的上部。

3. 液压系统泄漏

液压系统泄漏也是一种常见的故障，它使液压系统压力无法提高，工作机构运动速度达不到设计要求，而且不稳定，液压泵的容积效率变低，既浪费油液又污染环境，因此必须采取措施解决。

泄漏有外漏和内漏之分：外漏主要是缸漏和管漏。缸漏常因活塞杆密封不良引起，主要原因是密封件密封性能不良或损坏或者在液压缸修理过程中将密封件方向装反。对有方向性的密封件，若装反了，密封能力大大减弱甚至不起作用。如Y形、V形、L形等密封圈因受压力油作用使唇张开并贴紧在轴和孔的表面而起密封作用，且其密封能力随压力的增加而提高，并能补偿磨损。因此装配时，唇口要对着压力油腔，不能装反。已经老化的密封件绝对不能使用。另外，外漏往往发生在管接头处，修理时应仔细检查各接头的密封情况。内漏主要是指元件内部从高压腔到低压腔间的泄漏。它直接影响元件的工作性能。如使泵的容积效率降低，使出口油压不能提高，驱动刚性变差，使运动部件产生爬行。

液压系统中许多液压元件采用间隙配合来密封，当其磨损后配合间隙增大，从而使油从压力高的部位渗漏到另一个压力较低，且属于不应流往的部位。如多种控制阀的阀芯与阀孔磨损造成泄漏，使阀的控制动作不能实现，一般都要研磨阀体孔，重配滑阀，并且为了增加间隙密封的性能或防止卡阀，可在阀芯上切制环形平衡槽（建议槽宽为 0.3 ~ 0.5mm，深度为 0.5 ~ 1mm，节距为 3 ~ 4mm），以改善阀芯的受力状况。

两接触面的平行度不良、结合面之间的纸垫被压力油击穿或纸垫厚度不匀而产生内泄漏，均会引起换向时的液压冲击，工作装置往复速度误差增加等故障。这时应检查更换纸垫，纠正两接触面间的平行度误差，拧紧紧固螺栓以解决。

当单向阀中钢球不圆或锥阀缺损，阀座损坏或开口处积聚有胶黏状污染物，使单向阀失去单向控制作用，从而产生内泄漏时，应更换钢球，修磨清洗阀座，使其接触良好。

4. 液压冲击

液压系统工作时，当突然启动或停机，突然变速或换向，会引起系统中液流速度和流向的突变，液体及运动部件的惯性将使局部压力突然上升，形成液压冲击，冲击压力可能高达正常工作压力的 3 ~ 4 倍，这对液压系统工作是极为不利的，它不仅影响液压系统的稳定性和可靠性，在高压及大流量系统中，其后果更为严重。

如果换向阀快速移动改变液流流量时，使液流通过的截面突变，引起工作机构速度突变，由于运动部件和液流的运动惯性，使液压缸一腔的油液受压缩。压力突然升高，而液压缸另一腔的压力下降，形成局部真空，因而使换向产生液压冲击。修理这种故障时，可改进换向阀进、回油控制边的结构，使液流不发生突然变化而是逐渐改变，以使换向时减少消除液压冲击。

如系统中背压阀压力调节不当或存在故障，使背压过低或背压阀动作压力不稳定；压力阀发生故障使压力突然升高；整个系统压力调整过高等，也会引起液压冲击。此时可通过检查、修复及调整来使它们恢复正常，以排除液压冲击。

当系统是由于大量空气侵入而产生液压冲击时，可采取前述的措施，排除空气或防止空气侵入。

当控制阀到油缸的管道太长时也易产生冲击，这时设法加粗和缩短管道。

如果是系统中局部有液压冲击现象，可采用装置蓄能器来消除，一般应将蓄能器安装在靠近发生冲击的地方。

5. 油温过高

液压系统工作时，由于油液沿管道流动或流经各种阀时会产生压力损失，因系统中各相对运动零件的摩擦阻力而引起机械损失，因泄漏等损耗而引起容积损失。这些构成系统的总能量损失并转变为热能，使油温升高。油温过高会使油的物理性能恶化，油液变质，使用寿命缩短。钻机液压系统温升应小于 35℃。

引起油温过高的一个主要原因是液压系统设计不合理，致使液压系统在工作过程中有大量的油液经控制阀溢回油箱，造成能量损耗而使油发热。如选用液压泵流量太大，节流方式选择不妥，造成动力的无谓消耗；辅助时间内，系统没有卸荷；管路系统通道太小，压力损失较大，系统散热条件差等。

如液压系统的压力调得太高也会使油温过高。因此使用中不可随意提高系统压力，一般认为，溢流阀调整压力比刚启动时的压力高 20% 即可。另外管道过长，弯曲太多和油液黏度太大也会使油温升高。

从机械损失角度来讲，则应尽量减少系统中相对运动件间的摩擦阻力以免油温过高。例如，提高液压元件的加工精度和装配质量等。

对于减少因“泄漏”引起的容积损失而使油液升温，可参照“泄漏”内容解决。

6. 液压传动气穴

所谓气穴，是指流动的压力油液在局部位置压力下降（流速高，压力低），达到饱和蒸气压或空气分压时，产生蒸气和溶解空气的分离而形成大量气泡的现象。当再次从局部低压区流向高压区时，气泡破裂消失，在破裂消失过程中形成局部高压和高温，出现振动，且发出不规则的噪声，金属表面被氧化剥蚀，这种现象叫气穴。气穴多发生在油泵进口处及控制阀的节流口附近。

（1）气穴的危害

①气穴可使油的可压缩性增大，导致执行元件动作误差，产生爬行，破坏了工作平稳性，产生振动，影响液压设备的正常工作。

②气穴的产生大大增加了油泵和管路的噪声和振动，加剧磨损，气泡在高压区成了“弹簧”，系统压力波动很大，系统刚性下降，气泡被压力油击碎产生强烈振动和噪声，使元件动作响应性大为降低，动作迟滞。

③压力油中气泡被压缩时放出大量的热，局部燃烧氧化液压油，造成液压油的劣化变质。

④气泡进入润滑部位，切破油膜，导致滑动面的烧伤与磨损及摩擦力增大的现象。

⑤在金属表面产生点状腐蚀性磨损。在低压区产生的气泡进入高压区突然破裂，产生数十兆帕的压力，推压金属粒子，反复作用使金属急剧磨损。

⑥气穴使泵的有效吸入流量减小。

⑦气穴的产生大大加剧了工作油的劣化。气泡在高压区受绝热压缩，产生极高温度，加剧了油液与空气的化学反应速度，甚至燃烧，发光发烟，碳元素游离，导致油液发黑。

（2）气穴产生的原因

①当空气混入油液中时，会产生气穴。

②油泵产生气穴的原因。油泵吸油口堵塞或容量选得太小；驱动油泵的电动机转速过高；油泵安装位置（进油口高度）距油面过高；吸油管管径过小，弯曲太多，油管长度过长，吸油滤油器或暖油管浸入油内过浅；冬天开始启动时，油液黏度过大等。

上述原因导致油泵进口压力过低，当低于某温度下的空气分离压时，油中的溶解空气便以空气泡的形式析出，当低于液体的饱和蒸气压时，就会形成气穴现象。

③节流缝隙（小孔）产生气穴的原因：根据伯努利方程可知，高速区即为低压区，而节流缝隙流速很高，在此区段内压力必然降低，当低于液体的空气分离压或饱和蒸气压时，便会产生气穴。与此类似的有管路通径的突然扩大或缩小，液流的分流与汇流，液流方向突然改变等，使局部压力损失过大造成压降而成为局部低压区，也可能产生

气穴。

气体在液体中的溶解度与压力成正比，当压力降低时，处于过饱和状态，空气就会逸出。

（3）防止气穴产生的方法

1）防止空气混入

①加足油液，油箱油面要经常保持不低于液位计低位指示线，特别是对装有大型油缸的液压系统，除第一次加入足够的油液外。当启动液压泵时，油进入油缸后，油面会显著降低，甚至使滤油器露出油面，此时需再向油箱加油，油箱内总的加油量应确保执行元件充满后液位不低于液位计下限，执行元件复位后液位不高于液位计上限。

②定期清除附着在滤油器滤网或滤芯上的污染物。如滤油器的容量不够或网纹太细，应更换合适的滤油器。

③进回油管要尽可能隔开一段距离，防止空气进入。

④回油管应插入油箱最低油面以下（约 10cm），回油管要有一定的背压，一般为 0.3～0.5MPa。

⑤注意各种液压元件的外漏情况，往往漏油处也是进气处。

⑥拧紧各管接头，特别是硬性接口套，要注意密封面的情况。

⑦采取措施，提高油液本身的抗泡性能和消泡性能，必要时添加消泡剂等添加剂，以利于油中气泡的悬浮与破泡。

⑧在设有排气装置的油缸上增设排气装置或松开设备最高部位的管接头排气。

2）防止液压泵气穴的方法

①按液压泵使用说明书选择泵驱动电动机的转速。

②对于有自吸能力的泵，应严格按油泵使用说明书推荐的吸油高度安装，使泵的吸油口至液面的相对高度尽可能低，保证泵进油管内的真空度不超过泵本身所规定的最高自吸真空度，一般齿轮泵为 0.056MPa，叶片泵为 0.033MPa，柱塞泵为 0.0167MPa，螺杆泵为 0.057MPa。

③吸油管内流速控制在 5m/s 以内，适当加大进油管路直径、缩短其长度，减少管路弯曲数，管内壁尽可能光滑，以减少吸油管的压力损失。

④吸油管头（无滤油器时）或滤油器要埋在油面以下，随时注意清洗滤网或滤芯。

⑤吸油管裸露在油面以上的部分（含管接头）要密封可靠，防止空气进入。

（4）防止节流气穴的措施

①尽量减小上下游压力差（节流口）。

②上下游压力差不能减小时，可采用多级节流的方法，使每级压差大大减小。

③尽量减小通过节流口的流量。

④采用薄壁节流或喷嘴节流等形式。

⑤对液压系统其他部位有可能产生压力损失而导致气穴的部位，应保证该部位的压力高于空气分离压力，例如可采取减小管路突然增大或突然缩小的面积比，避免不正确的分

流与汇流等。

⑥工作油液的黏度不能太大，特别是在寒冷季节和环境温度低时，需更换黏度稍低的油液，选用流动点低的油液以及空气分离压稍低的油液。

⑦减缓变量泵及流量调节阀的流量调节速度。不要太快太急，应缓慢进行。

（四）钻机车底盘的故障种类

1. 传动系统故障判断

（1）离合器故障

①离合器打滑。

②分离不彻底。

③离合器发抖。

④离合器异响。

（2）变速器故障

①变速器跳档。

②变速器乱档。

③变速器异响。

④变速器漏油。

（3）万向传动装置故障

①传动轴发抖或前驱动轴振动。

②传动轴或前驱动轴异响。

（4）后驱动桥故障

①后驱动桥异响。

②后驱动桥过热。

③后驱动桥漏油。

2. 转向系统故障判断

①转向沉重。

②行驶跑偏。

③转向轮摆动。

④动力转向系统工作不良。

3. 行驶系统故障判断

①悬架发生刚性碰撞或异响。

②减振器失效。

③轮胎异常磨损。

4. 制动系统故障判断

（1）液压制动装置故障

①制动失效。

②制动跑偏。

③制动拖滞。

（2）气压制动装置故障

①制动失效。

②制动不良。

③制动跑偏。

④制动拖滞。

5. 驻车制动装置故障

①制动不灵。

②制动拖滞。

第三节　WTZ-100M 型钻机

一　WTZ-100M 型钻机主要性能参数

WTZ-100M 型钻机是为适应松软地表条件而设计的一种车装钻机，钻机安装在 4×4 超宽型越野汽车底盘上，并直接从底盘取力作为钻机驱动力，汽车发动机功率不小于 174kW。

钻机部分主要采用了机械和液压相结合的传动系统，操作简单方便。钻具的旋转、钻进、提升和井架的起落均采用液压驱动。洗井介质（泥浆和压缩空气）的循环分别通过泥浆泵和空压机输送。

①钻井深度：泥浆钻井深度：100m，空气钻井深度：30m。

②钻具规格：钻头 Φ114.3mm。

③钻杆规格：钻杆 Φ60mm×4500mm，吹沙筒 Φ70mm×4500mm。

④动力头：最大输出扭矩：1000N·m，转速：0～260r/min。

⑤加压系统：系统提升力：25kN，最大提升速度：1m/s。

⑥液压系统：系统压力：12.5MPa，流量：162.81L/min。

⑦钻机底盘：最大功率：174kW。

⑧质量：底盘：8100kg，钻机：6000kg，总质量：14100kg。

⑨外形尺寸

井架放倒：10220mm×3594mm×4050 mm。

井架竖立：10220mm×3594mm×8793 mm。

二 钻机的传动系统

钻机的传动系统示意图如图 2–3–1 所示。

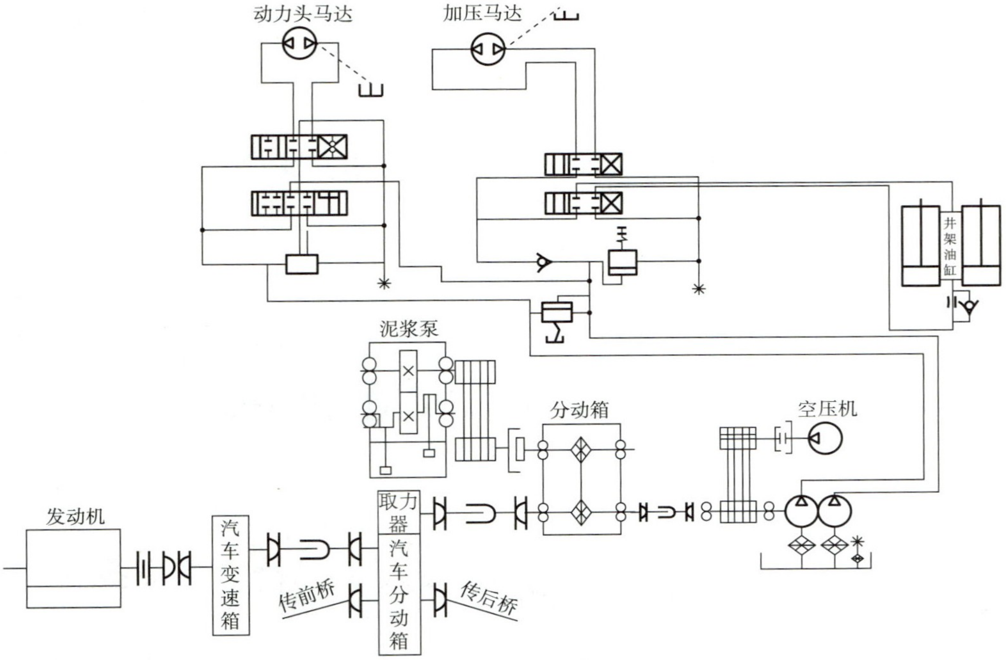

图 2–3–1 钻机的传动系统

钻机工作时需将动力从取力器取出，取力时首先将汽车的前后桥摘掉，即把前后桥的动力手柄均放到空档位置，然后将汽车的变速杆放于空档位置，挂合取力器，随后扳动变速杆至第 V 档的位置（i=1），取发动机的转速为 1600r/min，将动力输入分动箱，并由分动箱分别驱动液压泵、空压机、泥浆泵工作。

三 钻机的控制手柄

钻机的控制手柄如图 2–3–2 所示。

①快速提升手柄，推——快速提升，拉——卸荷。

②动力头操作手柄，推——反转，拉——正转。

③空压机操作手柄，推——合，拉——断。

④井架起落手柄，推——落，拉——起。

⑤加压操纵手柄，推——提升，拉——钻进。

⑥泥浆泵操纵手柄，推——合，拉——断。

⑦油门操纵手柄，推——大，拉——小。

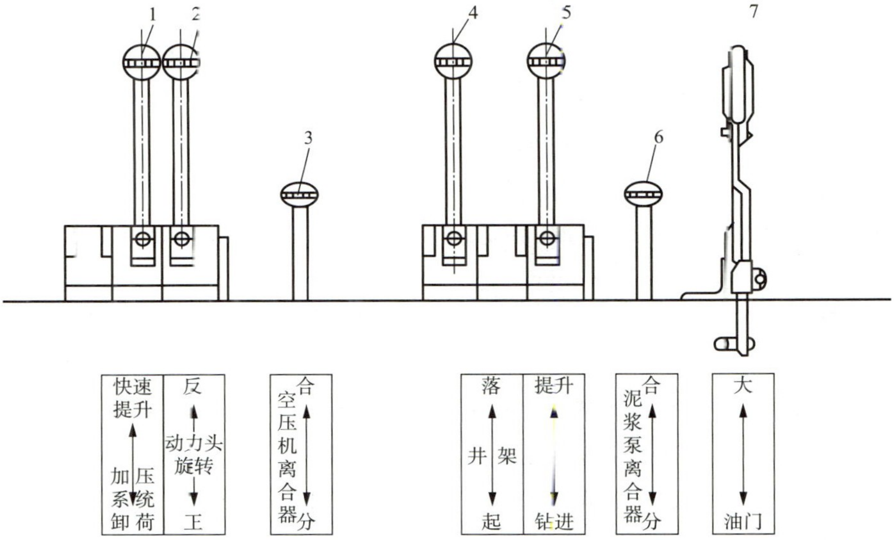

图 2-3-2　钻机的控制手柄

四　操作钻井

1. 起升井架

油泵开始工作后，即可起升井架，起升井架时一般要求其速度为慢—快—慢。井架竖起后用挂钩与人字架固定牢固即可开始钻井工作。

2. 开钻前的检查

①上下活动动力头，查看各液压管线是否磨碰或打死弯，特别是两根泄油管，绝对不能挤扁或打死弯，不然会因油回不到油箱而使马达的油封憋坏，如发现有磨碰应调整。

②将动力头下接头对准卡瓦，如左右不对中，必须调节链条上的正反扣调节螺栓，以对中为准；如螺栓调节范围不够时，可调节井架上方的两个链轮下部的大螺栓，使其对中，以减少接头螺纹的磨损。

③检查液压管线是否渗漏，各工作部件的动作是否灵活、准确可靠。

3. 钻井

①接好钻头后，先拉出泥浆泵操作手柄，当泥浆返到地面后，即可扳动动力头操纵手柄使钻具旋转。

②扳动加压提升操作手柄，即可钻井。

1）钻具旋转速度的控制

钻具的旋转是通过油马达驱动动力头来实现的，操作时控制其换向阀油口的开启程度，即控制子马达的供油量，即可控制其旋转速度，根据钻机的设计和钻井实践，一般转速控制在 150 ~ 300r/min 比较合适。

2）钻井速度的控制

钻速是决定钻机效率的主要参数，钻速的高低直接决定着钻机的生产效率。钻速又受泥浆排量、动力头转速以及钻压等因素的影响，因此钻机钻进时，应将其泥浆泵和动力头的控制手柄扳到底，使其全速运转，然后在不影响其泥浆上返量和动力头转速的情况下，尽可能加大转速，一旦发现其泥浆泵憋压、上返量减少或动力头转速降低，则应适当减慢钻进速度，如遇到硬地层，可适当加压钻进。

3）接单根

取一根钻杆接到动力头的下接头上，将动力头提至井架上部时，钻杆通过旋转孔，加上钻头即可启动泥浆泵钻井。当动力头下接头通过卡瓦座后，停止旋转，上提钻具使卡瓦卡住钻具接肩，对好键槽，同时停止泥浆泵工作，动力头反向旋转，使动力头下接头与钻杆脱扣，然后将下一根钻杆接到钻头上，并将动力头提到井架上部，使钻杆下接头插入井下钻杆上接头内，旋转动力头使钻杆扣连接牢固，上提钻具，打紧卡瓦，启动泥浆泵，待泥浆返地后方可钻进。这样依次反复，不断进行，直至到达规定井深。

4）起钻

起钻时，必须使泥浆泵停止工作，此时动力头的位置处于井架底部；将钻杆接头（内螺纹）卡在卡瓦上并对准键槽，动力头反向旋转，使动力头下接头与钻杆接头（内螺纹）松动，其松动程度不大于 1 扣（注意不能完全松开），摘下动力头下部连接套管上的链条，使连接套管下滑，钻杆接头上端的键与套管内键槽相吻合，防止动力头与钻杆脱扣，上提动力头以及钻杆，取开卡瓦。当下根钻杆接头提升到卡瓦之上时，合上卡瓦，卡住钻杆，将钻杆座在卡瓦上并对准键槽，反向驱动动力头，使接在动力头的钻杆与卡瓦卡住钻杆的连接螺纹脱开后，停止动力头的旋转，由钻工抓住动力头上的钻杆。随着动力头的下降离开井架，动力头下降至井架下部时，由另一钻工将滑套推至脱离钻杆，并挂回原位。两钻工轻握钻杆，动力头反向旋转，使钻杆脱离动力头，由一钻工将钻杆放回钻杆盒，同时另一钻工手压动力头下接头，使其与钻杆接头对正，下降并旋转动力头，使连接螺杆处于适当松动位置，不能上紧，但两接头间隙不大于 3/4 扣，然后使动力头滑动套下滑至钻杆上端，滑动套内键槽与钻杆键吻合。重复上述动作直至将钻杆依次从井口取出，但在最后一根单根，动力头与钻杆的螺纹要上紧，不必再用滑套，钻杆提出井口，当动力头处于井架适当位置后方可放倒井架，移位。

5）完钻

放倒井架，松开油门，摘掉钻机离合器，即可转移井位，清理现场。

4. 钻井参数的选择

钻井参数就是钻压、转速、排量和钻井液的性能。

钻压是直接加在钻头上的，钻压越大，钻头吃入地层越深，在旋转中受到的阻力越大，所消耗的功率也越大，钻杆受到的挤压力就越大，也很容易造成钻杆的弯曲，所以在钻进中的钻压不宜过大，应根据实际情况进行适当选择。

转速的快慢直接影响到钻进的快慢，转速越快，在钻压的作用下，钻头吃入地层的速度也越快，被钻削下来的岩屑也就越多，所遇到的阻力也会逐渐增大，应力变化相应增大，消耗的功率越来越多。所以在高速下钻进，钻杆容易被折断，转速一般控制在 400r/min 左右进行钻井作业较为适宜。

排量的大小也直接影响钻进的快慢，排量越大，冲洗井底的能力越强，对钻头的冷却越快，带出井底钻削下来的岩屑就越迅速，是提高钻井速度的重要因素。所以在钻机功率、密封条件、管路承压能力和钻井泵结构允许的条件下，排量通常是越大越好。

钻进是受钻压、转速和排量所限制的，在钻进过程中，三者缺一不可。在保证钻头及钻杆的使用效率，钻进过程中功率一定的前提下，钻压、转速、排量与钻进之间的关系是：钻压与转速成反比关系，排量与钻进呈正比例关系。根据不同地区、不同条件选择适当的钻井参数是提高钻井效率的有效途径。

五 WTZ-100M 型钻机的组成

WTZ-100M 型钻机主要由空压机传动轴、空压机、泥浆泵、分动箱、动力头、加压起升装置、液压系统、井架、气控系统、汽车发动机、汽车底盘、钻具等组成。

（一）空压机传动轴

1. 空压机传动轴的结构

空压机传动轴（图 2-3-3）由两个带座轴承固定于平台上，起支撑作用，一端与万向轴连接，动力即由此输入，轴上有轴承支撑的皮带轮（与气动离合器的从动件连接）。空压机传动轴的另一端为导气龙头，压缩空气由此进出离合器的气囊。当压缩空气进入气囊时，充满气的气囊推动压盘移动，使摩擦片相互挤压而产生摩擦力，摩擦片则通过此摩擦力带

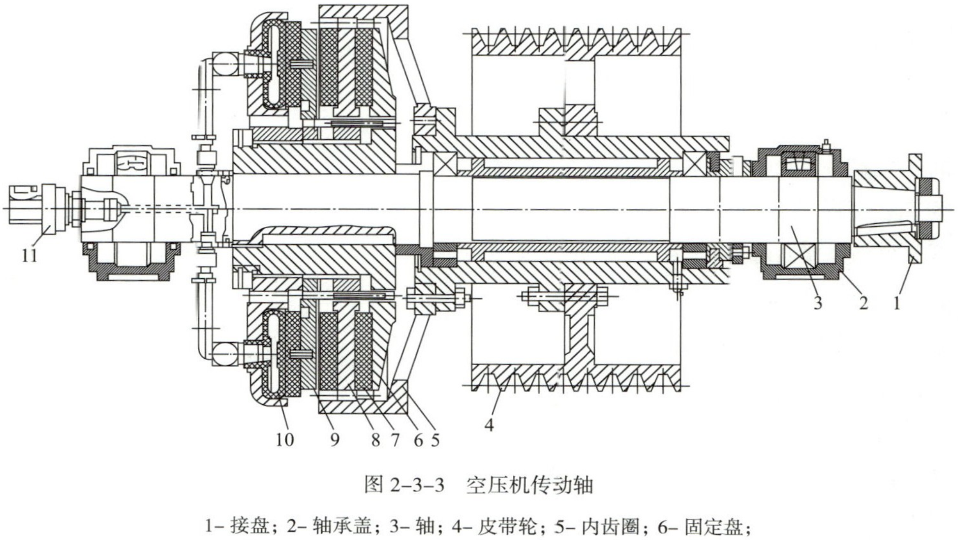

图 2-3-3 空压机传动轴

1- 接盘；2- 轴承盖；3- 轴；4- 皮带轮；5- 内齿圈；6- 固定盘；7- 摩擦片；8- 中间盘；9- 压力板；10- 气囊；11- 导气龙头

动从动件及皮带轮使其旋转，皮带轮经过皮带将动力传给空压机，使空压机工作。相反，气囊里没有压缩空气时，压盘将被弹簧力往相反方向移动，摩擦片间产生间隙，主、从动件分开，皮带轮停止旋转，空压机无动力输入而停止工作。

2. 空压机皮带的张紧

空压机传动轴是通过螺栓固定在平台上的，轴座下垫有一定数量的垫片，组装时，通过增减轴座下面的垫片来调整两轮间的中心距以适应新皮带的长度要求。钻机工作一定时间后皮带长度由于长时间的拉伸而变化，此时可通过撤去轴座下的垫片来增大两带轮的中心距而达到对皮带的张紧。

3. 皮带的更换

空压机皮带轮上使用的是两联组三角皮带，更换皮带时，需将两端轴承座松开，再将导气龙头卸下来，接着将皮带从大带轮上退下，并从导气龙头端取出，然后将新皮带换上，重新固定轴承座，拧上导气龙头。注意两皮带轮槽对准且平行以及导气龙头的密封。

（二）空气压缩机

ZW-12.5/8、ZW-12.5/10 型空气压缩机为活塞式风冷固定式空气压缩机。钻井时用压缩空气冲洗井底和冷却钻头，并携带沙土到地面。在水源缺乏的沙漠地带，最适合用空气钻井。气缸排列为双排“W”型，有低压气缸 4 个，高压气缸 2 个，中间一排为高压气缸，两旁为低压气缸。空压机由离合器控制，它由传动轴经皮带轮传动，带动曲轴使活塞压缩空气，压缩空气经管线送到井底。

ZW-12.5/8、ZW-12.5/10 型空气压缩机（简称空压机）的结构、使用方法和维修保养请参看《空压机使用说明书》。其主要性能参数如下：

①型式：双“W”型风冷固定式。

②型号：ZW-12.5/8、ZW-12.5/10。

③压缩级数：2。

④气缸数：

低压气缸：4；

高压气缸：2。

⑤气缸直径：

低压气缸：Φ210mm；

高压气缸：Φ180mm。

⑥活塞行程：130mm。

⑦额定转速：870r/min。

⑧排气量：12.5m^3/min。

⑨工作压力（表压）（最大）：0.8MPa、1.0MPa。

⑩轴功率：85kW、95kW。

⑪ 排气口温度：（环境温度 40℃时）＜ 180℃。

⑫ 润滑油：

容积：2CL；

夏季用油：ns–19 压缩机油；

冬季用油：ns–13 压缩机油。

⑬ 安全阀调整压力：

冷却箱：$0.25_{0}^{+0.05}$MPa；

储气罐：$0.8_{0}^{+0.09}$MPa、$1.0_{0}^{+0.09}$MPa。

⑭ 卸荷控制阀的调整压力（卸荷压力）：0.8MPa、1.0MPa。

⑮ 储气罐容积：0.6m^3。

⑯ 传动方式：皮带传动。

⑰ 整机质量：（不包括储气罐）1200kg。

⑱ 全机轮廓尺寸：

长：1510mm；

宽：1635mm；

高：1275mm。

（三）空压机离合器

如图 2–3–4 所示，离合器由平台尾部的空压机离合器控制。压缩空气经导气龙头冲入离合器气囊内，推动压力板压紧被动摩擦片和主动摩擦片，利用摩擦力的作用，通过摩擦片与带轮内齿圈啮合，从而使空气压缩机曲轴旋转，空压机开始工作。当气囊内不充气时，弹簧将压力板推开，使各摩擦片分离，从而空压机停止工作。

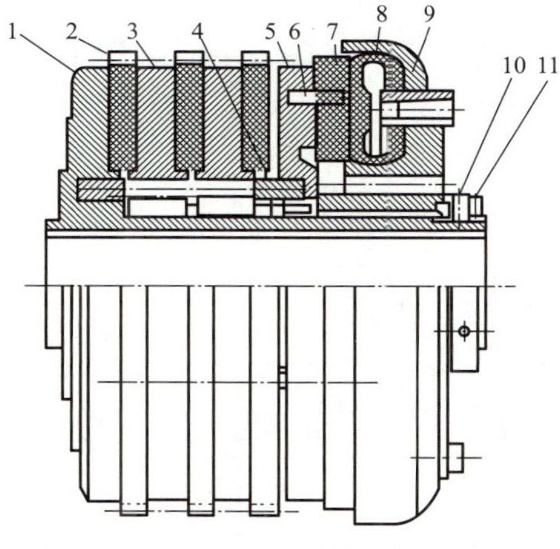

图 2–3–4　气动摩擦离合器

1– 离合器固定盘；2– 被动摩擦片；3– 主动摩擦片；4– 弹簧；5– 压力板；
6– 弹性销；7– 绝热板；8– 气囊总成；9– 挡板；10– 螺钉；11– 锁紧螺母

由于离合器在挂合过程中存在短时间打滑现象，使摩擦片发热，加剧了摩擦片的磨损，降低了传动效率，且长时间的热量积累也可以加速气囊的老化和开裂失效，如气囊漏气失效，应及时更换。

当摩擦片的磨损量超过 2mm 或烧坏时，应予以更换。更换时如图 2–3–4 所示，拧松螺钉，卸下锁紧螺母，退出挡板和压力板，取出报废的被动摩擦片，装上新片，然后装上压力板与挡板，拧上锁紧螺母，并调节压力盘与摩擦片间的间隙在 3～4mm，拧紧锁紧螺母上的紧定螺钉（注意安装中摩擦片分割缺口应相互错开 60°），摩擦片更换完毕。调整间隙时，先将锁紧螺母拧紧，再将锁紧螺母拧松 1.5～2 圈，再拧紧螺钉，这样间隙就调整到了 3～4mm。

（四）泥浆泵

WT–450/25 型泥浆泵为双缸双作用往复式泥浆泵，如图 2–3–5 所示。通过皮带传动将链轮箱输出的扭矩从主动轴输入，主动轴上的小齿轮通过与从动轴（即曲柄轴）上的大齿轮啮合驱动曲柄轴以一定的转速旋转，而曲柄轴经连杆与十字头连接，将旋转运动转换成

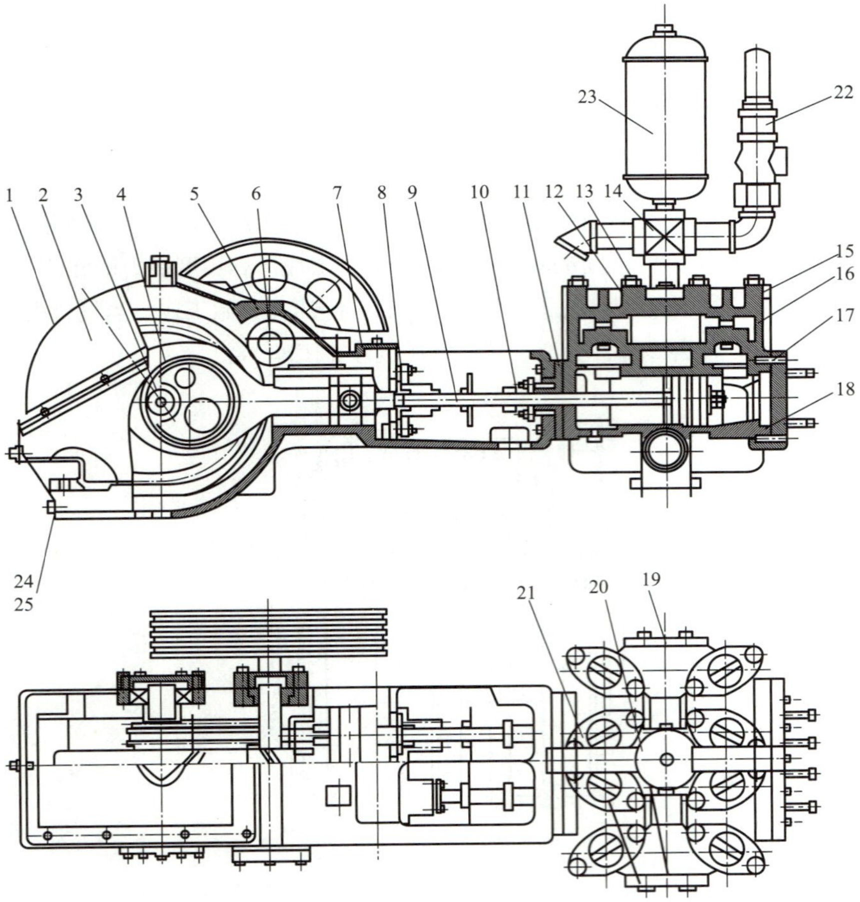

图 2–3–5　双缸双作用往复式泥浆泵

1– 泵体；2– 泵体盖；3– 被动轴总成；4– 连杆；5– 铭牌；6– 主动轴总成；7– 盖；8– 泵体格兰总成；9– 拉杆；10– 泵头格兰总成；11– 连接盘；12– 密封圈；13– 上水法兰盘；14– 三通；15– 阀压盖；16– 阀总成；17– 三爪；18– 泵头体；19– 侧盖；20– 垫圈；21– 法兰盘；22– 安全阀；23– 空气包；24– 垫片；25– 放油螺塞

往复直线运动，十字头则经拉杆驱动活塞左右移动，缸内右腔和左腔将形成负压，进水口打开，水池中的泥浆在大气压的作用下被吸入泵腔内，同时缸内左右腔液体受到挤压，压力升高，进水阀关闭而排水阀打开，液体从泵内排出。由于采用两缸同时进行工作，并有出水口的空气包作缓冲，极大地减弱了高压泥浆的脉动，使泥浆循环过程更加平稳。

泥浆泵主要由主动轴、被动轴、齿轮、皮带轮、泵头、泵体、曲轴、连杆、十字头、拉杆、活塞、阀、密封件等组成。其作用是在钻井过程中产生高压泥浆，把泥浆从钻杆中送到井底，并从钻杆和井壁形成的环行空间上返到地面，及时把钻头切削下来的岩屑、泥砂带出来，以完成钻井作业。

泵头上装有安全阀，安全阀开启压力已由剪销设定，使用中禁止随意更换成其他的销子，以免发生事故。工作中如发现安全阀打开，应停机检查造成泵压超高的原因，排除故障并更换新剪销后，方可继续进行钻井作业。

长时间或冬季不施工时，应拧下放水螺丝及放空丝堵，以排空泵头及管线内的残余泥浆。

（五）分动箱

分动箱的作用是将动力分别传递给双联泵、泥浆泵和空压机（图 2-3-6）。

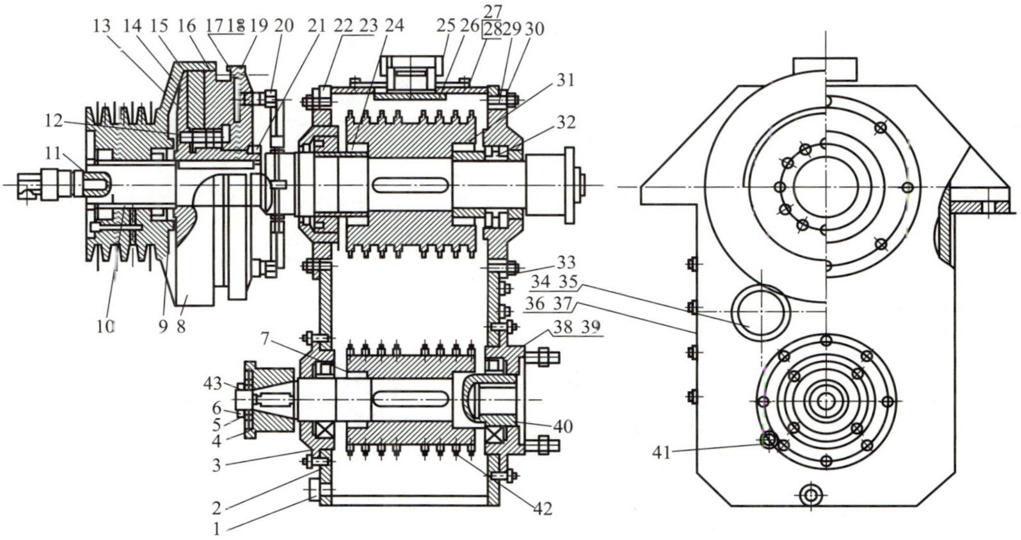

图 2-3-6 分动箱总成

1- 螺塞；2、23、28、29、39- 纸垫；3、30- 轴承透盖；4- 接头；5- 垫圈；6- 螺帽；7、9、10、24、32- 挡套；8- 皮带轮；11、40- 轴；12- 弹簧；13- 固定盖；14- 摩擦片；15- 驱动板；16- 压力板；17、18- 气囊总成；19- 挡板；20- 气管总成；21- 锁紧螺母；22- 轴承透盖；25- 透气罩；26- 挡油板；27- 箱盖；31- 大链轮；33- 箱体；34- 工艺孔盖；35- 工艺孔纸垫；36- 侧盖；37- 侧盖纸垫；38- 法兰座；41- 油位堵；42- 小链轮；43- 键

1. 分动箱的结构

分动箱是采用立式一入三出滚子链条传动结构，主要由轴、链轮、链条、箱体、花键

套等组成。

2. 分动箱的工作过程

动力从汽车底盘取力端取出后经传动轴输入分动箱。分动箱输入轴的另一端直接驱动双联泵工作，由液压系统将动力传给动力头及加压系统，再由它们驱动钻具旋转和钻进。分动箱输出轴一端通过皮带传动，气动摩擦离合器控制泥浆泵工作；另一端通过万向轴带动空压机传动轴，经皮带传动，气动摩擦离合器控制空压机工作。

（六）动力头

动力头的结构如图 2-3-7 所示，其作用是用来驱动钻具旋转，将扭矩经钻杆传到钻头，达到破岩钻井的目的。油马达与小齿轮轴、大齿轮与主轴管、主轴管与钻杆接头均采用键连接，钻杆接头下端则与钻杆连接。因此，油马达经大、小齿轮的（减速增矩）啮合传动，从而驱动主轴管和钻杆旋转；同时洗井介质（泥浆或压缩空气）经弯管进入主轴管及钻杆内孔输送到井底，再经钻杆与井壁间的环形空间上返地面，此过程将钻井中切屑下来的岩屑、泥砂等带出，起洗井作用，以上两项工作与加压相结合即可完成整个钻井工作。主轴通过密封圈实现静动分离，密封圈上部为锁紧封头，弯管与管线相连。

工作时如在动力头管路底座中的视孔里发现泄漏（漏水或漏气），则说明密封圈松紧程度不适或损坏，应及时调整或更换。调整方法为：①松开八角套和防松环；②通过拧松或拧紧锁紧密封头，来调整密封圈的松紧程度；③拧紧八角套和环。更换方法为：①拧开八角套和防松环；②卸下锁紧密封头；③拿掉已坏的密封圈，换上新密封圈；④拧上锁紧密封头，并调整松紧程度至适宜；⑤拧紧八角套和防松环。

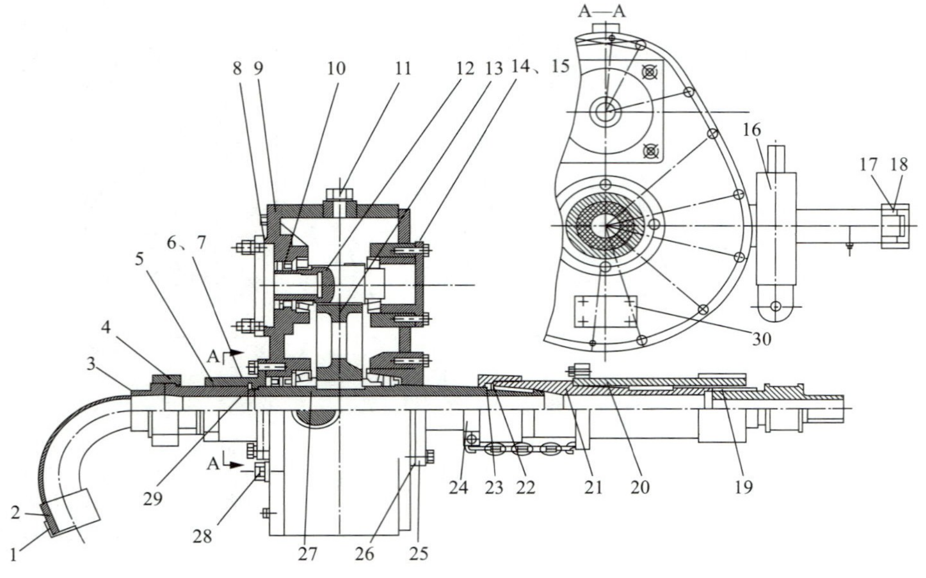

图 2-3-7　动力头

1- 夹紧环；2- 弯管接头；3- 锁紧密封头；4- 八角套；5- 防松环；6- 管线底座；7、8、14、26- 纸垫；9- 齿轮箱；10- 挡板；11、28- 螺塞；12- 小齿轮轴；13- 大齿轮；15、25- 端盖；16- 提升环；17- 滚轮；18- 衬套；19- 下接头；20- 卡套；21- 连接管；22- 锁母；23- 卡环；24- 活动卡环；27- 主轴管；29- 密封圈；30- 动力头铭牌

（七）加压起升装置

加压起升装置的结构如图 2–3–8 所示，其作用是实现对钻具的加压和升降。主要由加压轴、加压链条、加压链轮、轴承、花键套、液压马达等组成。钻机工作时，液压马达通过连轴套驱动加压轴，再通过平键将扭矩传递给链轮，然后通过链条作用于动力头上，从而实现钻具的加压和提升。

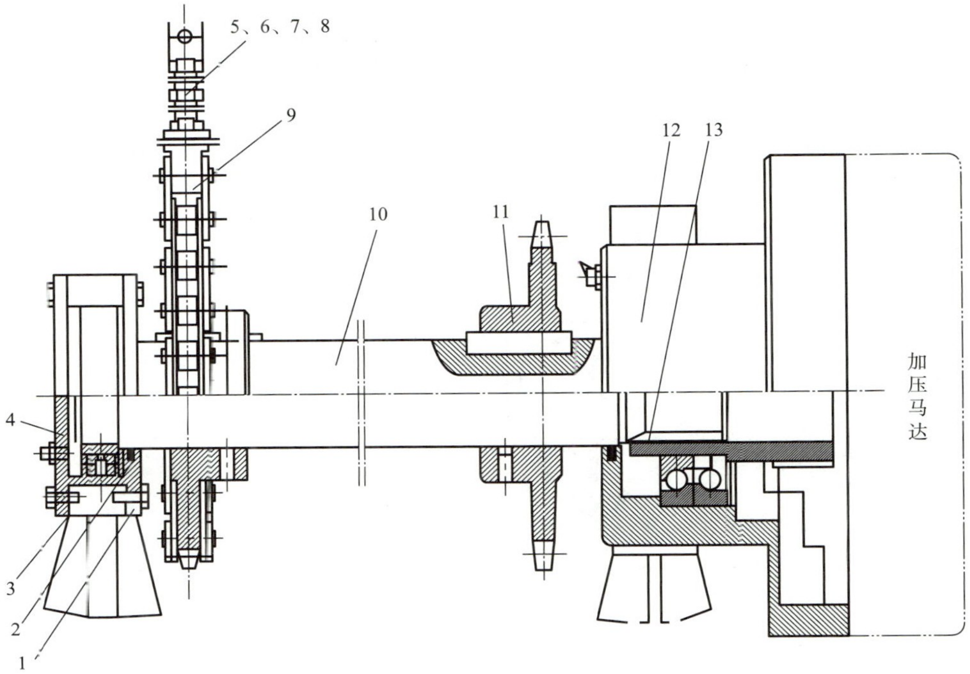

图 2–3–8　加压起升装置

1– 轴承压盖；2– 毡圈；3– 纸垫；4– 端盖；5– 连接叉；6– 左旋螺母；7– 连接栓；8– 螺母；9– 连接母；10– 加压轴；11– 加压链轮；12– 支撑架；13– 花键套

（八）液压系统

液压系统的结构如图 2–3–9 所示，WTZ–100M 型钻机主要通过液压系统来完成钻具旋转、加压和提升、井架的起落等工作。

1. 液压系统的特点

①采用双联齿轮油泵为钻具的加压提升、旋转回路供油，分别完成钻具的旋转、加压和提升及井架的起落，其传动结构简单、紧凑、操作灵活方便。

②液压系统可用双联泵向加压马达合流供油，实现快速升降，减少辅助工作时间，提高工作效率。

③选用齿轮泵，使系统对用油的过滤精度要求较低，抗污染能力较强。

④系统简单，故障环节少，便于维修保养。

⑤系统操作简单，易于掌握。

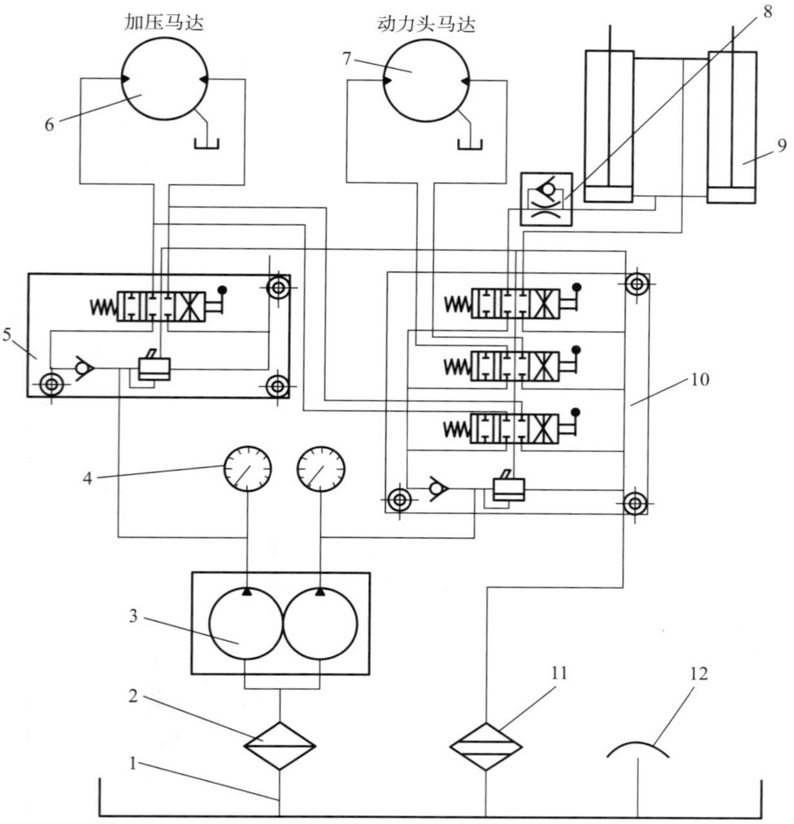

图 2–3–9 液压系统

1– 低压管；2– 网式滤油器；3– 双联齿轮泵；4– 压力表；5、10– 多路阀；6– 加压马达；
7– 动力头马达；8– 单向阻尼阀；9– 井架油缸；11– 滤油器；12– 通气罩

2. 液压系统的工作原理

（1）井架起升回路

双联齿轮泵向多路阀供油，多路阀中的溢流阀调定压力为 12.5MPa，双联齿轮泵启动后，多路阀操纵手柄处于中位时，油缸无动作，由双联齿轮泵来的高压油经多路阀、回油滤油器流回油箱；当多路阀控制油缸的手柄动作时，由泵供来的高压油经多路阀进入油缸的上腔或下腔，油缸低压腔中的低压油则经多路阀、回油滤油器流回油箱，从而实现起落井架的作用。

（2）旋转回路

用多路阀 10 控制动力头马达完成钻具的正、反转和停止动作，双联齿轮泵及马达都是定量式，可用手动阀的开启度和发动机转速来调整钻具的转速，以满足钻井的需要。

（3）钻具的钻进、提升回路

钻具的钻进配合钻具的旋转及循环系统的洗井即可完成钻机的钻井作业。双联齿轮泵中的小泵向多路阀 5 供油，当多路阀处于中位时，高压油经多路阀 5 和回油滤油器流回油箱；当多路阀 5 处于工作位置时，可向马达正、反向供油，实现钻具的钻进和提升动作，此时钻具的钻进和提升速度相同。多路阀 5 中溢流阀的调定压力为 12.5MPa，当回路压力超过此值时，溢流阀打开，保持其系统压力不变。起钻时，为了实现快速提升，可控制多路阀 10 将双联齿轮油泵的主泵流量和副泵流量合流向提升回路供油，实现钻具的快速提升。

（九）气控系统

气控系统的结构如图 2-3-10 所示，其作用主要是通过对离合器的气囊进行充气与否，实现离合器的咬合与分离来控制泥浆泵与空压机的工作。系统的气源取自汽车底盘的储气筒。

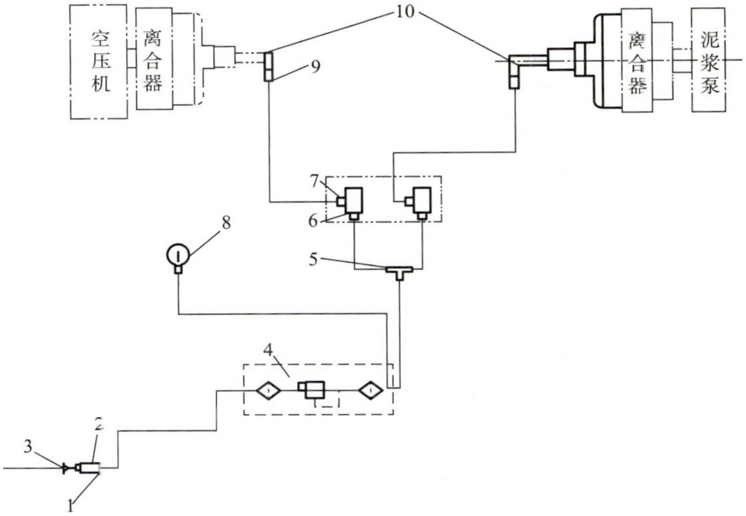

图 2-3-10　气控系统

1- 管路；2、7、9- 接头；3- 汽车出气阀门；4- 气动三大件；5- 三通；6- 弯头；8- 压力表；10-Φ16mm 单向导气龙头

气动三大件的组成：

①气水分离器：过滤压缩空气中的水分、污物。

②调压阀：调整气路系统的压力。

③油雾器：润滑气控系统中的阀等元件。

六　钻井常见故障的处理

（一）卡钻

1. 沙桥卡钻

（1）沙桥卡钻的原因

①由于地层属于松软与坚硬相间，或者是因为操作不当造成井壁非常不规则，或者是

因为井眼直径不规则与井孔的弯曲造成井底返回的泥浆速度有快有慢，这样泥浆中的岩屑在变慢的地方沉积下来，越积越多而形成沙桥，造成卡钻。

②在钻井过程中泥浆循环不正常，使上返速度小于岩屑下沉速度或在停泵时形成沙桥卡钻。

③泥浆质量不好，黏度小，含沙多，地面上泥浆中的岩屑未被清除而又重新打入井内，含沙量大，稍一停泵就会下沉造成沙桥卡钻。

（2）沙桥卡钻的处理

①上下提动钻具并以最大泵量循环，若不能循环则进行间断性循环，反复进行。同时，多次试行提放钻杆，但切不可猛提，以防越卡越紧。

②重新配制泥浆，将井底的泥沙冲上来，用重锤（吊锤）打击钻杆。

（3）预防措施

①在钻井中发现有沙桥现象时，应立即停止钻进，上提钻杆并开大泵量循环泥浆。

②泥浆循环速度要适当，要能使全部钻屑及时由井下返出地面。

③若需停钻时，应先将钻杆提离井底一段距离，并接连循环泥浆。

④起钻前必须循环泥浆，等返出井口的泥浆含沙较少时方能起钻。

2. 泥包卡钻

（1）泥包卡钻的原因

①在软地层钻井，钻头压力过大，钻头刮刀片或牙齿插入地层太深，常常钻头塞满泥沙而泥浆又不能及时将泥沙冲洗干净而造成泥包卡钻。

②在黏土层钻进时，泥浆性能发生变化，使井壁的泥饼渐渐变厚，井眼直径变小，在这种情况下起钻时，泥包在钻头上就会越聚越多形成卡钻。

③泵量不足，不能使全部软地层的岩屑被泥浆带出，这时，大堆岩屑就会在钻头或钻杆上堆积，从而也会形成泥包卡钻。

（2）泥包卡钻的处理

①坚持慢钻、轻提、猛放的原则，反复进行。

②改为清水钻进，大泵量循环，不停地上下活动钻具。

（3）预防措施

①根据地层情况配制出合适黏度的泥浆。

②加大泵量。

③在软地层钻进时要选择好合理的钻井参数，最好使用刮刀钻头。

3. 掉块及井壁塌陷引起的卡钻

（1）掉块及井壁塌陷的原因

①在疏松或软硬相间的地层中钻井，由于偶有小块掉入井中，或者井壁有大块岩石塌下将钻具卡住而引起卡钻。

②泥浆黏度不合适，造壁功能差，当起下钻时，井内压力产生变化而使失掉压力的石块掉落或塌陷而引起卡钻。

（2）掉块及井壁塌陷的处理

①上提、下放活动钻具，反复进行，同时大泵量循环泥浆。

②打吊锤。

③若能旋转，可轻提倒转上来（即倒滑井处理），使用此法易造成钻具脱落。

④装上活动滑轮，在绞车安全的情况下硬提起来。

（3）预防措施

①在破碎松软或者软硬相间的岩层中钻进时，应正确掌握钻井参数，减小钻具在井下的撞击作用。

②泥浆密度越大，造壁功能越好。

③起下钻速度不能太快，以免突然卡紧井壁引起碎石落下。

（二）憋泵

1. 憋泵的原因

①由于在钻井过程中，泥浆不清洁，造成钻头水眼被堵塞，从而导致憋泵。

②由于泥浆中的沙石或其他钻屑沉积在泥浆排出管路中，越积越多，致使局部堵塞而造成憋泵。

③由于阀螺栓折断或阀胶皮掉块，堵塞泥浆泵空气包的孔眼或者堵塞在连接水龙头的弯管处造成憋泵。

④由于泥浆排送管老化，导致管内壁起层，堵塞管路造成憋泵。

⑤由于活塞使用时间较长，活塞胶皮老化后掉块等堵塞泥浆泵排水口或排出管路，造成憋泵。

2. 憋泵的处理

①发生憋泵时应立即松开油门，摘掉泥浆泵动力，停止钻进。

②检查泵液力端密封填料、活塞、密封圈，安全阀及动力端等处零件是否有损坏，若有损坏应停泵修理。

（三）掉钻头

1. 掉钻头的原因

①钻头使用时间较长或使用不当，导致钻头螺纹磨损严重，钻井时稍加压即可造成钻头脱落掉在井中。

②在钻井过程中，由于人为的不注意，使钻机反转而造成钻头脱落。

③由于地层的坚硬，或吃入过多而造成钻头与钻杆连接处拧断，使钻头脱落掉在井中。

2. 处理掉钻头

①钻头内无岩心的脱落。若钻头螺纹完整，可直接下入钻具对扣捞取；若钻头螺纹不完整，可用丝锥捞取。

②钻头内有岩心的脱落。应先将上边岩心取出，若钻头螺纹完整，可用岩心管对扣

捞取。

③用小径钻头扫钻头。钻头往下落有时会横过来，用丝锥无法打捞，则可用铣铁钻头或投入钢粒钻进，将掉在井底的钻头磨掉。

3. 注意事项

①对扣捞取要对正。

②不能用岩心管对扣捞取，则可用长度 0.5 ~ 0.8m 小径钻具透过事故钻头 0.2 ~ 0.3m 取出小径岩心。

③由于振动中冲洗液的循环消除钻头侧部的挤夹力，提取时可能将事故钻头带出来，若带不上来再用丝锥打捞。

（四）油缸爬行和局部速度不均匀

1. 油缸爬行和局部速度不均匀的处理

①由于空气侵入油缸，应打开排气阀排气。

②油缸活塞杆孔密封装置过紧或过松，密封圈密封应能保持用手平稳拉动活塞杆而无泄漏，活塞与活塞杆不同心时，其不同心度不大于 0.01mm，否则应校正或更换。

③活塞杆出现弯曲，全长弯度不大于 0.2mm，否则应校正或更换。

④油缸安装位置偏移，安装位置与设计位置相差不大于 0.1m。

⑤油缸内孔表面直线性不良，不圆度和圆柱度不大于配合公差之半。

⑥油缸内表面锈蚀或拉毛，应进行镗研，严重时应更换缸体。

2. 注意事项

①必须使用设计规定的液压油。

②钻机工作前应对油缸等做必要的检查。

③操作油缸工作时不能忽大忽小地供油，应均匀供油，使井架平稳竖立。

④所有油类必须保持清洁，不允许水或其他污物进入油箱或油路各部。

（五）齿轮油泵不上油或压力不大

1. 齿轮油泵不上油或压力不大的处理

①由于吸入油管与油泵连接不紧密，油泵从油管吸入的液压油混有空气。要检查吸入管安装是否正确，应对准喇叭口后拧紧接头。

②液压油箱中的油面过低，应向油箱中加足液压油。

③液压油脏，吸油管路中的过滤网被堵塞。应将液压油过滤，更换为清洁的液压油，清洁过滤网等。

④齿轮油泵盖与油泵壳体的密封不严，下部的耐油垫被破坏，因而导致油泵吸入部分空气。修复好不密封处或更换损坏的耐油垫并拧紧螺钉。

⑤压力管渗漏，应及时进行补修或更换。

2. 注意事项

①使用的液压油必须做到清洁，标号符合要求。

②定期清洁各滤油器。

③经常检查泵及管线接头的松紧状态，并及时进行处理。

（六）泥浆泵动力端异响

1. 泥浆泵动力端异响的处理

①停止钻机运转后，用扳手卸开动力端端盖及十字头边盖，用管钳转动泥浆泵的传动轴（或直接转动大齿轮），检查连杆轴瓦的松旷程度。

②若有松旷（往往动力端发生异响都是由于轴瓦的松旷），应卸下连杆轴瓦，根据松旷程度抽取垫子，如果垫子已无法抽取或仅靠抽垫子不能恢复轴瓦与轴颈的配合时，应选用一定厚度的铜皮来垫瓦背，使轴瓦与轴颈的配合合适，如果轴瓦有烧蚀情况，应用刮刀进行刮削修整。

③应检查十字头铜瓦与滑道的配合情况，松旷时，应拆出十字头用垫子垫起铜瓦，有时十字头铜瓦的松动也会引起异常响声，这时应拧紧十字头铜瓦固定螺钉。

2. 注意事项

①通过修整后，再检查轴承的磨损、松紧程度及润滑情况。

②装上端盖及十字头边盖，开动钻机以慢速先运转一定时间后，快速运转，看故障是否被排除，若仍有响声，应考虑其他原因，若无异响即可开钻继续钻进工作。

（七）钻杆弯曲

1. 钻杆弯曲的处理

①将弯曲的钻杆搬运到校直机架上安放好。

②使弯曲面向上，将弯曲最高点对准校直机的千斤头。

③根据钻杆弯曲度的大小，将两支力点（滑块）安放在适当位置，一般置弯曲弧度的边缘处，使支力点与钻杆接触良好。

④开动油泵加压。

⑤一般校直方法是正压一次，反压两次。即正压后再将钻杆翻转 180°，在两支力点处各稍压一次，保证钻杆的直线性。

⑥校直后在校直机上进行检验，合格后吊搬下来。

2. 注意事项

①加压时不允许有偏侧及受力不均等现象。

②弯曲度过大的钻具，在校直后，卸压动作要缓慢，以防两端翘起部分猛击滑块，造成钻具损坏或人身伤亡事故。

七 保养钻机

（一）泥浆泵的常规保养

①检查阀盖、缸盖、拉杆密封填料压帽等各部螺栓的紧固情况，特别是拉杆与十字头连接处的压帽紧固情况更需经常检查，不允许有松脱现象。

②检查安全阀调定压力是否正确，进排水阀的工作情况是否良好。

③用扳手卸开泵头压条螺栓，取下阀压盖，检查弹簧的弹性及阀胶皮的完好程度，有损坏的要及时更换新的。

④用扳手卸下曲轴箱油面螺钉，检查润滑油是否足够，不够应添加到油平面螺孔流油后装上油面螺钉。

⑤检查拉杆高、低压密封填料处和缸套压盖处的密封情况是否良好，有渗漏时要紧固或更换密封填料及密封圈。

⑥排放泵头中的泥浆或水时，必须用扳手卸下泵头下部两只放水螺塞。

⑦泥浆泵工作之前，应预先通过其输入轴右端的轴头，检查其转动是否灵活，若发现转动不灵活，应及时调整、检修。

⑧泥浆泵开启或工作时，操作人员必须注意泵压力表的压力不应超过 2.0MPa（$20kgf/cm^2$）。表上的指针应微微摆动，如果指针不动，说明压力表有问题，应及时检查或更换。

⑨经常注意阀和活塞的工作情况，不允许阀、活塞以及缸套中有异常的敲击声。必须定期检查支缸螺钉压紧缸套的情况，不允许缸套有轴向移动，否则，泥浆会将缸套与泵头的结合面冲坏，使泵头报废。

⑩经常检查曲柄箱、十字头、缸内等各处有无异常响声，各轴承温升不超过 45℃，油温温升不超过 35℃。

⑪ 冬季使用时，如停泵时间较长，必须打开放水螺塞，将泵头中的钻井液放尽，以防冻裂泵头。如有条件，可将排气管排出的废气通过泵头底部予以加热。

⑫ 泥浆泵长时间不使用时应将泵头部分清洗干净，将水放净，缸套拉杆等件涂防锈油，防止零件锈蚀。

⑬ 润滑：泵体箱内加入规定的润滑油，夏季使用 30 号机械油，冬季使用 20 号机械油，油量加至螺塞下缘，首次加油，工作 100h 应更换新油，以后可根据情况大约工作 6 个月左右换油一次，换油时必须清洗干净。一般情况，每月检查一次，发现少油应及时补足。

（二）动力头的常规保养

①动力头工作时应使其大齿轮轴平行于井架轨道，其加压链条应左右对称，松紧适当。

②润滑：动力头箱体内是一级齿轮传动，箱体内应加入一定量的润滑油，夏季使用 30 号机械油、冬季使用 20 号机械油。加油量为 1.5L，即当动力头处于工作位置时加油至油面螺塞的下沿，首次加油、工作 100h 左右应更换新油，以后可根据情况大约工作 6 个月换油

一次，如发现油液污染，应及时更换，换油必须清洗干净，一般情况下，每月检查一次油面发现少油应及时补足。

③经常检查其两端滚轮的灵活程度，定期加注润滑脂，如有卡滞现象，应及时更换或修复。

④动力头工作时，随时注意其轴承温度，其温升不能超过 45℃，工作油温升不超过 35℃。

⑤动力头工作时，运转应平稳可靠、无冲击、异常振动和噪声，各密封处、接合处不得有渗、漏油现象。

⑥动力头工作时，如发现动力头上方管路座两出水孔漏水时，证明密封圈已坏或松紧调整不合适；应重新更换新的密封圈或重新调整其松紧程度，严禁将其堵死，防止水漏入动力头壳体内。

（三）加压起升装置的常规保养

①加压起升系统工作时，各部分动作要平稳；无冲击或异常噪声，链条要松紧适度，其松紧程度以人手推或拉链条中间部位偏离垂直中心线 50 ~ 90mm 为宜。

②加压链条采用人工定期润滑：使用机油枪或毛刷在加压链条从动边的内外链板间隙处加注 20 号机械油，每班一次。长期不工作时，应用煤油清洗干净，并涂上防锈油。

③要经常检查链轮的固定螺钉和轴承安装螺栓，不允许有松脱现象。

④加压轴承要经常检查其润滑情况，要求每周加注 2 号锂基脂一次。

⑤蜗轮减速器的润滑：蜗轮箱内采用 200 号蜗轮润滑油进行润滑，其液面高度应达到螺塞孔边缘处。首次加油，工作 100h 左右应更换新油，以后可根据情况大约工作 6 个月左右换油一次，如发现油液污染，应及时更换，换油必须清洗干净。经常检查液面高度，发现不足应及时补足。

⑥蜗轮箱工作时，随时注意温度，其轴承温升不超过 45℃，工作油温升不超过 35℃。

⑦经常检查其密封情况，不得有任何渗漏油现象。

（四）分动箱的常规保养

①一般情况下分动箱应挂高档，只有在汽车行驶于特别难以通过的地段、需更大的汽车牵引力时，才用低档。

②使用时应注意：应在汽车停止时进行，应先挂好前桥驱动轴再挂分动箱低档。

③润滑：分动箱采用 150 号工业齿轮油，油面以螺塞的下缘为准，不足时应及时添加。一般新车第一次二级保养时应更换新油，换油应在热车状态下进行，用煤油清洗干净后加入新油，以后再行驶 20000km 应换油一次。

④钻机工作时应经常检查其取力端的润滑情况，以及轴承的温升情况，轴承温升不得超过 45℃，否则应停机。

⑤检查其传动和密封情况，如有异常噪声要及时检查、排除。各密封处不得有渗漏油现象。

（五）链轮箱的常规保养

①链轮工作时，应按润滑表规定及时加入润滑油，以防止由于润滑不良而使链条和轴承损坏。

②如发现有异常噪声，应及时排除。

③检查链轮箱链条的工作情况，如发现链条损坏或过度拉长，应立即更换链条。

④经常检查通气罩的通气情况。

⑤当离合器摩擦片磨损量超过 2mm 或烧坏时，应换新片。

⑥气囊老化、开裂、失效，更换气囊。

（六）液压系统的常规保养

①系统多路阀中的溢流阀压力调定后，不得随意调整。

②液压油箱内必须加入规定牌号的液压油，并应经常检查液面高度，如发现不足，应及时添加。加油时要经 200 目滤网过滤，其他牌号油不得混入，油箱应密封，空气滤清器应定期清洗。

③钻机第一次使用运转 300h 需更换新油，以后可根据使用条件，大约 1 年更换一次。

④液压系统的油温不得超过 80℃。

⑤冬季启动油泵，系统应空载断续启动，使油温上升，待温度超过 15℃时，方可进入全负荷运转。

⑥冬季要定期检查油箱，发现水滴，应及时除去。

⑦系统内有压力时，不得松动任何接头零件。

⑧井架支起后，必须用锁钩锁紧，否则不准拆卸、修理油缸，放井架时必须保证下腔充满油方可落架。

（七）井架总成的常规保养

①用黄油枪加注润滑脂，直到油嘴往外冒油为止。

②用扳手或手直接试拧各连接螺栓，有松动的应及时拧紧。

③滑套磨损严重的应更换。

④链条调整做到左右对称，松紧程度适当。

第四节　HY-40G 型山地钻机

HY-40G 型轻便钻机适用于在山地、黄土塬、丛林、戈壁、季节性农田等复杂地区进行地震勘探、矿场勘查、地质结构调查等钻孔工程施工作业。

钻机可满足空气震击钻井、空气钻井、泥浆钻井（选装）、螺旋钻井（选装）工艺施工要求，以适应不同地质环境的钻井作业。钻井深度可达 40m。

该钻机采用模块化设计，拆装快速、方便可靠。钻机分为底座、钻机动力机、液压总成、散热器总成、井架总成、动力头、空气动力系统、钻具和其他附件。

一 钻机主要技术性能参数

钻机主要技术性能参数见表 2-4-1。

表 2-4-1 钻机主要技术性能参数

项目	性能参数	
钻井深度	40m	
钻井方式	空气震击钻井、空气钻井	
钻孔直径	76mm	
钻杆（直径 × 长度）	Φ60mm × 1500mm	
动力头	最大输出扭矩	1200N · m
	转速范围	0~160r/min
加压提升系统	提升力 / 加压力	20kN/3kN
	最大提升速度	0.73m/s
液压系统	工作压力	20/7.5MPa
发动机输出功率	主机发动机	27hp/3600r/min
	空压机发动机	35hp/3600r/min
空气压缩机	排气量	$3.8m^3$/min
	压力	0.8MPa

二 钻机传动系统

HY-40G 型钻机采用液压传动控制钻机的各个动作。钻机动力机由一台汽油发动机提供，通过皮带驱动液压油泵，将机械能转化为液体压力能，油泵输出的高压油通过换向阀驱动两个液压马达，马达将液体压力能转化为机械能，从而实现钻具的旋转、加压 / 提升动作。

钻机空气动力系统由一台发动机皮带驱动空压机，为钻机提供空气洗井介质（图 2-4-1）。

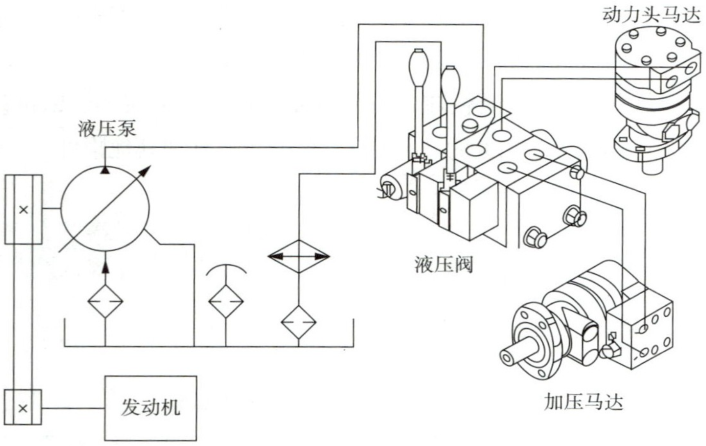

图 2-4-1　钻机的传动系统示意图

三　钻机液压系统

发动机机械能通过液压油泵转化为液体压力能，通过管路传递到两个执行机构（液压马达），将液体压力能转化为机械能，从而实现钻具的升降和旋转动作。

本系统采用负载感应变量系统。液压油泵为带负载感应补偿器和限压器的压力流量补偿柱塞式变量泵，该泵可根据负载变化调整系统输出功率，有效降低系统发热，系统效率高。

换向阀为手动比例多路阀，手柄可在任意位置定位，操作简单，可通过调整液压换向阀手柄位置和加压减压阀的压力来控制钻具速度以适应不同的工况。

系统具有地层自适应功能，保证钻具始终以适宜的加压力作用于井底，减少司钻的干预，施工效率高。

钻具升降速度、旋转速度可控，系统平衡阀控制钻具平稳升降，无冲击。

液压系统管路连接图如图 2-4-2 所示。

四　管路总成

管路总成的作用是输送洗井介质经由动力头、钻具直至井底。一般情况下，一台钻机用一台空压机即可满足正常钻井需要。如遇地层结构复杂或发生漏井情况，需要加大气量时，可将两台空压机出气管分别接到三通接头，合流后进入动力头进气口。

注意：一定要确认可靠连接快速接头和安全绳后，方能启动空压机，进行钻井作业。

钻井完毕，用压缩空气清洗钻机，减少钻机拆卸与搬迁过程中对钻机系统的污染。

管路总成及管汇总成简图如图 2-4-3、图 2-4-4 所示。零件明细见表 2-4-2、表 2-4-3。

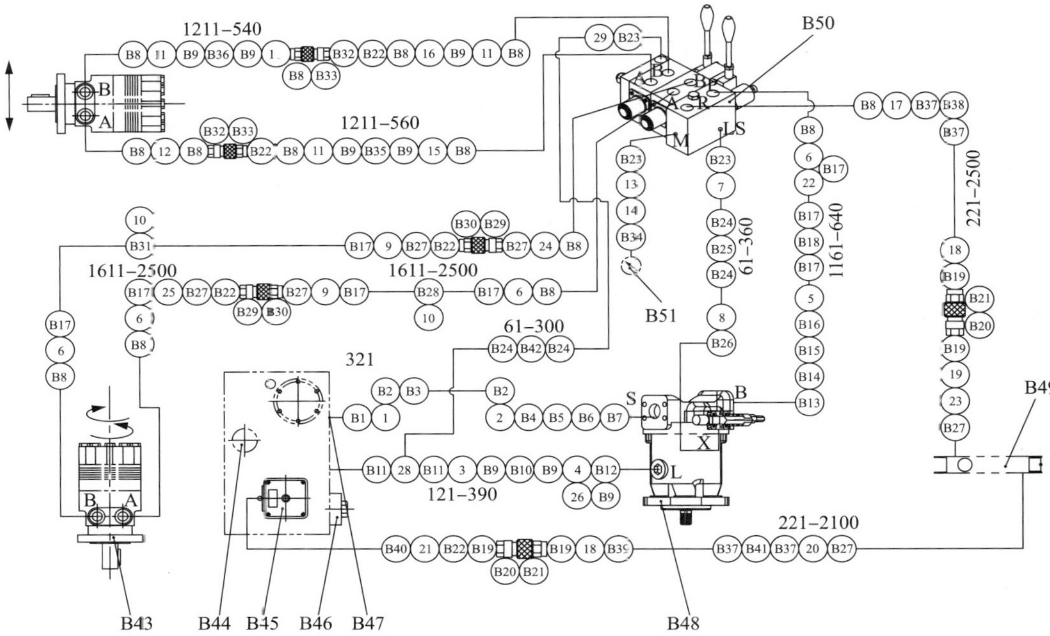

图 2-4-2　HD-40A4 液压系统管线连接图

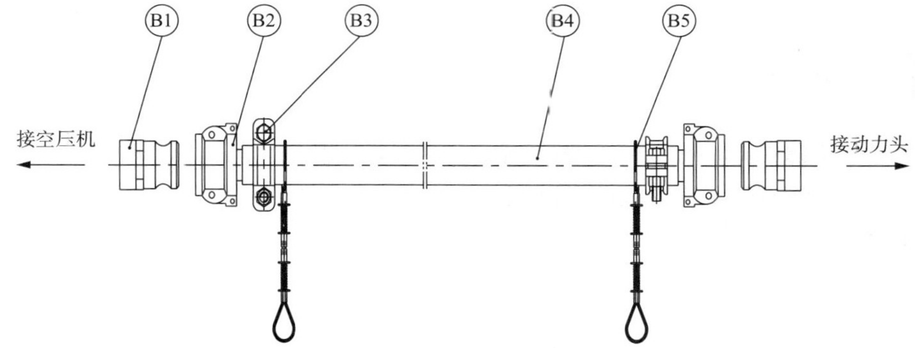

图 2-4-3　管路总成简图

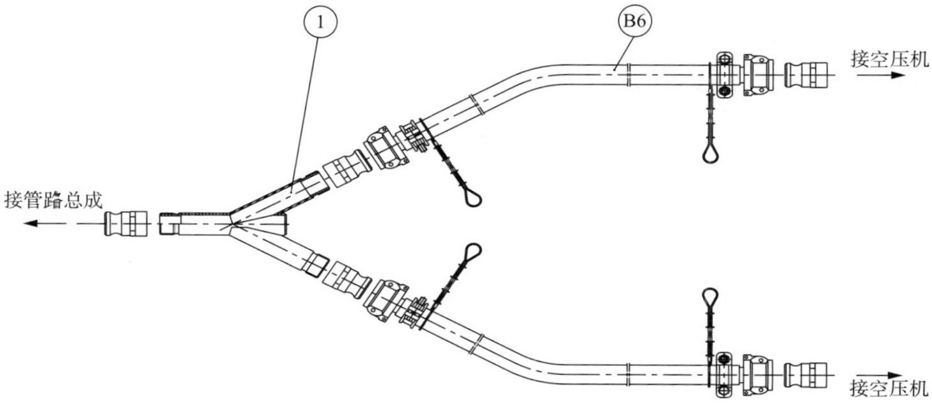

图 2-4-4　管汇总成简图

表 2-4-2　管路总成零件明细表

序号	代号	名称	数量	备注
1	D40 FA00 A1	三通接头	1	
B1	TYPE-A1	消防内螺纹接头	5	
B2	TYPE-C1	消防倒刺接头	6	
B3		重型喉箍 Φ34SC	6	
B4	9030200601	软屏风管	1	20000mm
B5	Φ3-300-45	安全绳	6	
B6	9030200601	软屏风管	2	5000mm

表 2-4-3　管汇总成零件明细表

序号	代号	名称	数量	备注
1	D40 GA00 A1	钻杆	1	
2	D40 FC00 A4	井口定位套	1	
3	D40 F04 A4	卸扣垫叉	1	
B1	HD-75	潜孔冲击器	1	
B2		3in 刮刀钻头	1	选配

五　空压机动力源

空压机动力源由发动机、框架、皮带轮及皮带张紧装置等组成。空压机零件见表 2-4-4。发动机采用汽油发动机，通过皮带传动驱动螺杆空压机工作，从而为钻井提供压缩空气作为洗井介质。

表 2-4-4　空压机零件明细表

序号	代号	名称	数量	备注
1	D3.8 AA00 S	框架焊架	1	
2	D3.8 A04 A	前护板	1	
3	D40 D04 B	减震垫	2	
4	D40 D02 A1	锥套	1	
5	D3.8 A2A S	皮带轮	1	
6	D40 D06 B	导向套	4	
7	D3.8 A02 A	后护板	1	
8	D40 CA01 S	张紧杆	1	
9	D3.8 ACA00 S	张紧臂	1	
10	D40 DAC00 B	左旋螺杆	1	
11	D40 CA05 S	调整套	1	
12	D40 DAB00 B	T 形螺杆	1	

续表

序号	代号	名称	数量	备注
13	D40 DAA00 A1	拖板总成	1	
B1	GB/T 93—1987	垫圈 8	3	
B2	GB/T 5783—2000	螺栓 M8 × 30	3	
B3	GB/T 96.1—2002	垫圈 8	4	
B4	GB/T 5782—2000	螺栓 M8 × 85	4	
B5	GB/T 889.1—2000	螺母 M8	4	
B6	GB/T 97.1—2002	垫圈 8	4	
B7	GB/T 889.1—2000	螺母 M6	10	
B8	GB/T 97.1—2002	垫圈 6	20	
B9	GB/T 5782—2000	螺栓 M6 × 40	10	
B10	613477—0008H7	先锋 35hp 发动机	1	
B11		电池 45Ah	1	
B12		防火帽	1	
B13	GB/T 6170—2000	螺母 M12- 左	1	
B14	GB/T 6170—2000	螺母 M12	1	
B15	GB/T 882—1986	B 型销轴 12 × 55	1	
B16	GB/T 91—2000	销 3.2 × 30	1	
B17	GB/T 882—1986	B 型销轴 8 × 16	2	
B18	GB/T 91—2000	销 2 × 20	2	

六 HY-40G 型山地钻机的保养

1. 首次保养

主机发动机的首次保养在钻机使用 25h 后进行，更换润滑油及机油滤芯；液压系统的首次保养在系统使用 200h 后进行，更换液压油、回油滤芯和吸油滤芯；空压机的首次保养在 100h 后进行，更换机油及机油滤清器。

2. 日常保养

HY-40G 型山地钻机日常保养情况见表 2-4-5。

表 2-4-5 HY-40G 型山地钻机日常保养

保养项目	每钻完一口井	每周
钻机各部紧固件及钻机表面	△✋	⚒
钻机各传动皮带及风扇皮带	△	⚒
液压散热器翅片	✋	
液压系统各快速接头	✋	
液压油箱呼吸器	✋	

续表

保养项目	每钻完一口井	每周
液压油箱回油滤芯		[清洗]
潜孔冲击器	[清洗] [润滑]	
发动机机油散热器翅片	[清洗]	
发动机燃油滤清器		△
主机发动机空滤器主滤芯	△[清洗]	△ 或 ☒
主机发动机空滤器内滤芯		
主机发动机机油	△	☒
主机发动机机油滤清器		☒
空压机发动机空滤器主滤芯	△[清洗]	
空压机发动机机油	△	☒
空压机发动机机油滤清器		☒
空压机空气滤清器	△[清洗]	
空压机机油	△	
油泵传动座联接盘上油杯		[添加]
动力头外壳体油杯		[添加]
井架上下链轮滑动轴承		[添加]
井架链条		[清洗] [润滑] [修理调整]
井架提升座尼龙摩擦板	△	[润滑] [修理调整]

注：△—检查；[清洗]—清洗；[修理调整]—修理调整；[添加]—添加；☒—更换；[润滑]—润滑。

除上述定期保养项目外，其余严格按发动机、空压机、冲击器使用说明书要求进行。

3. 定期保养

HY-40G 型山地钻机定期保养情况见表 2-4-6。

表 2-4-6　HY-40G 型山地钻机定期保养表

保养项目	每月	每三月
液压油箱呼吸器	必要时 ☒	
液压油箱回油滤芯		必要时 ☒
发动机火花塞		△[修理调整]
主机发动机空滤器内滤芯	必要时 ☒	
主机发动机		△[修理调整] 必要时 ☒
主机发动机机油滤清器	☒	
空压机发动机空滤器主滤芯	必要时 ☒	
空压机发动机空滤器内滤芯		必要时 ☒
空压机发动机机油	☒	
空压机发动机机油滤清器		☒
空压机空气滤清器	必要时 ☒	
空压机机油		必要时 ☒

续表

保养项目	每月	每三月
空压机机油滤清器		必要时 ☒
动力头橡胶密封件		△☒
井架上下链轮滑动轴承		△☒
井架链条		必要时 ☒
井架提升座尼龙摩擦板	必要时 ☒	
井架加压链轮轴承		✋ ▲

注：△—检查；✋—清洗；⚒—修理调整；▲—添加；☒—更换；▲—润滑。

除上述定期保养项目外，其余严格按发动机、空压机、冲击器使用说明书要求进行。

七 HY-40G 型山地钻机检修

（一）液压系统的检修

①液压系统的检修应避免在风沙、灰尘等影响清洁的环境下进行。

②清洁液压系统油箱、液压泵、散热器、接头、管线等各零部件，防止后续拆装污染物进入系统。

③检查油泵安装有无异常，排除油泵中的空气。

④检查液压油，从液压油箱放油螺塞处释放少许液压油，若发现油料含金属细屑、污浊、含水、黏度失常或超过使用时间规定的现象，需要更换新的液压油，液压油选用牌号如表 2-4-7 所示，更换新油必须先清洗液压油箱。

表 2-4-7　液压油牌号推荐表

序号	环境温度 t/℃	液压油名称	标准及等级
1	$t<0$	L-HS32 合成液压油	GB 11118. 1—2011 一级品
2	$0<t<18$	L-HV32 低凝抗磨液压油	GB 11118. 1—2011 一级品
3	$20<t<35$	L-HM46 抗磨液压油	GB 11118. 1—2011 一级品
4	$t>40$	L-HM68 抗磨液压油	GB 11118. 1—2011 一级品

⑤液压油箱清洗方法：拆下回油滤油器、吸油滤器、空气滤清器；用煤油（严禁使用汽油）清洗液压油箱内部污染物，吹干，严禁用棉纱等含游离的丝织物擦拭，更换液压油回油滤芯、吸油滤芯、空气滤清器。

⑥检查散热器、液压管线、泵阀等应保持正常状态。

⑦更换渗漏油处的液压密封件及磨损严重的液压胶管。

⑧拆卸或检查各阀、管线时，接口应用塑料布包好，以保证系统清洁。

⑨检查并确认液压系统各压力表头正常，一旦损坏应立即更换。

⑩检查并确认快速接头防尘护套完好有效。

⑪ 加注液压油，液面高度到观察孔上边沿刻线。

⑫ 启动发动机，空载下检查提升、旋转、加压等动作应正常，之后停机，重新补足液压油。

⑬ 检查并调定系统压力、提升压力、加压最大压力，分别为：200bar、173bar、30bar（$1bar=10^5Pa$）。

⑭ 捆扎各管线，液压系统各安全阀压力调定后，不得再随意调整。

（二）发动机的检修

①检查更换发动机空气滤清器；操作时关闭阻风门，将发动机空气滤清器盖打开，轻轻取出主滤芯，远离发动机，清洁其上的污染物；发动机内滤芯无需保养，内滤芯过脏时直接更换，不得用压缩空气吹空气滤清器壳体的内部；操作过程中，不得污染滤芯表面。

②皮带轮与锥套的固定可靠，皮带轮不允许有轴向移动。

③发动机沿皮带张紧方向要推拉自如，不得有卡阻现象。

④检查配对皮带轴线平行度小于 1mm，皮带轮轮槽中心位移度小于 1.5mm，否则，应予以调整，同时调整皮带松紧度。

⑤连接好发动机电路，并注意用橡胶护套保护好蓄电池端外露金属。

⑥检查并确认发动机机油冷却器翅片、发动机缸体冷却翅片表面干净畅通。

⑦检查发动机机油清洁程度并确定是否更换。

⑧检查更换空气滤清器内的机油：

对钻机配套的全部发动机均分两次检查油位：将发动机水平放置，停止运转 30min 以上，取出发动机机油尺，检查发动机机油油面位置后，擦干油尺，将油尺装回原位，停留片刻再次取出机油尺，检查并确认发动机机油油位不低于油尺刻度范围的 3/4 位置，不足时应补足相同牌号的机油，超出时应排掉多余机油。

⑨若发动机有较大故障，应由专业人员进行修理。

作业环境下或空气中存在碎屑，清洁频率应更高，如果空气滤清器零件很脏，应进行更换。

（三）油泵油箱框架总成维修

1. 油泵油箱框架检修

①检查油泵框架变形开裂情况，进行校形、补焊、补漆等处理。

②检查传动盘内的内花键，若有滚齿现象，更换传动盘，油泵油箱框架结构图见图 2–4–5。

③检查皮带轮并能够旋转自如，若有卡滞现象，拆分联接盘、传动盘，清洗或更换轴承及油封，重新装配，并注入润滑脂。

④检查联接盘等零件是否损坏，若有损坏应予以修理或更换。

⑤检查联接螺栓、垫片等是否损坏，若有损坏应予以更换。

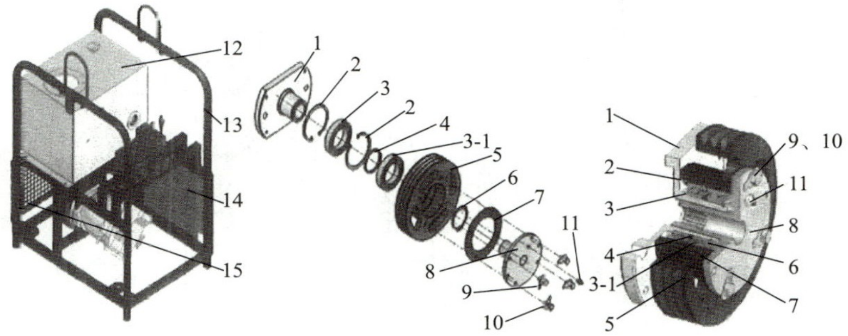

图 2-4-5　油泵油箱框架结构

1- 联接盘；2- 挡圈 80；3- 轴承 6010-RZ(单侧防尘圈向右安装)；3-1 挡套；4- 轴承 6010；
5- 皮带轮；6- 挡圈 50；7- 密封垫 2；8- 传动盘；9- 垫圈 8；10- 六角头螺栓 M8X20；
11- 油杯 M10X1；12- 油箱总成；13- 框架焊架；14- 隔尘板；15- 护板

2. 保养及常见故障和排除

①按拆卸油泵座相反的顺序重新组装。

②每周在油杯中加满 ZL-2# 润滑脂进行润滑。

③常见故障及其排除方法见表 2-4-8。

表 2-4-8　常见故障及排除方法

故障	原因	排除方法
发热	轴承润滑不良	注油润滑
	轴承发卡或损坏	更换轴承
液压系统无输出	传动盘内花键失效	更换零件

（四）气钻动力头的检修

动力头结构如图 2-4-6 所示。动力头的作用是驱动钻具旋转，将扭矩经钻杆传至钻头，配合冲击器钎头产生冲击、对地施加压力、传输压缩空气，以达到破碎岩石钻进目的，液压马达通过平键驱动中心管进而驱动下接头和钻具旋转。

①检查密封情况，进气口接通压缩空气，中心管两端口截止后，密封环四周无漏气现象。

②检查中心管旋转情况，中心管旋转阻力适当，无卡阻现象。

③中心管如果出现卡滞、漏气等较严重情况时，则要将动力头拆解并更换相关损坏的零件，装配前用煤油将各零件清洗干净，轴承轴向间隙为 0.1 ~ 0.2mm，由螺母调整。

④正常工作转速下，若动力头过热，可能是轴承润滑不良或轴承轴向间隙过小的原因，应补充注入润滑油或重新调整轴承间隙。

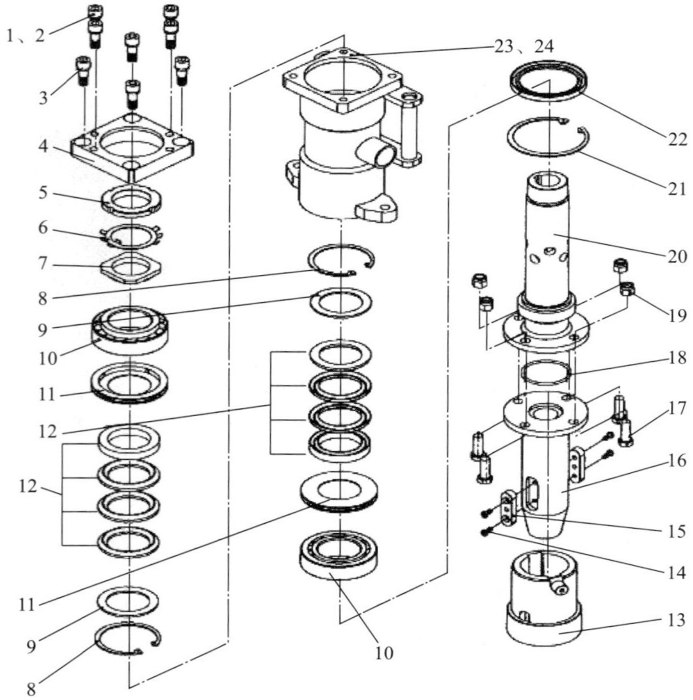

图 2-4-6　动力头结构

1- 内六角螺栓 M12×25-12.9；2- 弹簧垫圈 12；3- 内六角螺栓 M12×35-12.9；4- 马达联接盘；5- 开槽圆螺母 M52×1.5；6- 止动垫圈 52；7- 锁紧螺母 M52×1.5；8- 挡圈 80；9- 浮动挡板；10- 轴承 33211；11- 过油隔套；12- 支承环、密封环、压环；13- 卸扣套；14- 内六角螺栓 M6×12-Zn.D；15- 键 18X11X63；16- 下接头；17- 六角头螺栓 M12X35-12.9；18-O 形密封圈 61.5×3.55G；19- 六角螺母 M12-Zn.D；20- 中心管；21- 挡圈 100；22- 旋转轴唇形密封圈 B75100；23- 壳体总成；24- 油杯 MIOx1

（五）井架

1. 检修

井架为桅杆式，它用薄壁钢管焊接而成，井架的作用主要是作为动力头和加压马达的支架，承受钻井过程中所产生的轴向力和旋转扭矩。

①定期检查链条涨紧情况并润滑链条。

②定期检查链轮滑动轴承。

③链轮组件维修后应更换铜套等易损件和密封件。

④检查动力头提升座减摩板的磨损情况和提升座与井架滑道间的间隙，实时调整或更换，以改善配合零件的工作状况，延长各零部件使用寿命。

2. 维护、保养

①定期润滑、调整加压提升链条。

②定期润滑链轮滑动轴承。

（六）主机发动机总成检修

①检修框架，校形、修补、涂漆。

②检查电瓶线，外皮无破损、电瓶卡完好。

③各连接螺栓无锈蚀、弯曲、滑扣等现象。

④发动机固定滑道完好。

（七）气源站总成（空压机组总成）

1. 空压机总成检修

①始终确保空压机温度表工作正常。

②检查空压机润滑油，液面必须超过油位镜水平中心。

③温度表和压力表完好。

④按使用说明，进行空气进气滤芯的保养和维护。

⑤冷却风扇旋转必须可靠。

⑥空气动力源温度控制线插接器连接可靠，该控制线的正常工作，能够保证空压机在运转温度超过设定值后使发动机自动停车，以保护空压机。

2. 气源发动机总成检修

气源动力机为气源总成提供动力，它通过皮带来驱动空压机工作。

①检修框架，校形、修补、涂漆。

②检查电瓶线，外皮无破损、电瓶卡完好。

③各连接螺栓无锈蚀、弯曲、滑扣等现象。

④发动机固定滑道完好。

⑤检查皮带轮，皮带是否磨损。

⑥发动机及空压机维护、保养见相关知识部分。

（八）散热器总成

①不得磕碰散热器表面及冷却风扇叶片。

②确保风扇以吸风方式工作。

③定期检查液压系统温度是否正常，排除环境温度影响外，应检查冷却风扇风量是否过小，如过小则对电瓶充电或更换电瓶。

④定期清洗散热器外表面尘土和油污，保证其散热效果；应用压缩空气或柴油作洗涤剂、用软毛刷或尼龙刷清洗，也可用压力清水喷射清洗。

（九）管路总成

管路总成操作球阀均固定在钻机动力机框架上，其作用是输送洗净介质经由动力头、钻具直至井底。

①检查球阀开启灵活、启闭可靠。

②检查管线无磨损漏气现象。

③检查管线接头固定牢固可靠。

八 HY-40G 型山地钻机的操作

（一）钻井前准备工作

钻机主机安装如图 2-4-7 所示。

①平整井场面积，以风向对发动机吸气有利的方位放置钻机，在施工过程中井场应不得塌陷。

②以风向对发动机吸气有利的方向平整井场，面积不小于 2m × 1.5m。

③根据风向调整钻机底座位置，将主机发动机与油泵油箱总成连接好。

④井架安装于钻机底座上，安装固定好，抬起井架上端、直立，将井架支架与钻机底座用定位销锁定，调节井架支架锁紧凸轮，保证井架中心垂直于水平面，锁紧井架支架。

⑤总装后应保证配对皮带轴线平行度小于 1mm，主机皮带轮轮槽中心位移度（端面共面度）小于 3.5mm；空压机组配对皮带轮轮槽中心位移度（端面共面度）小于 5mm；否则应予以调整，同时调整皮带松紧度。

⑥将动力头用定位销固定在井架提升装置上。

⑦动力头中心与井架卸钻杆装置内孔中心同轴度小于 1mm。

⑧所有紧固件应牢固、可靠，运动件动作灵活、准确、可靠。

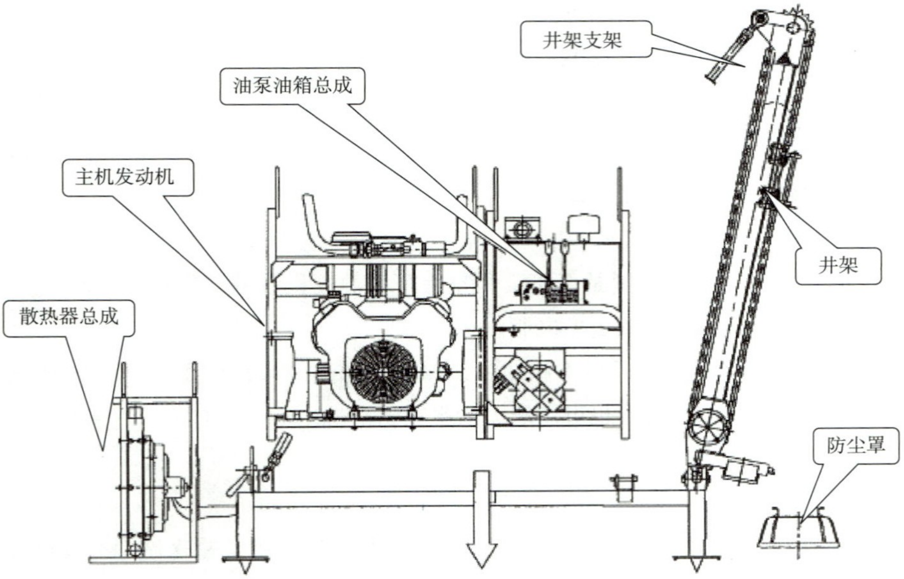

图 2-4-7　钻机主机安装示意图

⑨按图装好钻机防尘装置。

⑩清洁各部快速接头，按管路连接图连接好液压管路。

⑪ 将散热器框架置于井口上风口发动机框架一侧地面上。

⑫ 根据井架支架锁紧情况及时调节螺栓的预压力调整锁紧凸轮，保证钻机使用安全。

⑬ 将空压机和空压机发动机框架用螺母紧固，挂上皮带，皮带处于未张紧状态。

⑭ 将管路总成与钻机主机部分连接好。

⑮ 连接好发动机油路总成。

⑯ 确认各液压操作手柄处于中位。

⑰ 通过液压油箱液位计确认液压油的液面处于正常范围。

⑱ 确认发动机的机油在正常油位范围。

⑲ 打开发动机空滤器，检查空滤器滤芯的洁净程度，应确保滤芯洁净、畅通。

⑳ 检查各传动部分处的护网是否牢固。

㉑ 待钻机工作后，液压油温度超过 30℃时，将散热器驱动风扇的电机线接到电瓶的正负极上，并确认风扇为吸风状态。

（二）主机部分启动

①确认传动皮带处于未张紧状态。

②启动发动机，将油门置于怠速位置。

③张紧传动皮带，使其处于动力结合位置。

④让发动机怠速运转（冬季启动液压油泵，应先用手转动液压油泵几圈，再低速启动，冬季不少于 5min），预热之后钻机即可按工作工况运转。

⑤操纵液压手柄，检查完整的钻具旋转和升降动作，待机。

⑥待液压系统油温超过 40℃后，将散热器驱动风扇的电机线接到蓄电池的正负极上，并确认风扇为吸风状态。

（三）空压机组启动

空气动力源总成的启动操作次序与主机总成部分相同。

（四）钻机运转

①正常情况下，空压机的工作压力应保持在 0.5 ~ 0.7MPa。

②经常检查各仪表是否正常，否则应停机修理。

③各管路连接处应无漏油、漏气现象。

（五）钻机钻井作业

1. 开钻

将潜孔冲击器与动力头下接头连接好，然后打开空气管路球阀，扳动液压阀手柄，钻具开始加压、旋转，进行钻井作业。

①为保证井壁竖直，应尽量使井架垂直水平面。

②为保证井壁与井架垂直和保护钻杆，必须使用卡瓦。

③为避免钻井粉尘的过度污染，应当使用防尘罩。

2. 接换钻杆

将垫叉卡在钻杆（或冲击器）扁平卡口处，置于在井架井口装置上，反转动力头，使动力头与钻杆（或冲击器）脱离，然后装下一根钻杆，装前必须吹净钻杆内的脏物，避免潜孔冲击器损坏。

3. 钻进

接换钻杆后，打开球阀，即可进行正常钻进。

钻进时要及时滑井，以免卡钻。当钻井中遇到卡钻时，先将“加压提升手柄”扳到最大提升位，然后扳动“动力头旋转手柄”（不能到位，形成节流）使钻具正转，同时实现钻具提升的动作，即可解决一般的卡钻事故。

4. 完钻

当钻至设计井深后，空气动力源应继续工作 1 ~ 3min，保证井中钻屑尽数上返后才开始卸钻杆。

5. 钻机清洗

用空气管汇的清洗管汇清洗钻机主机，特别是液压快速接头连接处需要彻底清洁；必要时清洗空压机组；关闭空气动力主球阀，停止钻具旋转和升降，打开清洗管线及球阀，对钻机主机系统进行清洗，主要清洗液压系统，发动机和散热器，必要时清洗空压机组。

6. 卸钻杆

钻机清洗完毕，空压机组停机，将钻杆与动力头连接处卸松，用卸扣套依次卸完所有钻杆。

7. 停机

液压操作手柄置于中位，关闭管路总成中的球阀；主机发动机油门置于怠速状态运转 5min 后停机。

①由于发动机、空压机空滤器滤芯为纸质或布质，并且压缩空气内含油，请勿用压缩空气吹空滤器滤芯。

②发动机处于高速工作状态骤然停车会产生极大的惯性冲击，将会严重损害发动机运动副，缩短其使用寿命。

8. 钻机拆卸

按钻机安装时的逆序拆卸各部件。液压管线拆开后，应以搬迁框架为单元将快速接头一一对应地连接好，以防污染物进入液压系统，损坏液压元件；并注意相应连接件的保管。

9. 钻机钻井作业注意事项

①为保证井壁竖直，必须尽量使井架垂直水平面。

②接换钻杆时，垫叉一定要叉到位。

③钻进过程中，根据地层情况和钻井方法的不同，调整旋转手柄的开口，当遇到较松软的地层时，可将钻具的旋转速度提到最大，当遇到硬岩层时应将钻具的旋转速度适当降低。

④钻进时要及时滑井，以免卡钻。当钻井中遇到卡钻时，先将‘加压提升手柄”扳到最大提升位，然后扳动“动力头旋转手柄”（不能到位，形成节流）使钻具正转，同时实现钻具提升的动作，即可解决一般的卡钻事故。

⑤钻井完毕，停机前应确认系统压力为零。

⑥由于发动机、空压机空滤器滤芯为纸质，并且压缩空气内含汩，不能用压缩空气吹空气滤清器滤芯。

⑦钻机拆卸时，避免钻机部件停机时间短可能造成的烫伤。

思考题

1. 陆地上地震勘探对钻井有哪些要求？
2. 钻机不正常损坏的原因有哪些？
3. 钻机钻井作业注意事项有哪些？
4. HY-40G 型山地钻机在应用中容易出现哪些故障？
5. WTZ-100M 型钻机由哪几部分组成？

扫一扫
获取更多资源

第三章

地震勘探放线

PART 3

地震勘探生产中放线就是对排列布设的简称。排列是根据施工设计要求将有缆（地震电缆线、检波器及附属设备）或节点仪器等采集设备按照设计的要求摆放在接收点的相应位置上。在野外地震勘探施工过程中，每条测线都分成若干观测段，逐段进行观测，每次激发时所安置的多道检波器的观测地段称为地震接收排列。

第一节　地震放线概述

一　地震检波器

（一）地震检波器的概念

地震检波器即传感器，就是将机械能转化为电能的能量转换装置，把地震波转换成模拟电信号，并传输给地震采集设备。陆地勘探一般都采用动圈式地震检波器和压电晶体式检波器，有时也采用涡流式检波器。

（二）地震检波器的性能及分类

1. 检波器的性能

检波器的性能包括检波器的阻值、灵敏度、频率、阻尼和失真度。检波器工作状态的好坏由检波器性能决定。

2. 地震检波器分类

地震检波器的种类繁多，特别是用于不同勘探目的的地震检波器，其外形、规格、型号等各不相同，因此检波器的分类方法很多。

按工作原理：动圈式检波器、涡流式检波器和压电晶体检波器。

按使用环境：陆用检波器、沼泽检波器和海上检波器。

按输出信号的类型：模拟检波器和数字检波器。

按输出信号所跟踪的物理量：速度检波器和加速度检波器。

陆地用量最大的是动圈式检波器，深水域主要以压敏检波器为代表，沼泽检波器通常只是对陆上检波器做了特殊的防水处理。

工作方式或数据存储方式分为有线检波器和节点检波器。

下面简单介绍几种常用检波器：

（1）动圈式检波器

1）动圈式检波器的基本结构

动圈式检波器主要由磁钢、线圈、弹簧片、外壳等部件构成。动圈式地震检波器是陆地勘探的主要检波器。

①磁钢：是圆柱形的，具有很强的磁性，它与上下磁靴和软铁外壳组成具有两个磁隙的闭合回路。

②线圈：由漆包铜线绕在铝制框架上构成，有两个输出端，线圈通过弹簧片与外壳相连，组成可动部分，在磁隙中运动。

③弹簧片：由青铜片做成，具有一定形状和线性弹性系数，它使线圈与外壳连在一起，使线圈对磁钢形成相对运动的惯性体。

④外壳：由软铁制成，多为圆筒形，使磁钢与外壳构成闭合磁回路。

2）动圈式检波器的工作原理

动圈式检波器由磁钢、线圈、弹簧片和软铁外壳等组成。线圈通过弹簧片与软铁外壳相连，构成了与磁钢、软铁外壳做相对运动的惯性体，线圈又处于磁钢与软铁外壳的缝隙磁场中。软铁外壳受到地震波的作用而运动时，线圈则对磁钢做相对运动。根据电磁感应原理，线圈和磁钢做相对运动切割磁力线，线圈中将产生感应电势，且感应电势大小与相对运动速度成正比。此感应电势即为地震检波器的输出信号。

3）检波器的外部结构及特点

检波器的外部结构主要由塑料外壳、顶盖、防水胶套、尾椎等组成。

①外壳：一般用 ABS 塑料构成。其特点是强度高，并适应野外温差变化。

②顶盖：与外壳材料相同，用螺丝与外壳相连，以便压紧防水胶套，起到防水和拆装检波器方便的作用。

③防水胶套：用橡胶制成，它使检波器在顶盖和外壳中配合紧密，防水防尘，同时还使串线不易折断。

④尾椎：一般由铁或铝合金制成，工作时将其插在地面上，可使检波器与地面耦合紧密。

4）检波器线圈绕组的原理

动圈式检波器采用双线圈绕组的结构。为了提高检波器的机电转换效率，使磁钢的两个磁极都起作用，既在两个磁场中都有线圈在工作，两个线圈产生的感应电势，一个线圈正绕，另一个线圈反绕，并把上线圈的起端与下线圈的起端连在一起（反向连接），把上下线圈的另外两头作为输出端。当线圈作相对磁钢运动时，由于两线圈的磁场方向相反，所以感应电动势是同向相加的。对于外界磁场干扰，反向连接的两线圈的感应电势是可以抵消的，这样就提高了抗干扰能力。

5）检波器芯体检测

①用万用表的电阻挡可以快速检测芯体的电阻值是否正常。

②用模拟万用表的最小电流挡可以快速检测芯体的极性。

③用检波器测试仪检测芯体的各项参数是否精确。

（2）涡流式检波器

涡流式检波器一般由磁钢、线圈、弹簧片、紫铜环和软铁外壳等组成。它的磁钢固定在检波器中心，线圈固定在软铁外壳上，紫铜环用弹簧片支撑作为惯性体位于磁钢和线圈之间。当惯性体（铜环）与磁钢做相对运动时，根据电磁感应原理，在铜环内形成闭合涡的线圈感应出电势。线圈因涡流作用产生的电势，就是检波器的输出信号。

（3）压电晶体式检波器

压电晶体式检波器主要用于水中勘探，它是由压电元件制成的。压电晶体式检波器就是利用压电元件具有压电效应这一特征而制成的。所谓压电效应就是压电元件机电转换性能，当沿着一定方向对压电元件施加力使它变形时，它的内部就会产生极化现象，同时在它的两个表面上便产生极性相反的电荷（作用力改变方向时，电荷的极性也随之改变），当去掉外力后又恢复不带电状态，这种现象称为压电效应。水中勘探时，将压电检波器置入水中，人为激发地震波，引起水压变化，压电元件所产生的电压与水压变化成正比。

按施工要求，将一组检波器按照特定的连接方式固定连接在一起称为检波器串。野外施工中使用地震检波器串生产的主要因素是为了实现组合检波，做到突出有效波，压制干扰波，提高信噪比。

（三）地震检波器串的连接

检波器的连接方式有单纯的串联、单纯的并联以及串并联混合连接三种。一般采用串并联混合的连接方式，常用的连接方式有三串三并、三串四并、六串二并、四串三并等方式。地震采集项目应该根据地质目标设计的施工方法，通过试验对比，采用最佳组合检波方式进行施工。

1. 检波器的串联

如图 3-1-1 所示，它是六个检波器串联，需要六段二芯组合电缆线，每段组合电缆线的长度要超过常规施工设计的组内距一定长度。

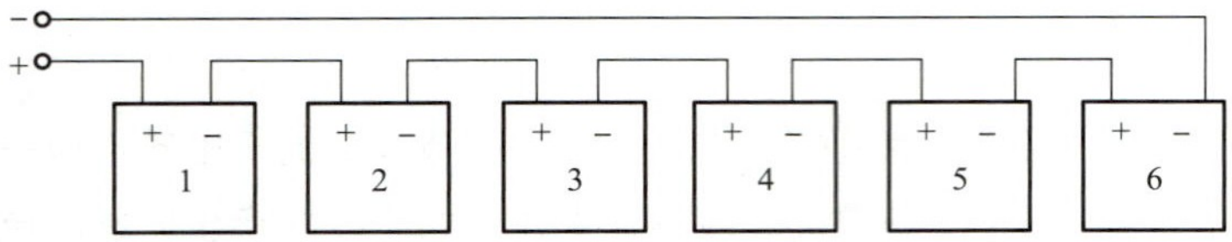

图 3-1-1　检波器的串联

串联后的检波器电阻是：

$$R_{总} = R_1+R_2+R_3+\cdots+R_n = NR$$

式中　N——串联的个数；

　　　R——单个检波器的电阻。

串联后这串检波器的灵敏度是：

$$G_{总} = G_1+G_2+G_3+\cdots+G_n = NG$$

式中 N——串联的个数；

G——单个检波器的灵敏度。

由以上两式可得出的结论：单纯的串联，可以提高检波器串的灵敏度，同时也提高了检波器串的电阻。

2. 检波器的并联

如图 3-1-2 所示，是六个检波器并联，需要六段二芯组合电缆线，每段组合电缆线的长度要超过常规施工设计的组内距一定长度。

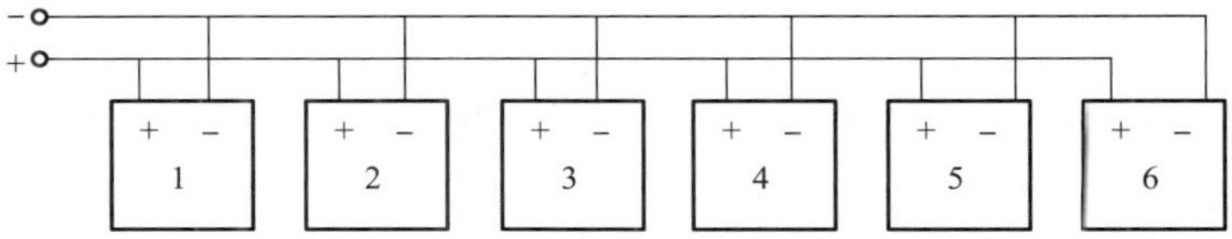

图 3-1-2　检波器的并联

并联后的总电阻为：

$$R_{总} = \frac{R}{N}$$

式中 N——并联的个数；

R——单个检波器电阻。

并联后这串检波器的灵敏度是：

$$G_{总} = G_1 = G_2 = G_3 = \cdots\cdots = G_n = G$$

式中 G 为单个检波器的灵敏度。

由以上两式可得出的结论：检波器单纯的并联后，这串检波器的灵敏度等于一个检波器的灵敏度。但可以降低检波器串的电阻。

3. 串并联混合连接

如图 3-1-3 所示，是六个检波器串联、并联连接，需要四段二芯组合电缆线和二段三芯组合电缆线，每段组合电缆线的长度要超过常规施工设计的组内距一定长度。

串并联混合连接后的总的电阻是：

$$R_{总} = \frac{N}{n}R$$

串并联混合连接后的总的灵敏度是：

$$G_{总} = NG$$

式中 R——单个检波器的内阻；

N——串联的个数；

N——并联的组数；

G——单个检波器的灵敏度。

由以上两式可得出的结论：串并联混合连接既能提高检波器的电压灵敏度，又能根据组合与并的个数来达到合适的电阻，实现与仪器或采集站的输入阻抗相匹配。

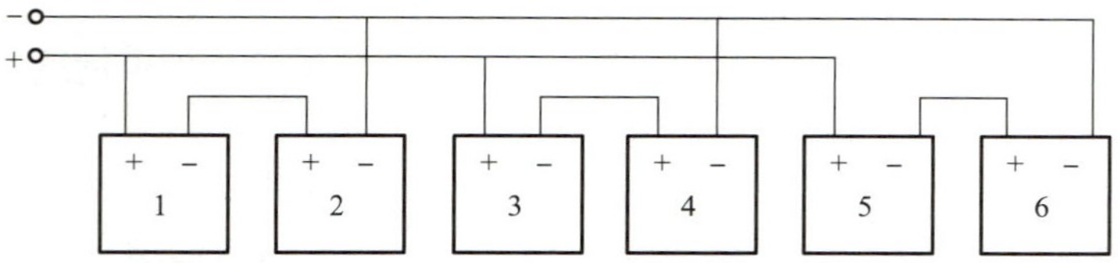

图 3–1–3　检波器的串并联混合连接

（四）检波器串的组装

组装检波器串时应按照一定的顺序进行，检波器磁钢组装前需要精心挑选才能组装。在组装检波器串的程序中，穿线为第 1 工序，组装检波器芯体时应先装磁钢才能执行下一道工序。连接检波器的电缆线内共有 3 根芯线。焊接电缆线的线头时，焊点不应虚焊、过大或过小。焊接检波器串必备的材料有：防水插头线、检波器芯体、三芯电缆线等。

检波器串根据实际生产的需要有很多种组合形式，下面以六串二并检波器串为例说明检波器串的组装流程。单边连接线插头的六串二并检波器串，共由 1 根防水插头线、12 个检波器和 11 根组合线（其中三芯线 5 根、二芯线 6 根）连接而成。

①按要求画出地震检波器串连接图，图 3–1–4 为单边插头地震检波器串连接图。

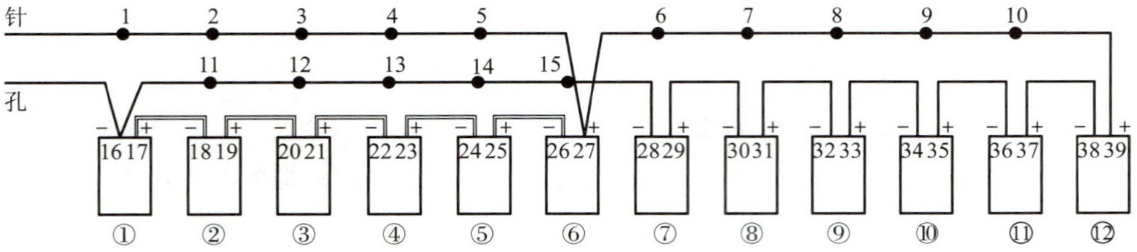

图 3–1–4　六串二并检波器串连接图

②按图纸要求将电缆组合线剪成规定的长度（即组合距长度）；把剪好的电缆线段按长度 lm 一圈进行绕制，1 段绕成 1 捆，电缆线两端留出适当的长度，每段捆扎好；并将电缆线按顺序排列起来；单插头六串二并检波器串共 12 段电缆线。

③将准备好的检波器芯体用电烙铁均匀地镀上适当的焊锡备用。

④第 1 段防水插头线的另一端与第 2 段电缆线的一端（相邻两段电缆线的头尾），穿入第 1 个检波器外壳固定螺母及密封套，将密封套里的端线打个结并拉紧。剥开组合线头端的护套层、再剥开芯线的绝缘层，线芯镀锡。根据图纸将 2 根电缆的负极（蓝色）芯线与第 1 个检波器芯负极焊接牢固；电缆 2 根正极芯线（红色）焊接牢固在一起，用 1cm 长的热缩绝缘管套好焊点；第 1 段电缆的白色芯线剪掉；第 2 段电缆线的白色线与检波器正极焊接牢固。

⑤依次将第 2 段电缆线的另一端与第 3 段电缆线的一端（相邻两段电缆线的头尾）穿

上检波器外壳固定螺母及密封套，将密封套里的端线打个结并拉紧，剥开组合线头端的护套层，再剥开芯线的绝缘层，将线芯镀锡。根据图纸将 2 段电缆的正极芯线（红色）焊接在一起，用热缩绝缘套管套好焊点。将 2 段电缆的蓝色芯线焊接在一起，用热缩绝缘套管套好焊点；第 2 段电缆线白色芯线与第 2 个检波器负极焊接牢固；检波器正极与第 3 段电缆线的白线焊接牢固。

⑥依次按图纸要求将剩下的检波器焊接完成。

⑦一串检波器焊完后，测量检波器总电阻是否符合要求，检波器无反极性。

⑧装好检波器外壳及尾锥。

⑨收拾清扫场地。

（五）组合检波

组合检波就是在每一个地震道都采用两个以上的检波器，按一定形式安置在排列上同时接收地震波，并把该接收道所有检波器输出的地震信号叠加起来作为一个地震道的输入信号。

组合检波是利用有效波与干扰波传播方向的不同来压制干扰波的一种方法，主要用于压制面波之类低频速度的规则干扰及无规则的随机干扰。

1. 组合检波的目的

组合检波的目的是增强有效波，削弱干扰波，提高信噪比。

2. 组合检波的形式

组合检波可分为两种类型：线性组合和面积组合。

①线性组合检波：即一个组合道中的各检波器是沿测线方向直线排列布置，可压制沿测线方向传播的干扰波，对于来自垂直测线方向的干扰波其压制能力很小。这种方式主要用于瑞雷波比较强的地区。

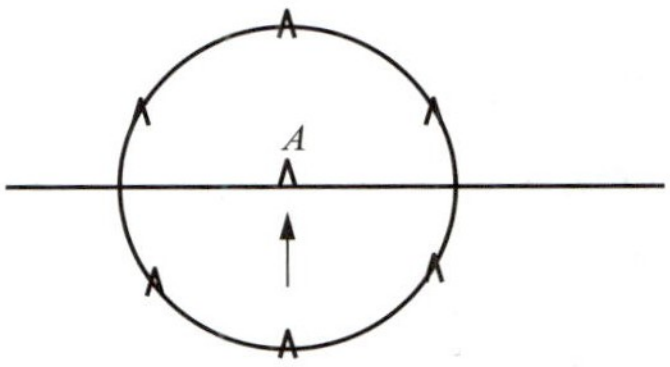

图 3-1-5　检波器圆面积组合

②面积型组合检波：即沿测线方向将检波器布设成面积图形。由于简单的线性组合只能压制沿测线方向传播的规则干扰波，而不能压制垂直或斜交于测线方向到达的规则干扰波，所以野外更多的是使用面积组合，特别是工区存在多方向的干扰波时，采用面积组合更为合适。

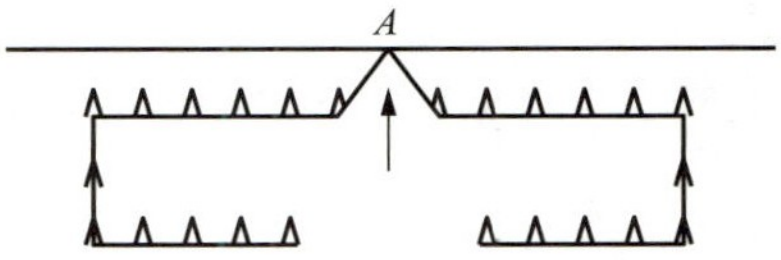

图 3-1-6　检波器串单边矩形组合

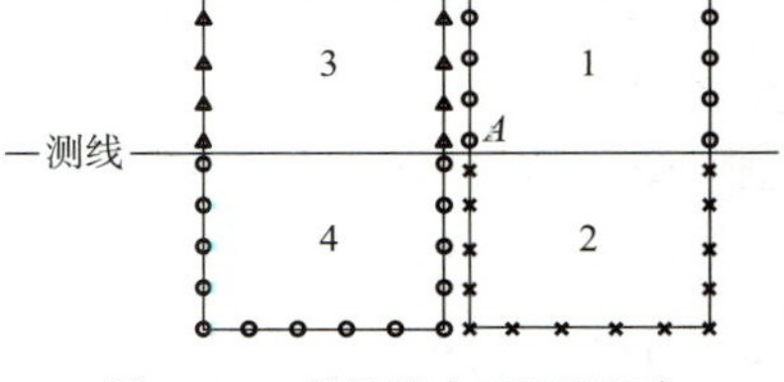

图 3-1-7　检波器串双矩形组合

面积组合形式很多，如圆形、方形及放射状等。野外生产时组合形式一般需要通过野外试验，进行干扰波调查，在了解干扰波特点的基础上确定组合参数。面积组合的示意图分别如图 3-1-5、图 3-1-6 和图 3-1-7 所示。

3. 检波器的埋置、连接方法

检波器串摆放时通常采用直线型组合和面积型组合。但是当某一地震道处于特殊地形时，允许将本接收道的检波器摆放一起构成点式组合的形式，如图 3–1–8 所示。

图 3–1–8　检波器串点式组合

（1）按组合图形和组内距要求埋置检波器串

1）检波器串为线性组合

当检波器串为线性组合时，就是每一个地震道中的所有检波器都沿测线方向进行埋置的方式，即检波器串和测线在同一条线上，埋置时应将检波器串的正中间对准桩号。若为 9 只检波器则应将第 5 只检波器对准桩号，如图 3–1–9 所示。

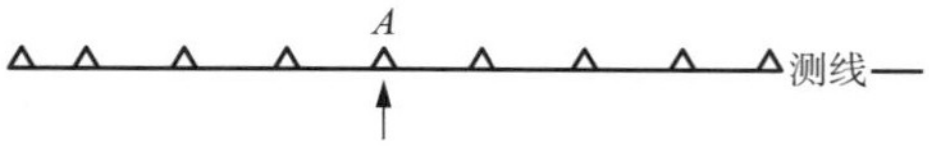

图 3–1–9　检波器串线性组合

2）检波器串为圆面积组合

当检波器串为圆面积组合时，检波器串应均匀分布在圆形周边及中心，中心检波器应对准桩号，圆形应对称于测线两边如图 3–1–5 所示。

3）矩形面积组合

当检波器为矩形面积组合时，检波器串组合单边矩形如图 3–1–6 所示，中心点对准桩号，图形应对称，各道检波器所组成的图形应放置在测线的同一边。

4）双边矩形面积组合

当检波器串为双边矩形面积组合时，检波器串所组成的图形如图 3–1–7 所示，各串检波器组成双矩形，矩形对称于测线两边和桩号。

面积组合时比较常用的组合形式有 2122、3082 和 4122，这些数字的含义分别为：第一个表示检波器的行数；第二和第三表示每行检波器的个数；第四个表示每行检波器后移的个数。例如 4122 组合形式的结构如图 3–1–10 所示。

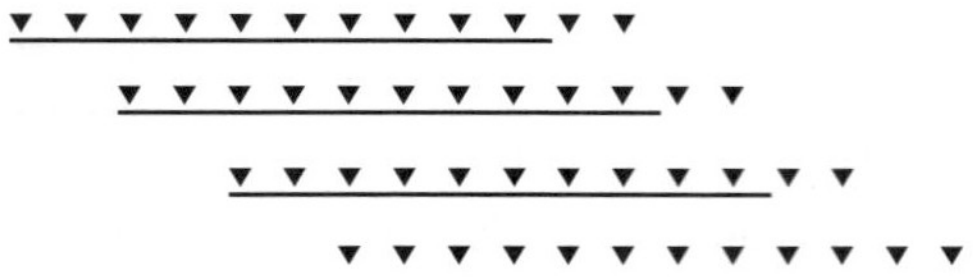

图 3–1–10　4122 检波器串组合形式

（2）检波器串的连接方法

对于按照要求埋置的检波器串，再次用万用表测量检波器串的电阻值，确认阻值正确后，将检波器串插头连接到采集站上。

（3）埋置检波器串的技术要求

①进行组合接收时，检波器串组合中心应对准桩号，按技术设计或试验所确定的组合图形埋置检波器。

②检波器串组合基距准确，组内高差要小于 1m，地形起伏较大的地区沿等高线形式进

行拉开摆放，高差较大时可适当缩小组内距但严禁堆放。

③检波器埋置深度应按设计要求，要做到平、稳、正、直、紧，以确保检波器的耦合效果；严禁将检波器插在树根、灌木根和草根上。严禁搭在灌木枝或草枝上，应均匀放开不能太紧也不能太松。

④因障碍不能布设检波器的道，应核对准确桩号并在仪器班报上注明空道及原因。当连续空道达到3道以上时，应采取整道距横向偏移的方法。

⑤平原或水陆交互带地震采集施工，接收点的组合中心与测量标桩的定位差：二维沿测线方向不大于道距的十分之一，垂直测线方向不大于道距的三分之一；三维沿接收线和垂直接收线的方向均不大于道距的十分之一。

⑥大风和封冻季节应做好对检波器埋置情况的巡检工作。

（4）埋置检波器的不利条件

①不利土质：疏松岩土、山顶或山梁处风化的砂岩、沟底堆积物。

②不利地形地貌：山顶上、干沟、交叉河口、石灰岩出露区、喀斯特地形发育地区。

二 陆地地震勘探电缆

（一）地震电缆

1. 地震电缆的定义

连接检波器串、采集站、电源站、交叉站等到中央地震记录仪，并传递地震信息的一组导线称为地震电缆。遥测地震仪器和常规地震仪器所用地震电缆俗称大线，有线遥测地震仪器电缆包括数传地震电缆、交叉电缆、加长电缆等。

2. 地震电缆的分类

地震电缆分为陆用地震电缆和海用地震电缆。

（1）陆用地震电缆

陆用地震电缆分为：数传地震电缆、交叉电缆、加长电缆。

1）数传地震电缆

数传地震电缆可以连接采集站、电源站、交叉站并传输数字地震信号及电信号。它可以传输排列上的过路数据，传输仪器指令，传输采集状态信息。目前在地震勘探生产中已广泛使用。

其结构特点是野外数字化单元（采集站）和电缆的集成，可作为一个独立的轻便单元使用。电缆长度、类型、采集站数目及其道间距可以由用户自行定义。这种电缆主要用在有线遥测地震仪。如SERCEL系列，这些仪器在施工过程中必须使用的电缆包括排列数传地震电缆、仪器交叉电缆、排列加长电缆等。

2）交叉电缆

交叉电缆用于连接排列与排列、排列与地震仪器，它是通过交叉站或重复器连接，可以高速传输地震信号。交叉电缆一般有常规电缆和光纤两种，常规电缆抗拉性强、耐磨损，光纤传输速度快，抗电磁干扰能力强。

3）加长电缆

加长电缆是在野外施工中，因地形、村庄等障碍，排列数传地震电缆因为道间距长度不够绕过障碍时，连接排列采集电缆的一段直通的加长线。

（2）海用地震电缆

这种电缆主要用在海洋石油勘探领域。其结构原理与陆地地震电缆基本相同，只是在防水和防漏电方面加强了保护措施。

3. 地震电缆的结构

①地震电缆的内部结构由导体、绝缘层、保护层和护套构成。

②电缆的导体材料主要是铜绝缘层材料、聚丙烯保护层材料或是聚氨酸弹性体。

③数传地震电缆根据采集系统的型号不同，内部导体部分结构有所区别，目前广泛使用 SERCEL 公司生产的 400 系列采集链和 508XT 采集链电缆均为四芯铜线。

④护套是所有芯线的保护层。地震电缆大部分采用聚氨酯弹性体作保护层。这种材料有很高的耐磨性、抗拉强度以及较宽的工作温度范围。

（二）地震电缆传输信号的原理

数传地震电缆排列上的每个地震道信号是按串行的方式传输给地震仪。

（三）地震电缆的插头

现阶段各种型号采集系统数传地震电缆的插头都采用针孔式结构。它的接触是靠圆柱状簧片的弹性呈面积接触。特点是接触点电阻小、可靠性高、防水性能好。其缺点是结构复杂，插孔进了脏东西不易清洁，野外更换插针插孔较困难。

（四）地震电缆的布设方法

①仔细查证排列检波点的测量标志，将地震电缆安放在靠近测量标志且环境条件较好的地方。

②将地震电缆的捆扎线解开边走边放，直到所要连接的最后一串检波器。

③在过庄稼地时如遇到高秆作物，电缆不要挂在高秆作物上，以防止因刮风大线拉动检波器串造成干扰。

④在过村庄时，电缆若不能按规定放置，应该尽量拉开电缆的距离，避免把电缆堆放在一起。

⑤过公路应该使用电缆护套。若没有电缆护套应将电缆架高。

三 排列助手

排列助手是由手持式掌上电脑配备相应的应用软件组成，并与电源站或交叉站连接起来使用的野外检测设备。用以检测某一段排列的通断、检波器及采集站的技术指标，同时能将检测结果进行存储，提高野外排列摆放的效率。

428XL 排列助手 Go Book，其型号有 Q200、Q300 等。508XT 排列助手 FT-508，能够设置排列自主采集、回收排列数据等，功能更为强大。以下重点介绍 LT-428 测线测试仪。

（一）LT-428 测线测试仪简介

LT-428 测线测试仪（见图 3-1-11）是一个与 LAUL-428 或 LAUX-428 的 XDEV 连接器相连的袖珍终端机（配备 LT-428 软件的手持式电脑），用于检测一条测线段的性能。检测结果将显示在袖珍终端机上（图 3-1-12）。

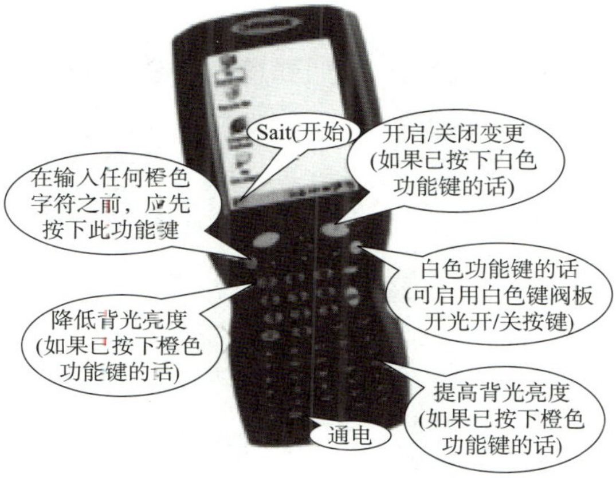

图 3-1-11　LT-428 测试仪

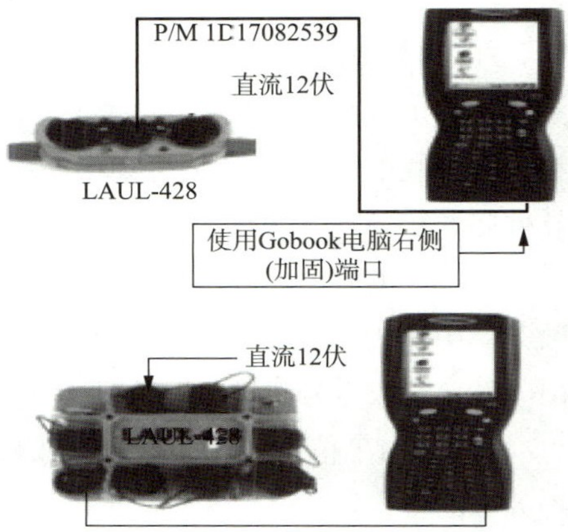

图 3-1-12　LT-428 连接排列

（二）LT-428 操作步骤

1. LT-428 连接排列

①将直流 12V 电压连接到 LAUL 或 LAUX 的直流 12V 输入端中的任意一端。

②用所提供的电缆，将手持式电脑连接到 LAUL-428 或 LAUX-428 的 XDEV 插座。这将接通 LAUL 或 LAUX 中的电源。

2. 启动 LT-428 应用程序

①将手持式电脑连接到 LAU。

②接通手持式电脑的电源（图 3-1-13）。

```
System message OK
Init serlal port COM1：
wait end of boot
proto：end receive
```

图 3-1-13　启动 LT-428

③从 Start（开始），菜单中选择 LT-428 程序。

（注：1. 如果在 LAU 已连接的情况下启动 LT-428 应用程序，则会出现一条信息，提示

断开计算机电源，然后断开 PDA 接头后再重新连接；2. 如果 VXWorks 引导程序失败，则请从 LAUL 或 LAUX 上拔掉电源电缆插头，然后再重新连接。）

引导成功之后，显示图 3–1–14 报告界面，按下回车键或者（点击 OK）进入主菜单。

图 3–1–14　LT–428 的 POWERUP 报告

主菜单包括三页，一页用于设置参数，另一页用于运行检测，第三页用于实用程序功能（图 3–1–15、图 3–1–16）。

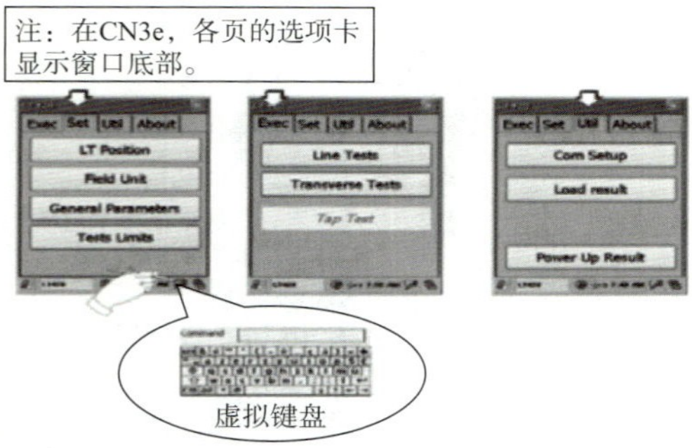

图 3–1–15　主菜单 1

注：只有当执行了通电或组成测线操作后，才可以使用 Tap Test—轻敲检测功能。它只能用在 LT–428 所连接的测线上，而不能用在远程测线上。About—关于菜单显示 LT–428 软件版本。

注：只有在 General Parameters—通用参数菜单中启用了 Advanced—高级模式后，Rcv Nb Incr—接收点号步进参数才可用。

④设置 LT 位置。用于指定测线检测仪在排列中的位置。

如果想要检测测线检测仪所连测线之外的其他测线，则需要更改 Tested Line Number（被测线号）参数。

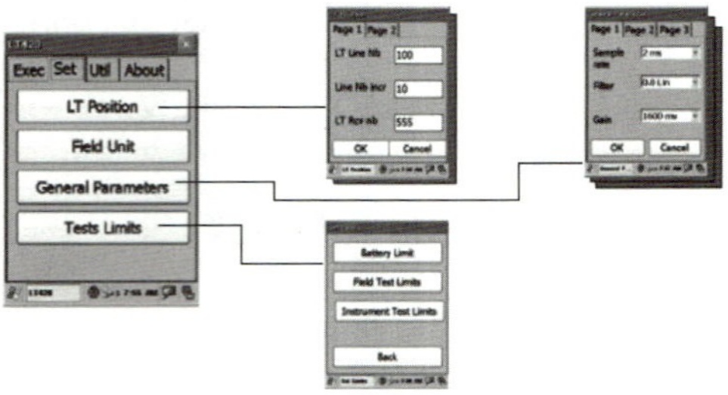

图 3–1–16　主菜单 2

⑤设置 General Parameters（通用参数）。用于指定一般由中央控制单元提供的几个参数（采样率、滤波器类型、增益）以及 LT–428 的工作模式。

如果选择 Advanced（高级）模式，则还有另一个菜单页可以使用。

⑥设置 Test Limits（检测界限）。用于指定电池电压、野外检测和仪器检测的界限。

（三）功能与菜单

1. 测试功能

测试功能如图 3–1–17 所示。

① Exec Line Test（执行测线检测）

打开一个用于检测测线的二级菜单。

② Exec Transverse Test（执行交叉电缆检测）

打开一个用于检测交叉电缆的二级菜单。

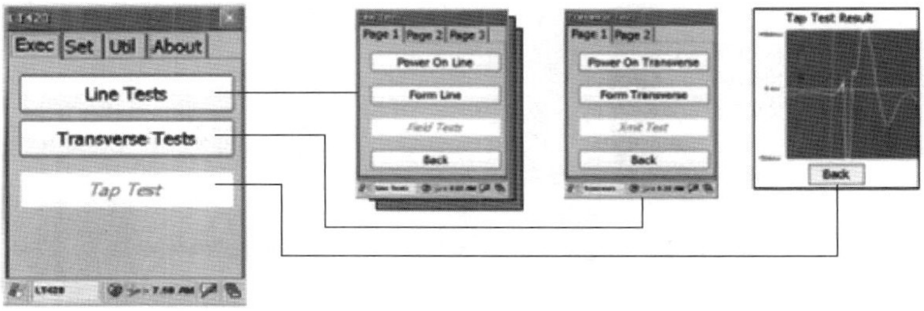

图 3-1-17　测试功能菜单 1

③ Tap Test（轻敲检测）

用于确定检波器所生成信号的极性。只有执行了 Power On—通电或 Form Line—组成测线操作后才可用。它只能用在 LT-428 所连接的测线上，而不能用在远程测线上。

从主菜单中选择 Set LT Position（设置 LT 位置）后将打开以下菜单页，允许指定测线检测仪在排列中的位置，如图 3-1-18 所示。

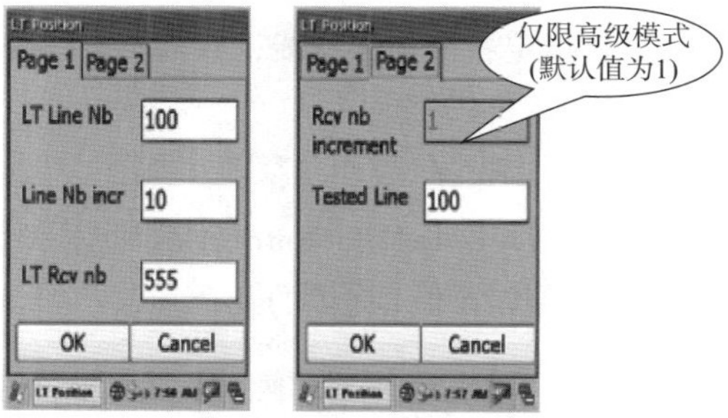

图 3-1-18　测试功能菜单 2

LT Line Nb-LT 测线号（1 ~ 99999）测线检测仪所连测线的编号。测线检测仪采用所连 LAUL 或 LAUX 的低端上遇到的第一个桩的测线号（图 3-1-19）。Line Nb Inc—测线号步进（1 ~ 99999）测线号步进。注：如果 LAUL 或 LAUX 位于一条测线的最前端，则它将采用在高端遇到的第一个桩号，减去接收点号步进，如图 3-1-20 所示。

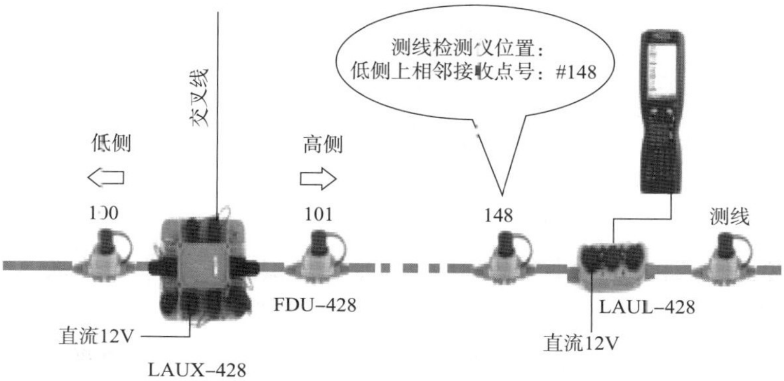

图 3-1-19　LT-428 在排列上的连接 1

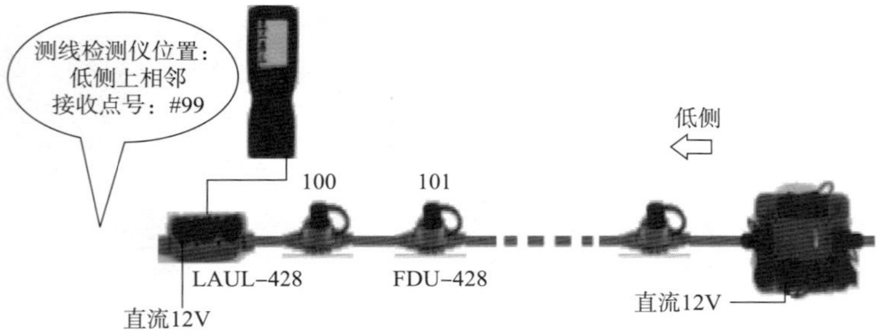

图 3-1-20　LT428 在排列上的连接 2

Rcv Nb Increment—接收点号步进（1 ~ 99999）地形桩号步进。只有在启用 Advanced（高级）模式时才提示该参数。

Tested Line Nb（被测检测线号）（1 ~ 99999）要检测的测线。如果测线检测仪在 LAUX 上，则可检测除它所连测线外的其他测线（不包括对 Save RcvTilt Model—保存接收点倾斜度模型功能的 Tap 检测）。要指定左侧相邻测线，只需将 LT Line Nb（LT 测线号）减小一个步进值（Line Nb Inc.）即可。要指定右侧相邻测线，只需将 LT Line Nb（LT 测线号）增大一个步进值（Line Nb Inc.）即可。

2.General Parameters（通用参数）菜单

从主菜单中选择 Set- 设置 >General Parameters- 通用参数后将打开以下菜单页（图 3-1-21），允许输入一般由中央控制单元提供的几个参数：

图 3-1-21　通用参数菜单

① Sample Rate（采样率）：有以下选项可供选用：0.25μm、0.5μm、1μm、2μm 或 4μm。

② Filter（滤波器）：有以下选项可供选用：0.8Lin、0.8Min 或 Eagle. 滤波器。

③ Gain（增益）：有以下选项可供选用：1600mV 输入（0dB）或 400mV 输入（12dB）。

④ Mode（模式）：有以下选项可供选用：Normal（正常）或 Advanced（高级）。Normal 选项用于简单野外模式（一种类型的检波器，每个地形桩上一个检波器）。如果选择 Advanced，则第三页中的参数允许检测更复杂的野外模式。

⑤ Nb Sensor/RcvPt（检波器 / 接收点数目）：1 ~ 9，用于指定每个地形桩上实施的检波器数目。

⑥ Nb Sensor Type（检波器类型数目）：1 ~ 9，用于指定所使用的检波器类型的数目。

⑦ Receiver Type Layout（接收检波器类型布局）：规则 / 不规则。

⑧ LT Sensor Type Nb（LT 检波器型号）：1 ~ 9。

以下是针对相应模式（正常或高级）的野外模式的实例（图 3-1-22）。

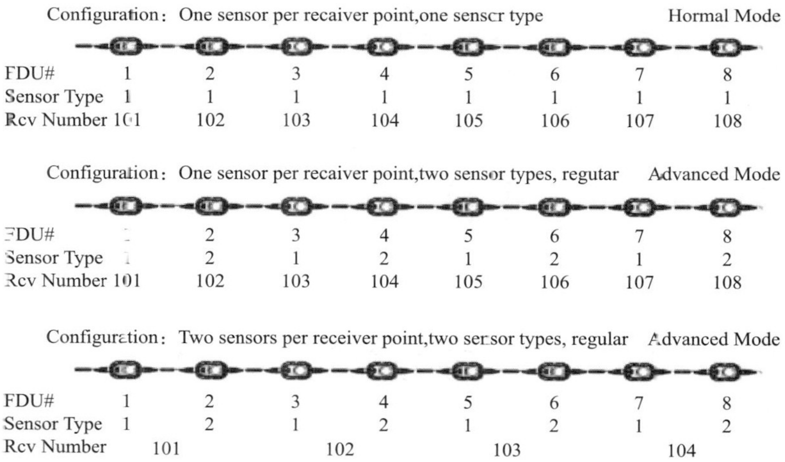

图 3-1-22　野外模式示意图

注：如果测线段包括一个 LSI 单元，则该 LSI 能被查看功能发现，但不能被 LT-428 检测。

3.Test Limits（检测界限）菜单

从主菜单中选择 Set>Test Limits 后将打开以下菜单页，允许设置电池检测、野外检测和仪器检测的警告门槛值（图 3-1-23）。

（1）Battery limit（电池界限）

用此菜单输入低电池电压检测的警告门槛值（图 3-1-24）。

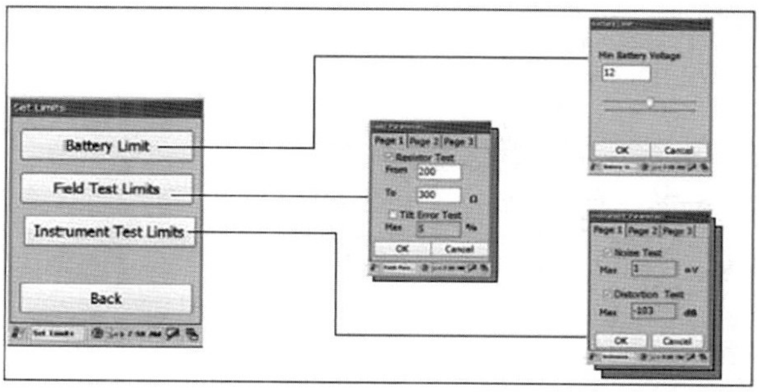

图 3-1-23　检测界限菜单

图 3-1-24　电池界限菜单

（2）Field Test Limits（野外检测界限）

用此菜单指定野外检测的警告门槛值。Field Test（野外检测）功能只进行此菜单中选中的检测，要选择某项检测，请勾选相应复选框。将所需界限输入到相应字段中（图 3-1-25）。

（3）Instrument Test Limits（仪器检测界限）

用此菜单查看仪器检测的警告门槛值。仪器检测功能只进行此菜单中选中的检测要选择的某项检测，请勾选相应的复选框（图 3-1-26）。

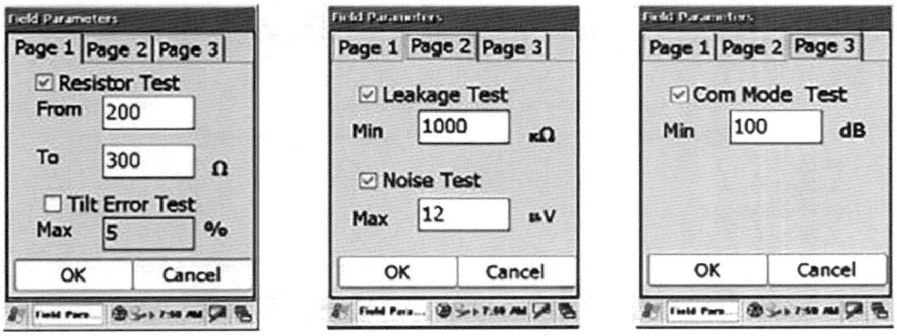

图 3-1-25　野外检测界限菜单

图 3-1-26　仪器检测界限菜单

（4）Running Line Test（运行测线检测）

The Direction—方向选项只用于 LAUL 上的 Form Line—组成测线功能。对于 LAUX，低端分支和高端分支都将被查询。Save Rcv Tilt Model 只能用在 LT-428 所连接的测线上，而不能用在远程测线上。要运行测线检测，请从主菜单中选择 Exec>Line Test—执行测线检测。这将打开以下菜单页（图 3-1-27、图 3-1-28）。

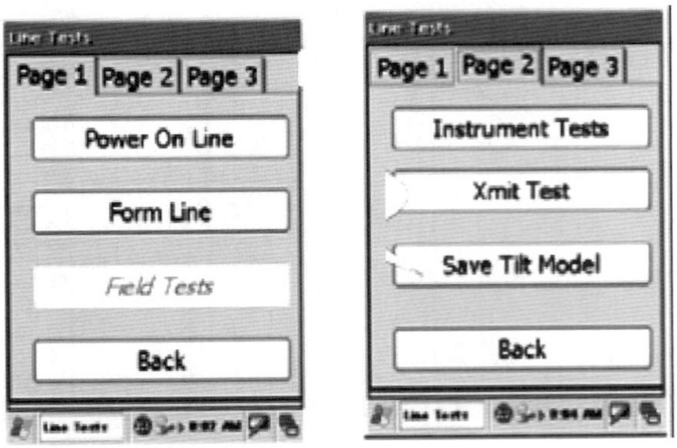

图 3-1-27　测线检测菜单 1

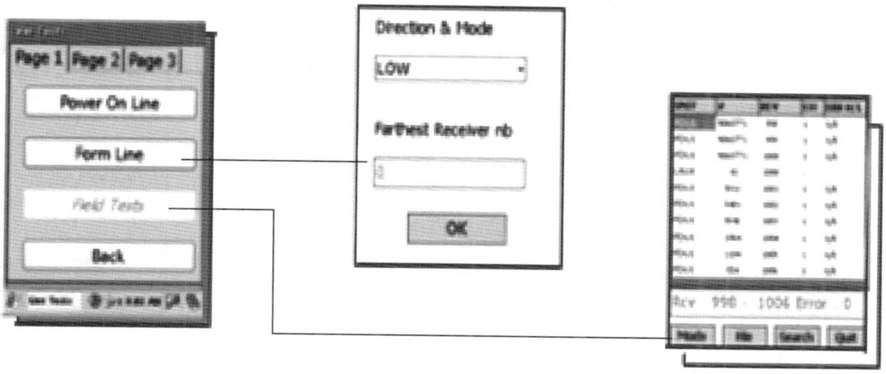

图 3-1-28　测线检测菜单 2

此菜单在“Power On”功能和“Power Off”功能之间进行切换。一开始，系统会提示“Power On”。然后，运行所提示的功能会使该菜单切换到另一个功能。Save RcvTilt Model 只能用在 LT-428 所连接的测线上，而不能用在远程测线上。Power On（通电）功能和 Form Line（组成测线）功能可识别一组进行了其他检测（野外、仪器、Xmit）的野外单元。对于这些检测，LT-428 软件向所有连接的 LAU 发送一条命令，然后从一个 LAU 跳到下一个 LAU，按顺序收集相应的结果。如果有任何 LAU 未作出响应，将持续显示以下信息：WaitforLAUL/X#xxxxfield/instrument/xmittestonlow/high（等待低端 / 高端 LAUL/X#xxxxfield/instrument/xmit 检测）。在这种情况下，需要按 ESC 键两次，退出该检测并显示出那些正常响应的 LAU 收集的结果。要阻止该信息的显示，先 PowerOff，再 PowerOn，以重新识别所连接的单元。

（5）LAULOrientation（LAUL 方向）

在 LAUL 上执行了 LT-428 的情况下，当启动 Power On 功能或 Form Line 功能时，系统将提示一个方向参数。根据 LAUL 在测线中的连接方式，需要选择相应的方向 Direct—正向或 Reverse—反向（图 3-1-29）。

LAUL 的低端端口与直流 12VB 连接器在同一侧。如果 LAUL 的低端口连接到“低端”接收点，则选择 Direct，否则，选择 Reverse（图 3-1-30）。

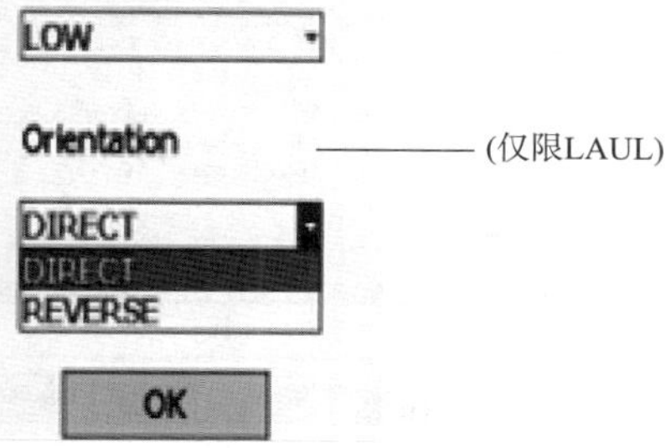

图 3-1-29　测试方向界面

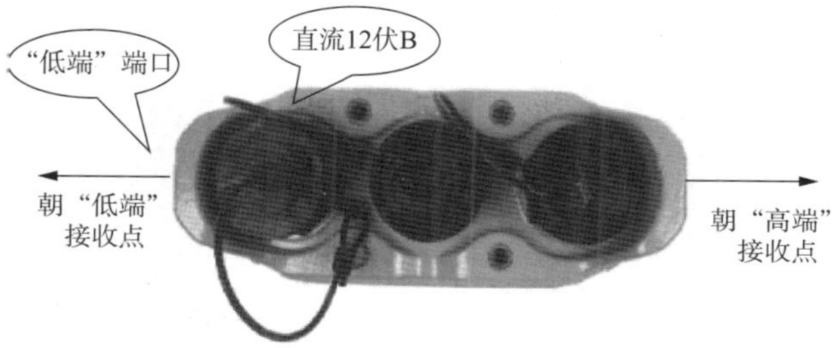

图 3-1-30　LAUL（电源站）

（6）Power On（通电）

Power On 功能将识别测线上遇到的所有单元。按顺序运行的传输检测、野外检测和仪器检测将处理所识别的所有单元（LSI 单元能被 LT–428 看到，但不能被检测）。对于 LAUL，还会出现一个二级菜单，允许选择要开启和检测的单元和分支（高 / 低）的方向（图 3–1–31）。无论启用哪种显示模式，最下一行中都将显示测线段中第一个和最后一个 FDU 的位置（接收点号）。错误会标注为星号（图 3–1–32）。

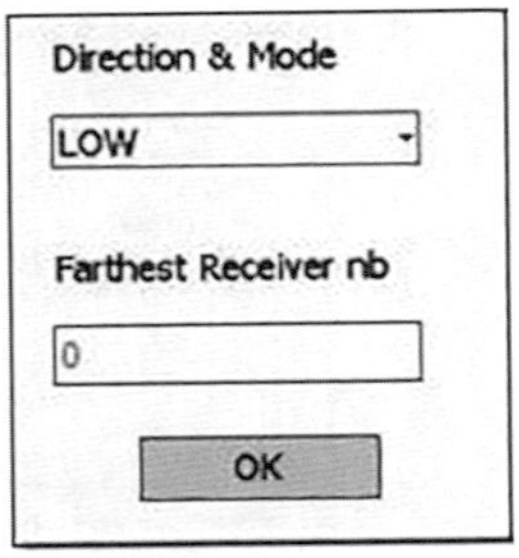

图 3–1–31　测试方向界面

（7）Power Off（断电）

选择 Power Off 关闭所选分支（高 / 低）。断电操作需要约 5s 才能完成（当 LAU 关闭时，将显示 Waitfor Power Off（等待断电）信息）。

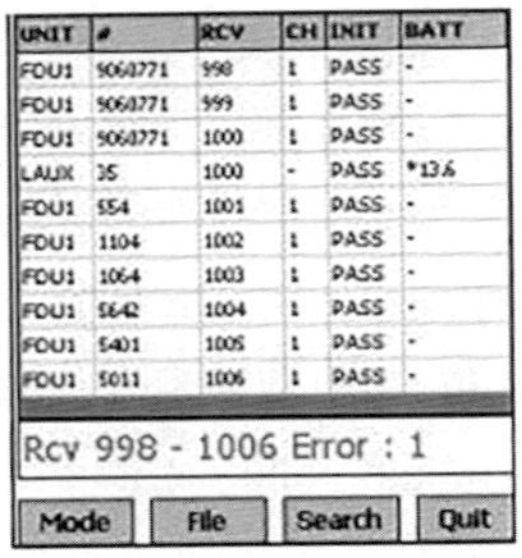

图 3–1–32　测试结果界面

（8）Form Line（组成测线）

Form Line 功能只识别所指定的接收点部分中遇到的单元。需要选择该部分中最远单元的分支（低 / 高）和桩号。对于 LAUL，另见 LAUL Orientation（LAUL 方向）。按顺序运行的传输检测、野外检测和仪器检测只针对在该接收点部分中识别的单元。每次执行了 PowerOn 功能后，FarthestRcvNb（最远接收点号）参数会重置。Form Line 将返回与 PowerOn 类型相同的结果。

（9）Xmit Test（传输检测）

Xmit Test 功能实时传输随机数据并检查相关的 CRC 代码。此项检测适用于 Power On 功能或 Form Line 功能所识别的所有单元。选择 Run Xmit—运行传输开始检测。要结束检测，选择 Stop Xmit—停止传输。屏幕上将显示该功能启动后 CRC 的错误总数和所经历的时间（图 3–1–33）。

如果没有遇到任何错误，则按下 ESC 键返回到前一个菜单，而不显示任何结果（图 3–1–34）。

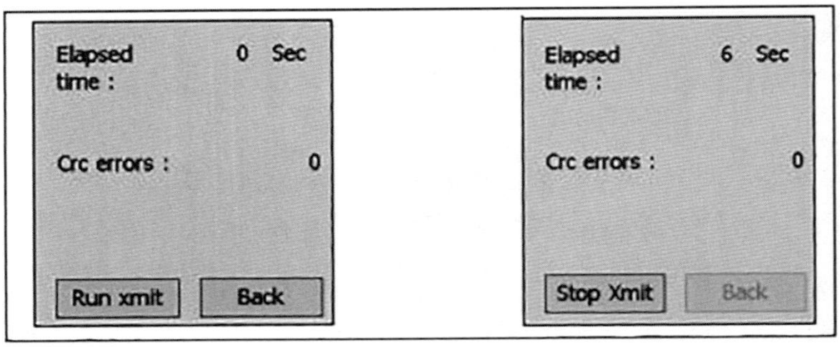

图 3–1–33　传输检测菜单

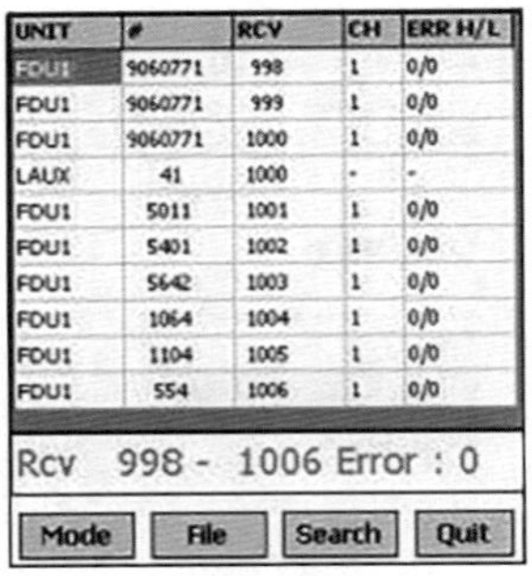

图 3–1–34　测试结果界面

（10）Save Rec Tilt Model（保存接收点倾斜度模型）

Save RcvTilt Model 功能用于测量检波器对脉冲的响应，并将其保存为该类型检波器上倾斜度检测的模型。请确保用作模型的检波器埋设正确。Save RcvTilt Model 只能用在 LT-428 所连接的测线上，而不能用在远程测线上。当执行了 Power On 或 Form Line 后，也可从主菜单的辅助功能中调用这个功能（图 3-1-35）。

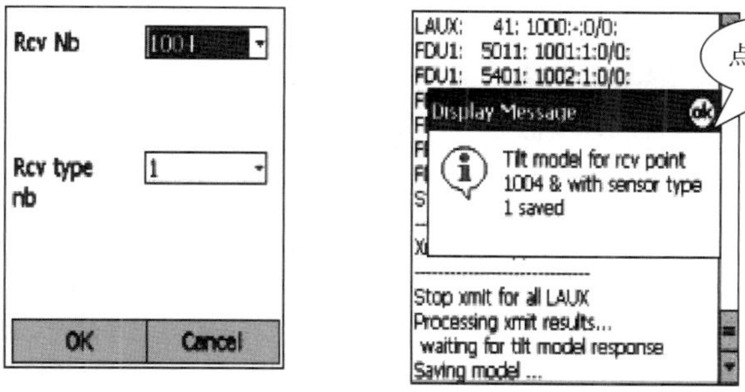

图 3-1-35　接收点倾斜度检测菜单

（11）Instrument Test（仪器检测）

Instrument Test 功能运行用 Set Test Limits 菜单所选择的那些检测（图 3-1-36）。

除非没有选择任何单元格，否则可使用滚动条或键盘上的水平箭头键在结果字段中来回滚动。系统将显示以下结果字段：

RCV：每个 FDU 的地形桩号。

CH：对于 FDU-428 而言始终为 1，对于多震道单元为地震道编号。

TEST：通过 / 失败判定。

各项所选检测的结果值：此数值表达单位与 SetInstr Test Limits—设置仪器检测界限菜单中的单位相同。

超过编程警告门槛值的那些结果均被突显。如果数值太大而无法全部显示在结果显示字段中，则只显示该字段的最大值（例如，四位结果字段就只显示 9999）。

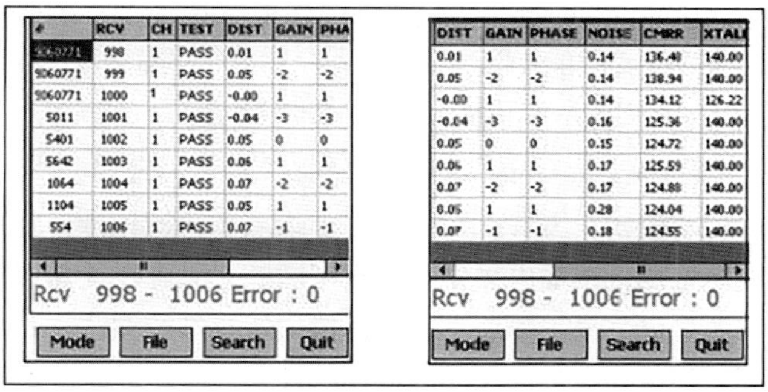

图 3-1-36　仪器检测菜单

（12）Field Test（野外检测）

Field Test 功能运行用 Set Test Limits 菜单所选择的那些检测。只有那些在最近一次 LOOK 或 Form Line 上识别的接收检波器才被检测（图 3-1-37）。

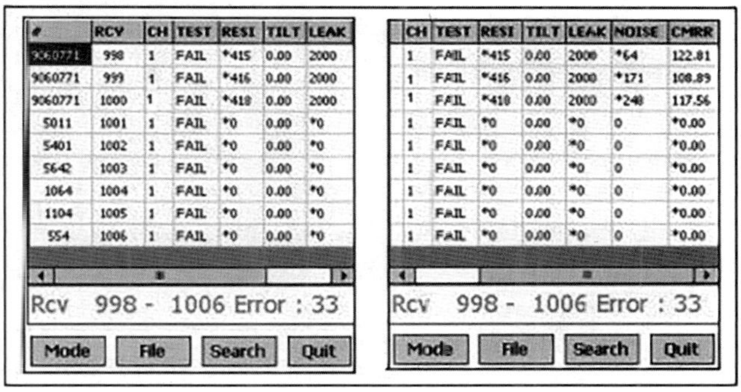

图 3-1-37　野外检测结果

如果选择了 Tilt 检测，但并没有为所使用的任何检波器类型保存模型，则无法运行该功能。如果使用了两种以上的检波器类型（即在使用 Irregular—不规则作为 Receiver Type Layout—接收检波器类型布局选项的 Advanced 模式中），则测线检测仪将要求在运行检测之前选择一种检波器类型。除非没有选择任何单元格，否则可使用滚动条或键盘上的水平箭头键在结果字段中来回滚动。系统将显示以下结果字段：

RCV：每个 FDU 的地形桩号。

TEST：按照野外检测界限进行通过 / 失败判定。

TYPE：如果使用了两种以上的检波器类型，则只在 Advanced 模式中出现。

各项所选检测的结果值：此数值表达单位与 SetTest Limits—设置检测界限菜单中的单位相同。在相应情况下，+ 号为隐式（即不显示）。超过编程警告门槛值的那些结果均被突显。如果数值太大而无法全部显示在结果显示字段中，则只显示该字段的最大值（例如，四位结果字段就只显示 9999）。

（13）Running Transverse test（运行交叉电缆检测）

要运行交叉电缆检测，请从主菜单中选择 Exec Transverse Test—执行交叉电缆检测，这将打开以下菜单页（图 3-1-38）。

此菜单在“Power On”功能和“Power Off”功能之间进行切换。一开始，系统会提示“Power On”。然后，运行所提示的功能会使该菜单切换到另一个功能。

（14）Power On/Off（通 / 断电）

当启动 Power On 或 Power Off 功能时，系统还会执行 Look—查看功能（图 3-1-39）。

（15）Form Transverse（组成交叉电缆）

Form Transverse 功能只识别在指定的交叉电缆部分中遇到的单元。需要指定该部分中最远测线的桩号。在交叉电缆上执行了通电操作后，根据默认，系统将提示以前识别的最远测线。随后运行的传输检测只针对在该交叉电缆部分中识别的单元。Form Transverse 返回与 PowerOn 类型相同的结果（图 3-1-40）。

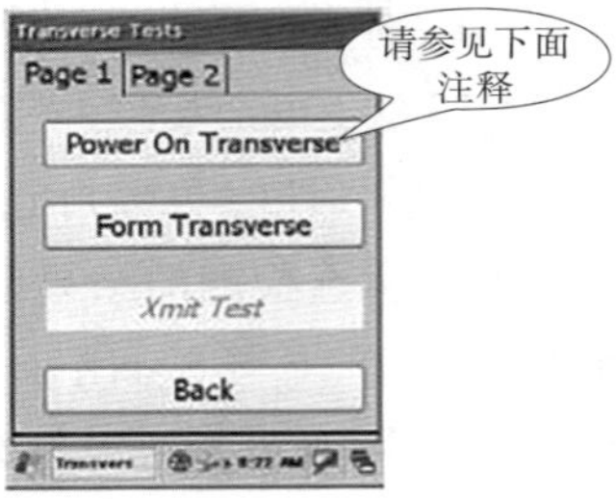

图 3-1-38　运行交叉电缆检测

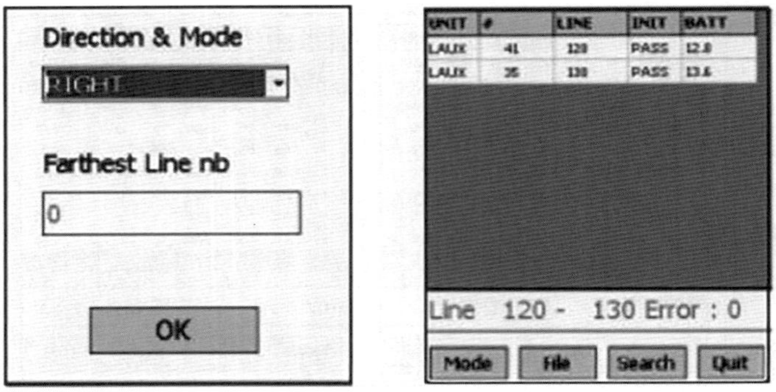

图 3-1-39　查看功能

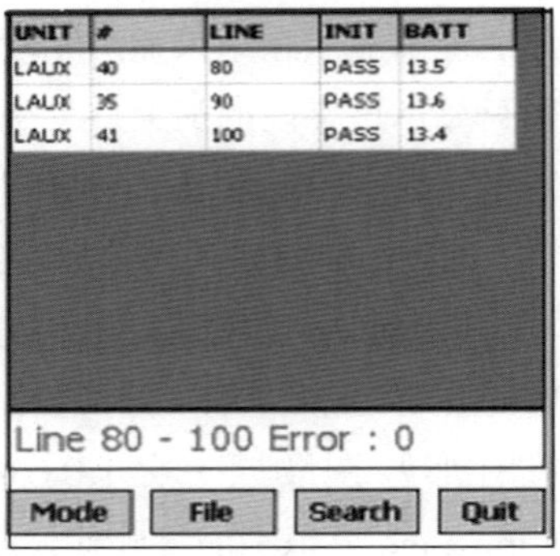

图 3-1-40　组成交叉电缆

第二节　地震数据采集系统

地震数据采集系统是由地面电子设备和中央控制记录单元组成。地面电子设备包括交叉站、采集站、电源站、数传地震电缆、交叉电缆、检波器串组成。428XL、508XT 等先进采集系统中采集站与数传地震电缆连在一起称为采集链。

一　地震数据采集系统的组成

地震数据采集系统采集并处理地震数据，把处理好的数据记录在磁带或光盘、硬盘上。

（一）检波器

检波器是拾取地面震动信号，把震动信号转换成电信号。

（二）采集站

采集站是将检波器串传输来的信号进行放大、滤波、A/D（模数转换），把处理好的数字信号存储起来。

采集站是野外地震信号采集的关键设备之一，它将检波器串传来的地震信号进行放大、滤波、模数转换，最后输出地震信号。采集站是进行野外地震数据采集的关键设备和环节，由高集成度电路板组成。

目前中国石化陆地常用采集站的种类有 428XL、508XT 两种，采集链式站线一体，单站单道，有线传输。

采集站是由电源站通过数传地震电缆提供的电压来工作的，工作电压为 48V。使用采集站的注意事项：

①要轻拿轻放，不要磕碰，更不能摔。

②放置采集站，特别是无线电传输的采集站要尽可能远离高压线。

③采集站要安放平稳，要放正，有太阳能电池板的一面要向上。

④搬运采集站时，应先拔开插头座并将防尘盖盖好才能搬运。

⑤施工中不能拆卸采集站，只有收工后由专业技术人员才能打开检查。

⑥堆放采集站时，不能损坏插头插座。

⑦运输和搬运采集站时不能接通电源。

⑧运输采集站的车辆在行驶时，应该防止采集站之间互相撞击，最好是装箱或用瓦楞纸、橡皮垫隔开。

（三）数传地震电缆

数传地震电缆是连接采集站，把主机的命令传送给采集站，把采集站处理好的数字信号传送给主机。同时电源站通过数传地震电缆为采集站供电。

（四）电源站

电源站是通过数传地震电缆为地面电子设备供电并进行数据中继。

1. 电源站的作用

电源站将 12V 的电瓶电压转变成 48V（+24V、−24V）大线工作电压，通过数传地震电缆提供给排列上的各采集站且中继采集数据。

2. 电源站的布设要求

428XL 电源站是单边朝外（仪器叫站的方向）供电的。

（五）交叉站

交叉站是主机与地面电子设备之间的通信接口和数据传输通道。

1. 交叉站的作用

接收仪器发出的指令，向纵向或横向排列上的采集站发布命令。将采集站的数据信息汇总，通过交叉电缆输送给仪器，同时具有向电源站供电的功能。

2. 交叉站的布设

交叉站应尽量放在排列滚动方向的最前端，地势较高的地方，以利于仪器与排列、炮班之间的通信。

（六）交叉电缆

交叉电缆是交叉站与交叉站、交叉站与主机之间的连线，一般为光缆。

二 排列布设

排列是指在地震勘探时按事先设计，并在地面上沿一定方向，测量标定出多个等同距离的点所组成的一条线或多条线叫测线。将采集设备按照要求均匀地铺设在测线上，并把采集设备连接好进行地面信号接收、传输的这条测线称为排列。

（一）摆放采集站和连接地震电缆

1. 摆放采集站的技术要求

①仔细核对排列检波点的测量标志，将采集站安放在靠近测量标志且环境条件较好的地方。

②将采集站尽量放置在环境干扰小、障碍物较少的地方。

2. 地震电缆的布设方法

①仔细核对排列检波点的测量标志，将地震电缆安放在靠近测量标志且环境条件较好的地方。

②将地震电缆的捆扎线解开，边走边放，直到所要连接的最后一串检波器。

③在过庄稼地时，如遇到高秆作物，电缆不要挂在高秆作物上，以防止因刮风电缆拉动检波器串造成干扰。

④在过村庄时，电缆若不能按规定放置，应该尽量拉开电缆的距离，避免把电缆堆放在一起。

⑤过公路应该用电缆护套。若没有电缆护套应该将电缆架高。

（二）连接地震电缆和采集站

1. 有线型采集站的连接方式

有线型采集站的连接方式如图 3-2-1 所示。

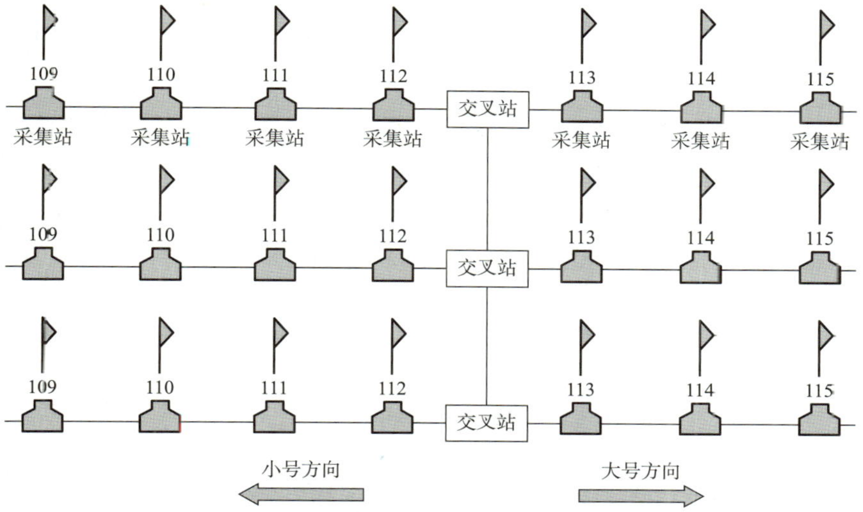

图 3-2-1　有线采集站连接方式

布放电源站要根据电源站的实际带道能力均匀布放电源站，避免出现因采集站过多电源站供不上电或放完炮后地震电缆无法收起现象。

2. 无线型采集站的连接方式

无线型采集站的连接方式如图 3-2-2 所示。

在摆放后地震电缆与地震电缆、地震电缆与采集站连接时，首先取下地震电缆插头和采集站上的防护帽查看插头上是否有脏物，如有脏物去除后，拿起且将地震电缆插头上的定位销对准并插入采集站插座上定位销位置，然后轻轻旋动电缆插头当听到咔一声响后，停止旋动插头此时电缆插头与采集站插座连接工作完成（图 3-2-2）。

布放电源站，电源站是将电瓶电压从 12V 升压后为采集站供电并传输编排数据，布放电源站时排列上要均匀每 48 道布放一个电源站，避免出现因采集站过多电源站供不上电，放完炮后采集站、地震电缆无法收起移动排列现象。

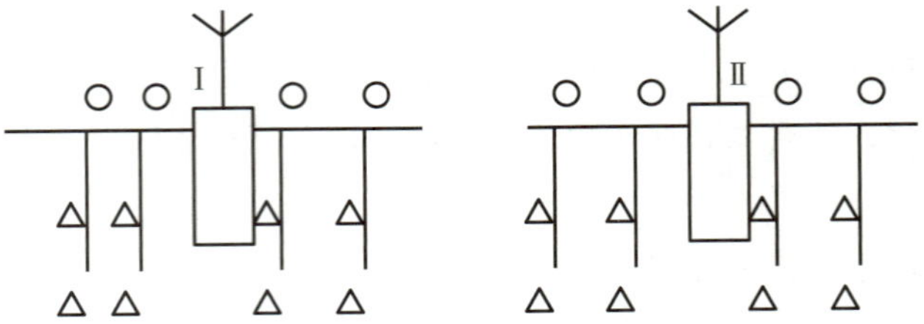

图 3-2-2　无线采集站连接方式

三　地震仪器

地震仪器是野外地震数据采集工作中最精密、最关键的设备，从地震波的激发、接收、处理到记录，都是在地震勘探仪器控制与实施下完成。地震仪器的性能质量和应用措施直接关系到所采集地震数据的地质效果，因此，了解地震仪器的基本工作过程十分必要。

地震仪器系统由硬件和软件两部分组成。硬件部分一般包括检波器、电缆、采集站、电源站、交叉站、主机（中央控制箱）、激发源同步系统、磁带机、绘图仪、打印机和电台等设备，其根本任务就是最大限度地将地震波中的有效信号真实地记录到磁带或其他介质上。硬件构成参照野外排列，如图 3-2-3 所示。

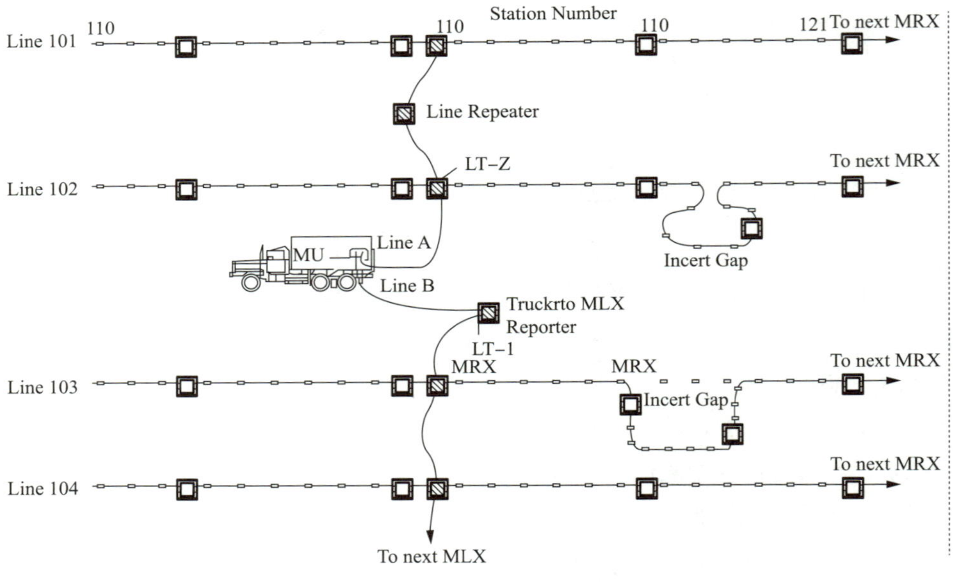

图 3-2-3　有线遥测仪器野外排列图

软件部分主要包括采集、监控、诊断、现场处理等程序，用于控制整个系统按要求完成系列工作。

四 野外排列故障排除

（一）有线仪器野外排列中常见故障的处理方法

野外施工中由于地形、地物及周围环境的影响，加上检波器串、电缆、采集站的原因，排列上经常会出现很多故障，虽然每个野外施工队伍使用的仪器型号不同，它们之间的功能也有所不同，但排列上出现的故障和排列处理的基本方法是一样的，一般排列上会出现排列不通、排列无法建立、单道不通、单道短路、电阻大、漏电、记录中有反道、记录中出现初至时间不对等故障。

以上故障现象在排列中比较常见，下面就造成这些故障的原因及其处理方法进行逐项分析：

1. 排列不通

排列分为横排列和纵排列（通常所说的排列）。横排列不通引起的主要原因有：横排列的连接方法不正确、交叉电缆接触不良或损坏、交叉站电源连线接触不良及损坏，电瓶电压低、交叉站坏等。在横排列出现不通时，首先应检查交叉站的连接方法，其次用万用表检查电瓶电压及电源连线，测电源连线输出的电压是否正确，然后依次检查交叉电缆的接触是否紧固以及用万用表测量交叉电缆的好坏。在以上都完好时，再更换交叉站。

引起纵排列不通的主要因素有：地震电缆、采集站、电源站故障。纵排列不通时的处理方法：首先检查不通桩号处的站是否与电缆连接上，电源站、采集站供电是否正常，电缆与采集站连接是否可靠，然后用万用表检查地震电缆是否损坏，若损坏则更换电缆。

2. 排列无法建立

引起该故障的主要因素有：地震电缆、电源站、采集站故障。设备采用集中供电方式时，若地震电缆的电源传输线出现短路，就会出现该种故障现象。需要逐级将地震电缆和采集站断开。首先将不通方向采集站的电缆断开，检查该段排列是否正常，正常后方可接下一段电缆，测试该电缆是否正常，然后再接下一根电缆，依次类推，最终找出坏的设备。设备采用独立方式供电时，由于采集站在自检过程中会检查出自身或电源站故障，产生一个出错信息传输到仪器，出现无法建立排列的故障提示，这种故障处理较简单，可在仪器配合下，依次更换电源站、采集站、电缆。

3. 单道不通

单道不通是排列上最常见的故障之一，引起单道不通的主要因素有，检波器串、地震电缆、采集站故障等。

单道不通的排除方法：

①检查检波器串的插头或适配器是否接好。

②用万用表测量检波器串阻值，阻值不对时应更换检波器串。

③拔掉检波器串的插头，短接采集站插头，让仪器测试该道是否为短路状态，如果为短路状态，说明电缆和采集站工作基本正常。此时将检波器串的插头重新清洁一下，与地震电缆接好即可。

④仪器测试该道为不通状态时，说明电缆和采集站可能存在着接触问题或有故障。从电缆输入口用电表测试检波器串阻值是否正常，不正常时更换电缆。正常时，将采集站和电缆的接口重新连接。

⑤完成以上步骤后，该道还不正常，此时应更换采集站。

4. 单道短路

单道短路也是排列上最常见的故障之一，引起单道短路的主要原因有：检波器串短路、地震电缆短路、采集站短路。

单道短路故障的排除方法：

①检查检波器串的插头或适配器是否短接，电缆插头是否掉入水中或在潮湿的地面上。

②用万用表测量检波器串阻值是否为短路状态，如为短路状态应更换检波器串。

③断开检波器串，让仪器测试该道是否为不通状态，如为短路，说明电缆和采集站存在故障。

④断开电缆与采集站的接口，看有无短接故障，并用万用表测试电缆的输入端，测试短路应更换地震电缆，测试正常则更换采集站。

5. 电阻大

造成电阻大的原因有电缆与采集站接触不良、电缆与检波器串接触不良、检波器串组合中有坏的检波器串。

电阻大排除方法：首先用万用表检查检波器串组合中有无坏的检波器串，其次将检波器串的插头与电缆重新连接，最后将电缆与采集站的接口重新连接。

6. 漏电

漏电主要是由于采集设备受潮进水所引起的。故障排除方法：

①检查检波器串的插头或适配器以及电缆插头是否掉入水中或在潮湿的泥土中。

②用电表测量检波器串组合中有无阻值小的检波器串。

③断开检波器串，让仪器测试该道是否为漏电状态。如有漏电现象应检查电缆与采集站接口是否受潮，并清洁接口。清洁后还漏电时，应更换地震电缆。

7. 记录中的反道

记录中的反道即极性反跳。故障原因有：检波器串极性反，电缆极性反。

排除方法：检查检波器串极性是否正确，判断有无特殊地形，以上都没问题时，更换电缆。

8. 记录中出现初至时间不对

此种故障出现的原因主要是：采集点的桩号位置不对。

排除方法：检查采集点的桩号位置是否正确。

（二）无线仪器野外排列中常见故障的处理方法

1. 信号弱

①测量电瓶电压是否正常。

②查看采集站的天线芯和天线的插针是否洁净，不干净则清洁。

③换天线。

④换采集站。

2. 无信号

①查看采集站电源开关是否打开，测量电瓶电压是否正常。

②查看采集站的天线芯和天线的插针是否洁净，不干净则清洁。

③换天线。

④换采集站。

3. 道电阻大

①查看电缆接口是否干净。

②测量电缆道电阻是否正常，如不正常则换电缆。

③换采集站。

4. 漏电

①检查电缆口是否因进水漏电。

②检查电缆本身是否漏电。

③换采集站。

五 428XL 系统仪器采集设备摆放、连接方法

428XL 系统是法国 Sercel 公司生产的地震数据采集系统。它延续了 408UL 系统的优点，地面采集设备主要由采集站和数传地震电缆集成的 FDU Link、交叉站 LAUX、电源站 LAUL、普通的 12V 电瓶、微波中继 MRU、激光中继、无线中继 LRU 等组成。地面设备的供电方式为集中供电。

与 408UL 系统相比，428XL 地面设备的功耗更低，数据传输速率更快，采集道能力更大。它的交叉电缆增加为常规电缆和光缆两种。

（一）采集链

1. 连接方法

采集链每段包括 4 个 FDU，电缆通常每段 55m，插头为 4 芯公母插头（与 408UL 相同），如图 3-2-4 所示。

检波器串接入采集链的具体步骤如图 3-2-5 所示：

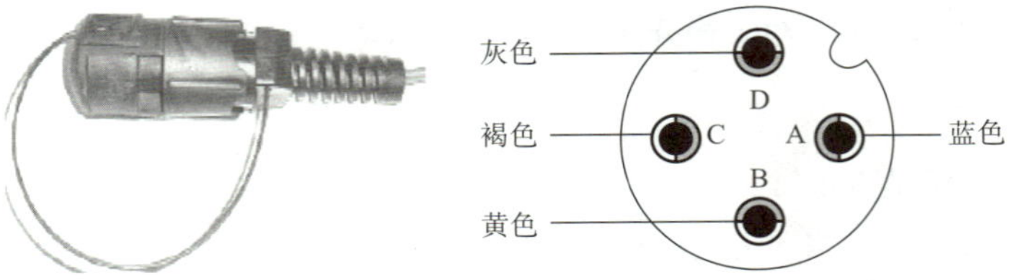

图 3-2-4　采集链插头

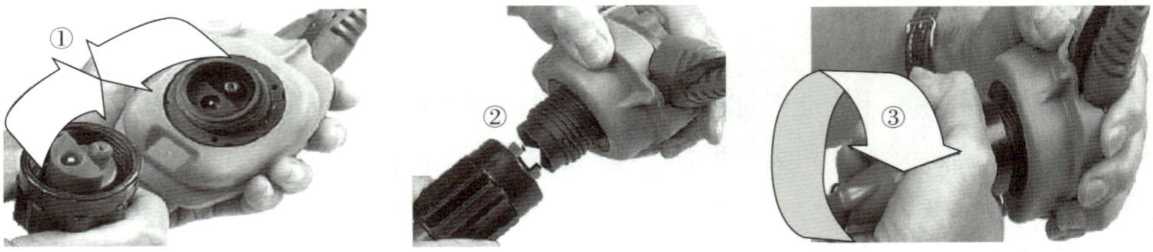

图 3-2-5　检波器串接入采集链示意图

①确保接头连接器正确。

②将插头径直插入，用力压在插座上。

③用手拧紧锁紧环。

2. 连接完毕后，观察 LED 指示灯信息

① LED 缓慢闪烁：自检错误。

② LED 快速闪烁：指野外测试错误。

3. 注意事项

①设备防水性能：

常规 ST+ 线防水：1m；

防水线 WPSR 防水：15m。

②为保护设备免受雷电影响，地线夹必须与大地接触。

③为实现最佳性能，必须让 FDU 与任何 LRU 中继天线保持至少 25m 的距离。与任何 LAUR 保持至少 10m 的距离。

（二）LAUX 和 LAUL（交叉站和电源站）的连接

交叉站和电源站实物图如图 3-2-6 所示。

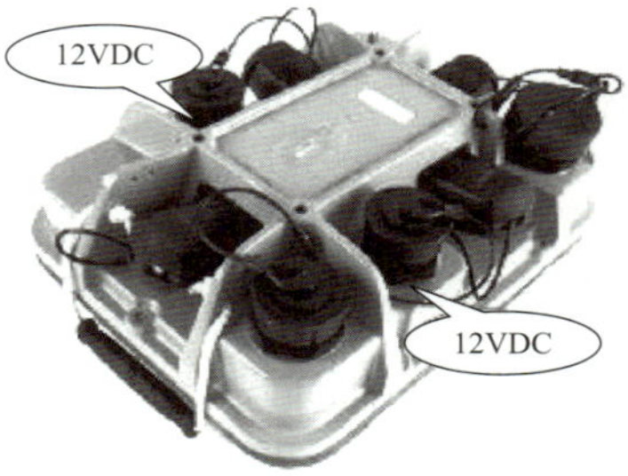

LAUX-428 交叉站

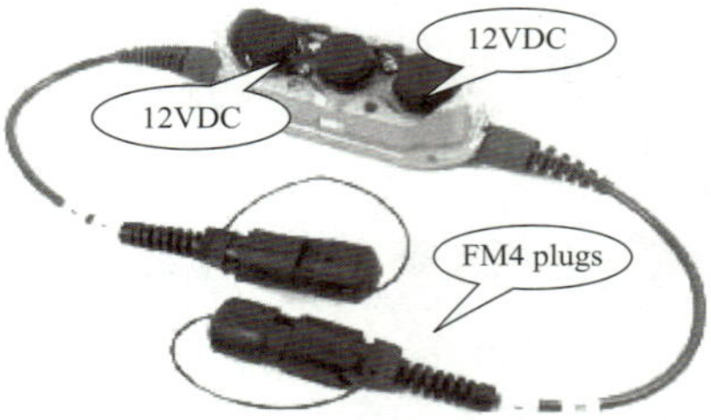

LAUL-428 电源站

图 3-2-6　LAUX 和 LAUL 实物图

1. 二维观测系统连接方法

二维观测系统连接方法如图 3-2-7 所示。

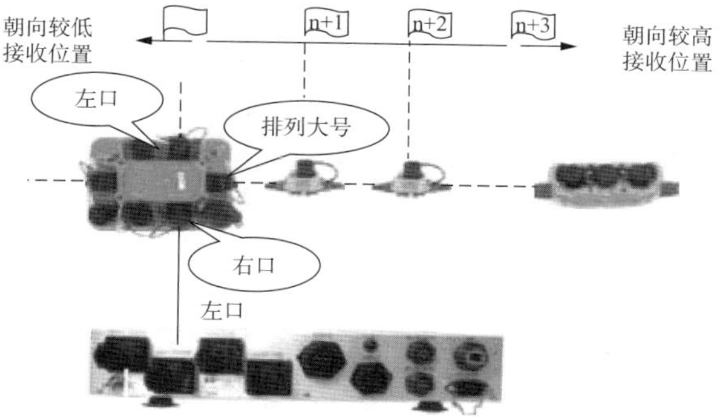

图 3-2-7　428XL 二维观测系统连接方法

2. 常规三维观测系统连接方法

常规三维观测系统连接方法如图 3-2-8 所示。

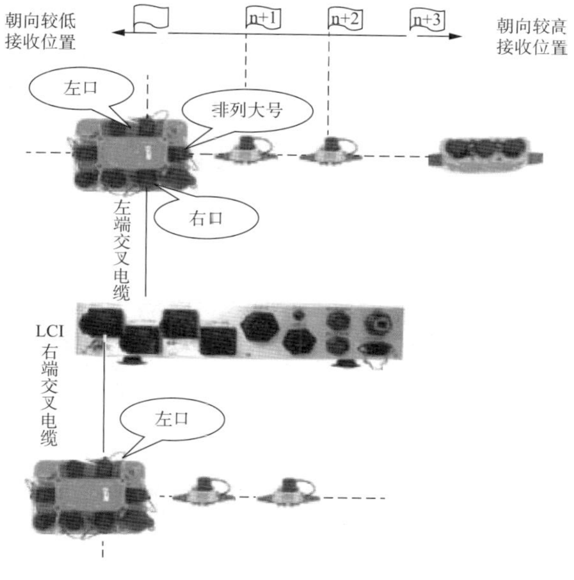

图 3-2-8　428XL 三维观测系统连接方法

3. 注意事项

①线段为 55m 时，一个 LAUX 可以同时向高、低两个方向，每段 48 道（12 个链）供电。一个 LAUL 可以对 48 道排列段供电。

②线段为 30m 时，一个 LAUX 可以同时向高、低两个方向，每段 60 道（15 个链）供电。一个 LAUL 可以对 60 道排列段供电。

③ LAUL 与 LAUX 的 LED 指示灯信息

主指示灯：

灭：未导通。

闪烁：工作正常。

不闪：系统错误（需要检查电源指示灯）。

电源指示灯：

检查绿色电源指示灯，当电瓶电压高于 10.5V 时，绿灯明亮；反之较暗。

④ LAUX 和 LAUL 使用常用的 12V（10.5 ~ 13.5V）标准电池供电，有两个电源插口。在更换电瓶时，为防止排列断电，要求先把电量足的电瓶插入备用插座，观察接通（绿灯亮）后，稍等片刻再把另一块换下。

（三）光缆的交叉连接

光缆的交叉连接见图 3-2-9。

①光缆插头只允许接到交叉站或仪器车的 LCI 插头。

②光缆两端接口盒（绿色和红色）分别有单独的地址卡，但是它的接法并没有严格的方向性，只是当绿端接右口时，红端要接左口；反之，当绿端接左口时，红端要接右口，如图 3-2-10 所示。

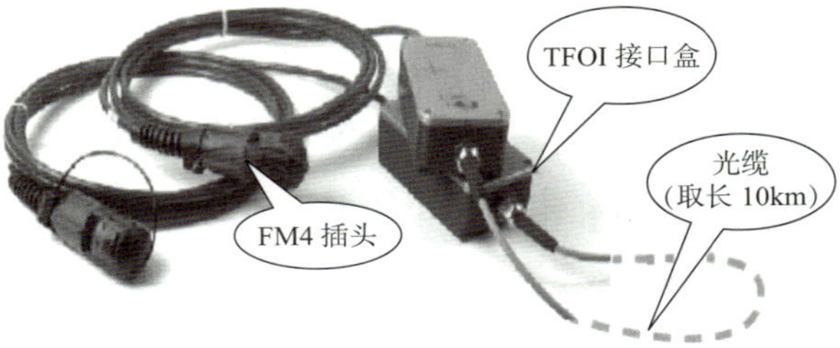

图 3-2-9 光缆实物图

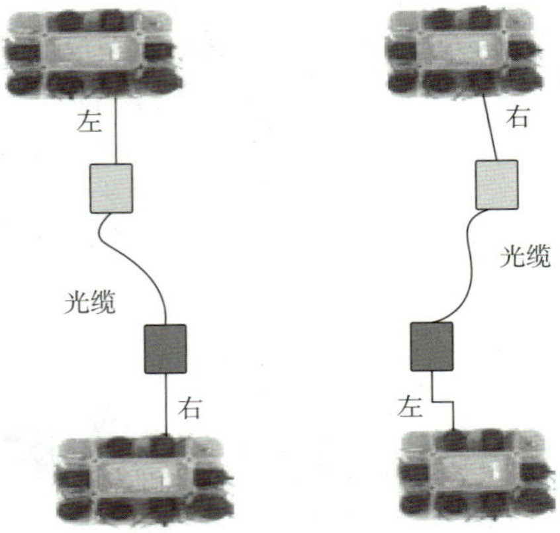

图 3-2-10 光缆与交叉站连接示意图

六 采集设备使用注意事项

①采集设备在装卸、搬运过程中按规定包装、叠放，轻拿轻放，严禁磕碰、扔、摔。

②采集设备在运输、搬运过程中不能接通电源，插座需盖好防尘盖。

③使用前应对采集设备的插座、插头进行清洁，严禁使用硬物清洁。采集设备摆放时要平稳牢固。

④采集设备必须使用规定的电源。连接时先将电源线与电瓶连接，确认无误后方可连接设备。

⑤在雷电天气来临时，断开测线排列，保护人员和设备的安全。野外施工中采集设备应放置在干燥的地方，做好防水、防潮、腐蚀措施。

⑥设备使用完毕后，及时清洗插头、插座等连接部件（在海滩施工后，用淡水清洗），

将其防护帽盖好。

⑦海上施工的采集设备，外壳上的牺牲阳极应保持干净，及时清洗掉牺牲阳极上的泥土。

⑧采集设备要在规定的储存温度、湿度下存放。有内置电池的采集设备要定期进行充放电，以确保电池使用寿命。

七 508XT 地震数据采集系统简介

508XT 仪器是法国 Sercel 公司基于 X-TECH 技术于 2013 年推出的新一代地震采集系统，该系统集有线、无线于一体，从理论上解决了复杂地形的地震施工难题，它将采集效率、数据品质及灵活适应性引入了全新的高度。508XT 系统针对现有的排列常见问题提供了多种排列冗余方式，使施工能不间断进行，让野外生产小队的作业效率有了大幅度提升。新的系统采用计算机网络化设计，野外地面电子设备的设计也采用全新的设计理念，不再与 408XL 及 428XL 的地面电子设备兼容；除 FDU 外，不再出现电源站（LAUL）与交叉站（LAUX）的概念，取而代之的是 CONCEN-TRATER(CX-508)。每个 CX-508 都是地震采集网络中的一个节点，不但能大量存取数据，而且可提供更多实际有效的服务。为了适应大道数震源施工，508XT 软件系统设计了更符合 VE464 的专用接口，采集能力将达到 2ms 百万道之巨。

（一）系统简介

508XT 采集系统的构成主要有 SCI-508、CX-508、FDU-508、DSUI-508、TFOI-508、WTU-508 等，具有 100 万地震道实时采集记录能力。X-Tech 架构均能够使所有数传单元无缝连接传输数据，并保持高速和无中断。508XT 的本地数据存储、自动绕传和冗余功能确保了不间断采集。基于新的 X-Tech 智能网络，508XT 能够在采集中同时进行排列检查和测试，从而最小化等待时间。另外，可编程自动唤醒功能和低功耗模式，保证处于等待状态的排列可以随时准备接收。

（二）功能特性

1. SCI-508

SCI-508 是野外排列和 508XT 服务器的一个连接接口，功能与 428XL 的 LCI-428 相似。不同的是 SCI-508 功能更全，技术更先进，它承担着千兆以太网路由器的功能，管理野外的 CX-508，而不直接接收地震数据。SCI-508 本身并无内置 GPS，通过外接 GPS 用于与 CX-508 进行时间同步。

2. CX-508

CX-508 是 508XT 系统的核心部件，Sercel 将 428XL 采集系统中电源站和交叉站的功能进行升级合并，升级后既可以对 FDU-508 供电，又可以通过 TFOI-508 光纤连接仪器的全新多功能站体。CX-508 执行 508XT 系统主要的测线管理功能，包括两侧测线的电源管理，从 FDU-508/DSU1-508 来的数据恢复，以及野外与仪器测试管理。此外，CX-508 还提供电池电量、GPS 状态和检查，并同步 FDU-508 的 GPS 状态信息。CX-508 自身设计有大节点功能，内置数据循环存储器，用于存储从 FDU-508 传来的数据，空间存满后自动删除最先存储的数据。

3. TFOI-508 光缆

TFOI-508 是交叉电缆，负责 CX-508 间的连接以及 CX-508 和 SCI-508 间的连接，最大传输速率为 1Gb/s，最大长度为 2km。

4. FDU-508

FDU-508 与 FDU-428 一样采用 24 位 A/D 转换器，采用 CRC 循环冗余码校验控制数据传输，内嵌高速缓存，在需要的时候进行本地数据存储和重新传输。

5. DSU1-508

DSU1-508 采用新一代的基于 Quiet SeisTM MEMS（微电子机械检波器）技术的数字加速度计，这使得 DSU 内部噪声大大降低，进一步提高了信噪比。

（三）生产应用

1. 参数设置

428XL 仪器的参数设置分布在不同的功能窗口中，部分参数间相互关联影响。508XT 使用 PostgreSQL 数据库来管理所有的数据信息，将参数设置整合到一个设置界面，采用树状分布。采样率、采样长度、SPS 导入、排列设置、炮点设置等功能均在一个窗口。系统自带参数检测功能，在参数改动后会有报错提示，并在菜单面板中错误的选项前用图标的方式提醒用户错误发生的位置；此时不能施加应用，只有所有参数设置匹配正确无误时才可施加应用。另外，系统参数设置带恢复功能，在改动后不想施加应用的情况下可以恢复到改动前的设置，减少误操作发生的可能，保障了参数的安全性和可靠性。

2. SPS 导入与排列设置

在 428XL 中，仪器 SPS 的导入，文件号、带盘号的更改必须对排列进行卸电操作。而 508XT 则可以同步进行，只需先停止生产，然后在参数设置正确后点击 Apply 应用即可。排列设置中 428XL 可以一次性手动设置多条排列，操作方便快捷，与 SPS 导入几乎无差异。508XT 仪器本身开发为大道数高精度采集模式，排列设置中以 SPS 导入为准，不支持多排列一次性手动设置，只能单条逐步设置。另外，428 绕道设置是以站为主体，设置好头尾站号所对应的桩号即可。508XT 是以桩号为主体，即桩号间绕道的站数量，如桩号 2、桩号 3 之间绕 4 道，则选择桩号 2、桩号 3 并设置 4 即可。

3. 人机交互

在人机交互界面中，428XL 的每个功能模块对应一个窗口界面，508XT 采用多层次的单窗口显示界面，也可以为单独某个功能选择独立窗口，大大增加了显示的灵活性。尤其是炮点方面，在背景监视界面增加了炮点的图形化显示，相对于 428XL 的全数字形式，图形显示界面可以更加容易地选择炮点和进行错误比对，减少误操作。

4. 排列管理

508XT 设计了全新的排列管理理念，加入了专用的排列状态切换功能。生产采集时，排列可分为采集模式、测试模式、待命三种工作状态。采集模式下可正常查大线、小线的阻值等不可测试。因此在实际生产中，可将当前放炮需要的排列设为采集模式，此时该排列类似于 428XL 的超级排列，减少了 428XL 中炮点的建排时间，大大提高了采集效率。需要继续查线的排列设为测试模式，待排列查好后选中该排列切换到采集模式即可。

5. 数据输出

与 428XL 类似，508XT 也可以分线束、日期、带盘号等分别记载。不同之处在于 508XT 选择更丰富，可通过建立条件选择分类输出。步骤如下：

①添加输出设备，每个 NAS、FTP、ESQC 等都是单独的一个设备。

②设置 Filter 输出条件，通过线束、日期、带盘号等的“与”“或”“和”条件设置输出的内容形式。

③通过①、②的组合设置达到最终输出的目的。

设置有专门的输出管理窗口，可实时监控数据的处理流程和状态步骤。更改文件号时相比之前更加方便，可在生产过程中随时更改，而不必排列卸电。在输出管理窗口中，Filter 图标下有一个 File number 显示，点击下方小窗口中“set”即可随时更改当前文件号。508XT 将 ESQC 功能整合到客户机中，不再需要单独的服务器来监控数据质量，只需在输出端设置好输出选项即可。

④ LOG 文件导出。LOG 文件导出方面相较 428XL 改变很大，尤其在多线束施工时体现尤为明显。428XL 多线束导出 SPS 时必须按天、线束分别导出多个文件，比较费时且操作上容易失误。508XT 以大图标的形式按天选择的同时自动输出所有需要的文件，点亮的图标为已经选择的输出项，选好后点击下一步，再选择输出格式（TXT 或者 CSV），再点击确认保存即可。

第三节　节点仪器

随着油气勘探目标日趋复杂，对地震数据质量的要求也愈来愈高，随着无线系统的发展，其质量轻、成本低、系统可靠等优势在陆上高密度采集中日渐显现，可实现真正意义上的无缝采集。目前市面上节点地震仪器有多种，但其工作原理基本相同。

通常所说的节点是指放在接收点位置上的设备（即节点单元，在没有特殊说明的情况下，下文中单独说节点二字即是指该设备），该设备集检波器、采集站、电池、GPS 或北斗等一体，有的节点本身不包括检波器而是可外接检波器—HAWK 即是这种。节点是一个完全封闭、独立的野外采集单元，没有任何外部电缆，内置 GPS 或北斗、储存器、电池，按照设定的采样间隔持续不间断地记录检波器收集到的信号。

节点地震仪器除节点外，还包括用于收集 QC 的手簿及其配套的软件、充电与数据下载柜（有的充电与数据下载柜是一体的，如鲲腾，有的充电与数据下载柜是分开的，如

I–Nodal）。主机及其配套的软件通常是两台主机：室内检查 QC 的主机和数据下载、切分与合成的主机。

节点地震仪器数据采集主要分两个阶段：

第一阶段，节点在接收点上采集地震信号。野外采集采用 GPS 或北斗授时技术确保每个节点记录的每个采样点时间精准，并以此确保与激发系统时间同步。检波器接收到的地震信号就地存储在采集站中而不是实时回传到主机，并根据设定的采样间隔持续不断地进行记录和存储，直到节点停止工作（如收起节点）。野外采集放炮时，每天根据观测系统排列向前滚动，这时将放炮不再使用的排列节点集中回收，或采集放炮全部结束后集中回收。

第二阶段，室内合成单炮数据。这包括数据下载、数据切分与合成单炮。回收的节点放到数据下载柜上进行下载，下载后根据放炮时间与节点时间匹配确定切分时刻，再根据记录长度切分出单道数据，最后根据 SPS 将单道数据合成单炮记录。

一 节点仪器主要特点

节点地震仪器没有电缆、光缆连接，因而比传统有线地震仪器拥有诸多优势，主要包括：

①设备轻便，劳动强度降低。没有了电缆、电源站、交叉站和电瓶等沉重的附件，也不需要配套的辅助设备（如过路胶皮、架线杆等），运输和施工中更加轻便灵活。

②避免了绕道、掉排列、点位偏移较大等质量风险。

③有利于 HSE 管理和企地协调。排列布设避免了电缆经过危险地段（如断崖、河流、公路、铁路、厂矿和人员密集区等）带来的安全风险，同时也降低了对当地人员和车辆等造成附加风险。避免了电缆铺设过程中对地表植被和农作物的破坏，降低了工农赔偿费用；避免了电缆损毁，设备丢失等现象的发生，减少了工农纠纷。

④有利于提高施工效率。除上述三个优势带来的施工效率提高外，节点仪器激发采集过程中不需要再等待查排列、更换电瓶等环节造成的停工。

⑤有利于扩展观测系统接收。可以根据野外在线节点数量，向仪器组提供所有在线排列接收的 SPS，进行单炮数据的合成。

节点仪器的上述优势，在山地（如我国的西南山地和黄土塬）、密林及城区等复杂地表条件下的地震采集施工尤为显著。但跟传统的有线仪器相比，节点仪器还存在一些劣势，比如节点仪器的检波器与采集站工作状态、采集时的干扰情况等不能实时监控，对采集资料的质控相对滞后，且节点丢失或损坏会造成其所记录的数据丢失。因此节点仪器采集还需增加了一些质控环节。比如激发采集之前逐道收集 QC，并在室内对 QC 数据进一步检查，确保每道工作正常，对回收的节点逐一登记，进行充电和数据下载、数据切分与单炮合成。这就要求节点施工时一次布放埋置合格率高、QC 回收与检查及时，要做好丢失节点找回及出入库管理等，同时也对施工人员提出了更高的要求。

二 I-Nodal 节点仪器简介

I-Nodal 节点地震采集系统的硬件包括节点单元、一体式充电柜、数据回收底座、手持终端、接触式开关、中继单元、转接缆。

（一）节点单元

节点单元是 I-Nodal 节点地震采集系统的核心，内置高精度检波器、高精度 GPS 定位与授时系统、Zigbee 与 WiFi 双模通信系统及大容量存储系统等，主要负责地震信号的采集与存储。其外部主要由两组触点、状态指示灯和尾椎组成，节点单元顶部示意图如图 3-3-1 所示。

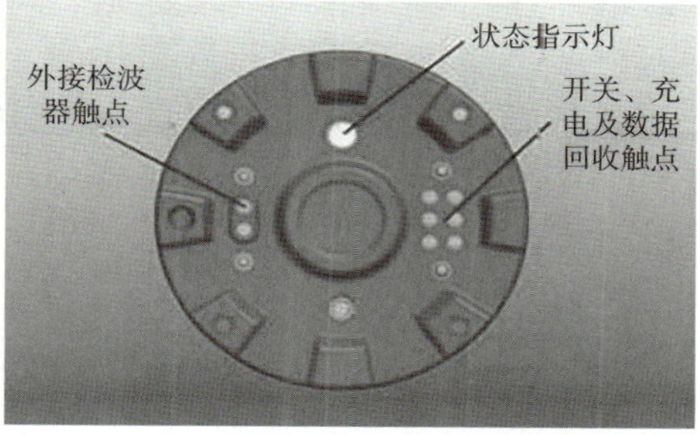

图 3-3-1　节点单元顶部示意图

1. 外接检波器触点

该组触点由两个触点组成，触点两侧的螺丝用于固定转接缆。转接缆的蓝色一侧接检波器，黑色一侧接节点单元外接检波器触点。连接完成后如图 3-3-2 所示。

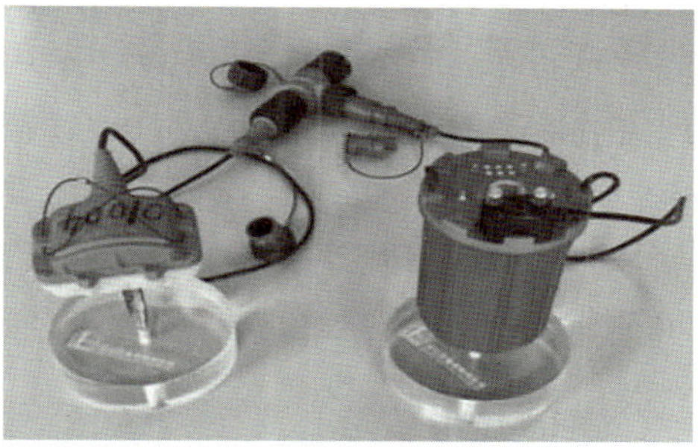

图 3-3-2　外接检波器的节点地震采集系统

2. 开关、充电及数据回收触点

该组触点用于完成节点单元的开关、充电以及数据回收等功能，所有功能均为接触即可实现。

3. 状态指示灯

绿灯：绿灯常亮代表一切状态正常，可以开始采集；绿灯闪烁代表 GPS 正在搜星中，需要待 GPS 搜星结束后开始采集。

蓝灯：蓝灯闪烁代表正在采集，其闪烁速率与采样率呈负相关关系，即闪烁越快，采样率越小，闪烁越慢，采样率越大。

红灯：状态异常，需检查仪器。

（二）手持终端

手持终端即搭载 Windows 操作系统的平板电脑，在安装相应的节点应用程序后，通过平板的无线功能，实现对节点单元采集参数设置、线桩号设置、节点状态查看等功能，能够运行节点线桩号设置软件、节点巡线软件等各类工具软件。节点线桩号设置软件用于对节点站设置桩号和状态查看；节点巡线软件仅用于巡查排列上节点站的工作状态；这两个软件一般用于野外排列布设与巡查。手持终端 1 用于对节点站线号、桩号配置和状态查看，即常说的布线，如图 3-3-3 所示。

手持终端 2 用于巡线时查看开机运行中的节点采集站的各项状态，如，是否进入采集状态、检波器阻值、电量、GPS 信号强弱、存储状态等信息，以便及时发现有问题的节点站。手持终端 2 如图 3-3-4 所示。

图 3-3-3　手持终端 1

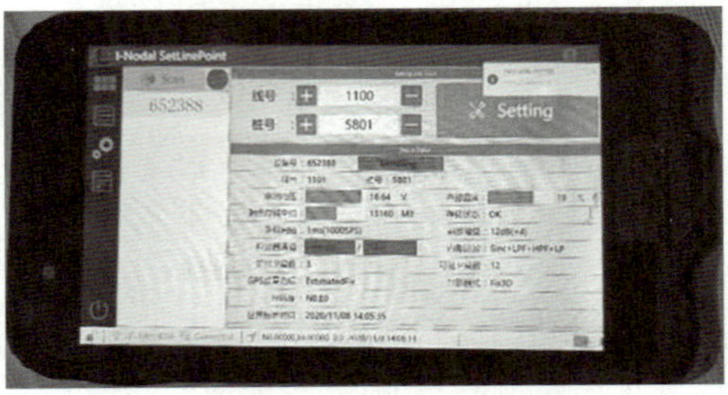

图 3-3-4　手持终端 2

（三）接触式开关

接触式开关用于给节点采集单元上电和断电，共有两档，即“1”和“0”。使用“1”档触碰节点采集单元的“开关触点组”即完成采集单元上电，使用“0”档触碰“开关触点组”即完成采集单元断电。接触式开关如图 3-3-5 所示。

图 3-3-5　接触式开关

注：请在不使用开关的情况下将其置于“0”档，减少电量损耗。

（四）中继单元

中继单元作为手持终端与节点采集单元的通信中继，是手持终端能够正常使用的通信基础。中继单元内部固化了 IP，开机后，利用 WiFi 连接手持终端，中继单元背部标注的 IP 写入，中继单元如图 3-3-6 至图 3-3-8 所示。

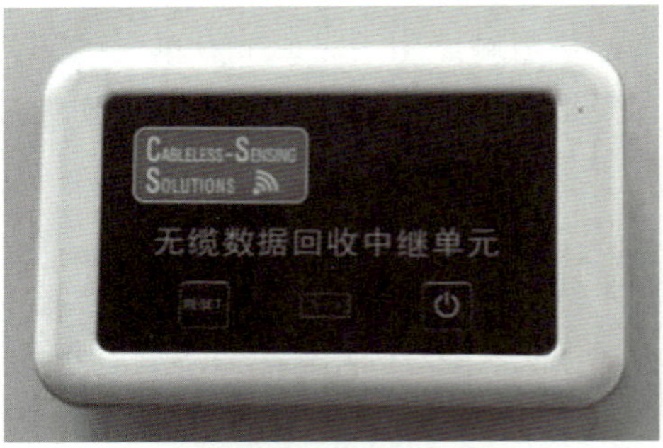

图 3-3-6　中继单元正面

图 3-3-7　中继单元背面

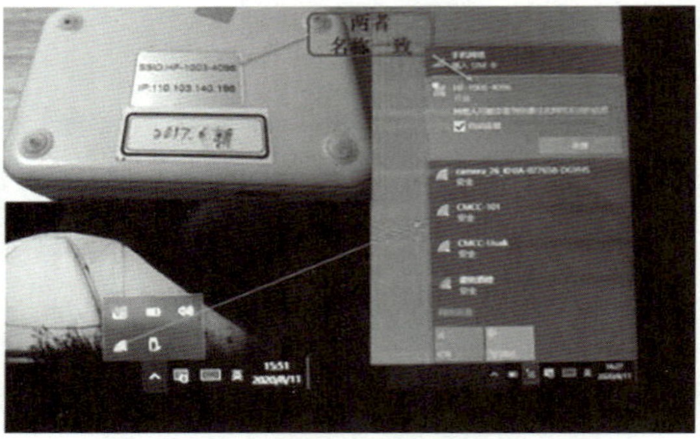

图 3-3-8　手持终端连接中继

（五）检波器转接缆

I-Nodal 节点地震采集系统内置了高精度检波器，同时也支持外接检波器（串），与几乎所有的检波器都有良好的兼容性。外接检波器时，需要使用检波器转接缆，蓝色一侧接检波器端，黑色一侧接节点采集单元的外接检波器触点。检波器转接缆如图 3-3-9 所示。

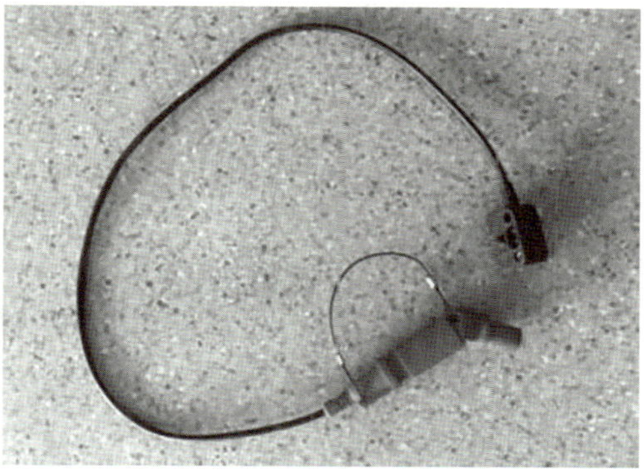

图 3-3-9　检波器转接缆

（六）节点单元布设要求

①节点单元埋置前，需清除检波点周边杂草，挖坑、夯实后埋置；埋置后回填土，确保节点单元至少 1/3 埋入地下，避免节点单元倾倒；沙石出露段，需刨坑回填黏土夯实后埋置；基岩出露和水泥路面段需钻孔后埋置。

②节点单元埋置完成后，再开机和利用手薄（手机）进行布设和首次巡线。

③检查节点单元指示灯的工作状态，确保节点单元处于正常工作状态，工作状态不正常的节点单元必须进行更换。

④质量控制人员及时检查设备状态并反馈给相应的野外班组。节点单元布设流程图见图 3-3-10。

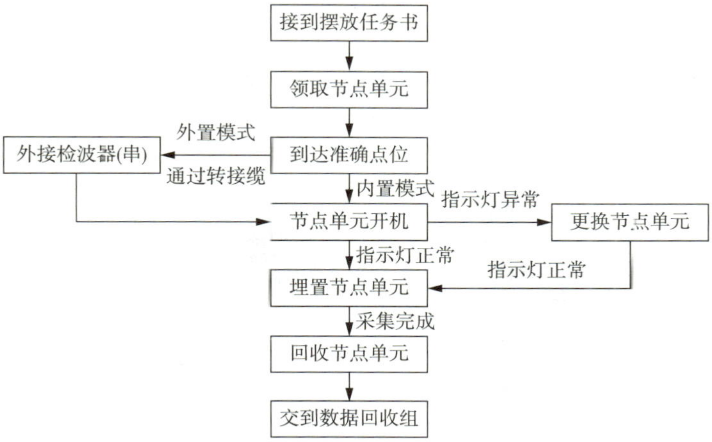

图 3-3-10　节点单元布设流程图

三　SmartSolo 节点仪器

SmartSolo 地震节点系统是一种智能节点数据采集仪器。本节点仪器内置高灵敏度地震检波器，可选 5Hz 和 10Hz，新一代智能传感器支持外接检波器串和水听器。

(一) SmartSolo 节点仪器简介

SmartSolo 节点地震采集系统的硬件包括节点单元、数据下载架、充电架、服务器系统、IGU-16 测试仪、手持器、自动拆装机、辅助道等，SmartSolo 节点地震采集系统的硬件组成如图 3-3-11 所示。

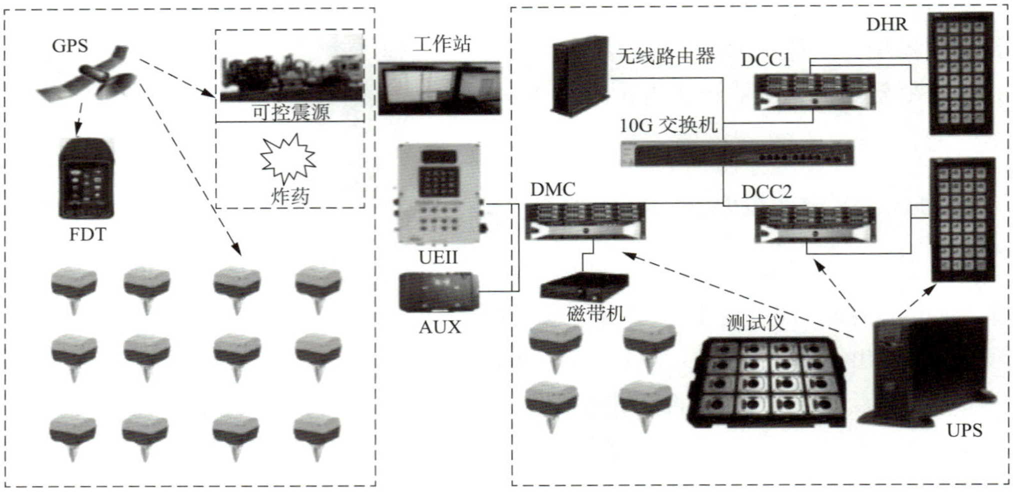

图 3-3-11 SmartSolo 节点地震采集系统的硬件组成

1. IGU-16 HR 节点单元

IGU-16 HR 节点单元是 SmartSolo 节点地震采集系统的核心，内置高灵敏度地震检波器 DT-SOLSO、传感器自检和 GPS 定位、内置蓝牙模块实现无线 QC、支持外接检波器或水听器及大容量存储系统等，主要负责地震信号的采集与存储。IGU-16HR 节点单元示意图如图 3-3-12 所示。

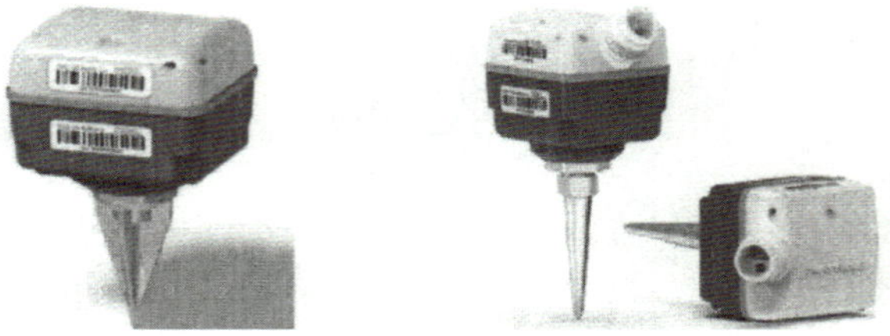

图 3-3-12 IGU-16HR 节点单元

(1) LED 状态指示灯闪烁方式

1) 绿灯亮表示采集站在正常数据采集中

每 8s 闪 2 下：表示采集站正常采集中，检波器、电池、存储卡和系统一切正常；

每 1s 闪 2 下：表示正常采集中，在设备开启时自检；

两次短闪：表示正常采集中的 GPS 定位；

LED 灯灭：表示采集站休眠或关机。

2）红灯亮表示 IGU 在启动过程中或出现问题报错

每 1s 闪 5 下：表示 IGU 正在进行启动时的检波器测试；

每 1.5s 闪 3 下：表示硬件问题（包括检波器电阻超出阀值范围）；

一长闪一短闪：表示 GPS 开启并在搜星，但还未开始采集；

一长闪两短闪：表示 GPS 开启并在搜索到两颗卫星，但还未开始采集；

一长闪三短闪：表示 GPS 开启并在搜索到三颗卫星，但还未开始采集；

每 4s 闪 6 下：表示设置或文件系统错误，未开始采集；

每 8s 闪 3 下：表示电池电量或存储卡空间低于报警值，此时 IGU 在采集中。

（2）IGU–16 主体插孔功能

1– 插孔接电源（+）；2– 插孔接电源（–）；3 ~ 12– 插孔用于数据下载和 IGU 测试。其主体插孔位置示意图如图 3–3–13 所示。

（3）IGU–16 电池包插针功能：1– 插针接电源正极（+）；2– 插针接电源负极（–）；3– 插针接充电温度控制。其电池包插针位置示意图如图 3–3–14 所示。

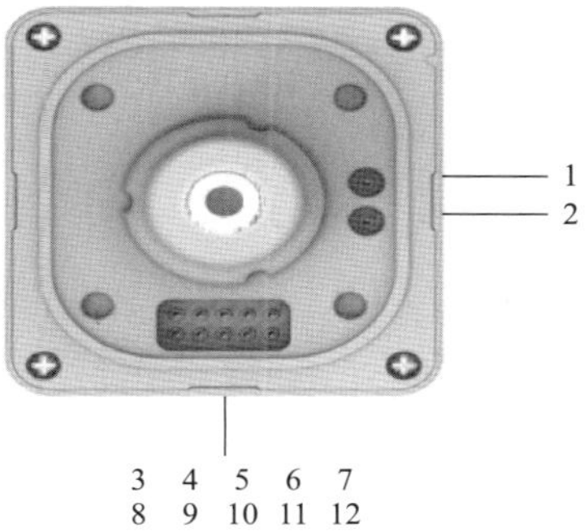

图 3–3–13　IGU–16 主体插孔位置示意图

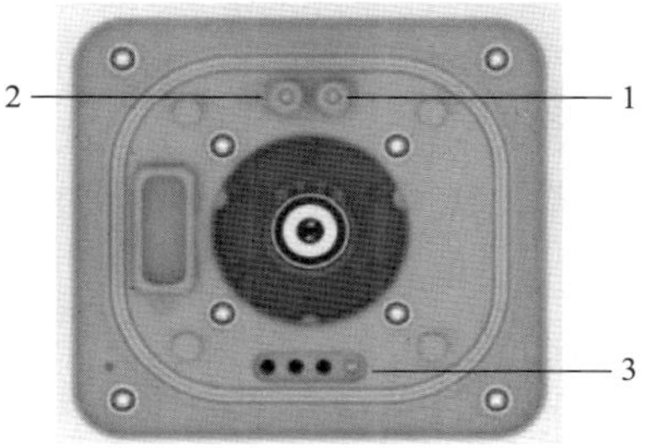

图 3–3–14　电池包插针位置示意图

2. 服务器

IGU–16 服务器系统如图 3–3–15 所示。

（1）DMC 服务器

DMC 服务器系统包括服务器及它的外接 RAID 磁盘，其操作系统为 Windcws Server。DMC 软件（数据管理控制台）在该服务器上运行，是系统的数据管理中心。无论系统中有多少道 IGU，都应当只有一台 DMC 服务器。DMC 服务器主要用于项目管理、排列管理、部署管理、数据管理及 QC。

（2）DCC 服务器

DCC 服务器（数据回收控制台）同样在 Windows Server 的操作系统下运行。DCC 服务器与数据下载架相连，用于从 IGU 中下载原始数据，并将数据储存在 RAID 磁盘中。

（3）网络交换机

网络交换机主要用于连接 DMC 和 DCC 服务器，支持万兆端口全速率、全双工无阻塞

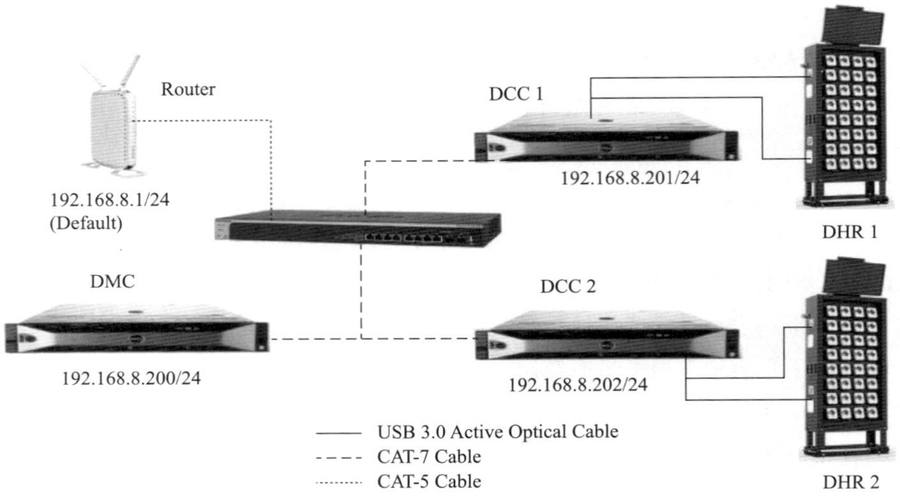

图 3-3-15　IGU-16 服务器系统

转发。

型号：NETGEAR XS-708T；

端口：支持 8 个 100M-10G 自适应 RJ45 供电端口、2 个 1G/10G SFP 光口（此口禁用铜接口）、1 个 USB 口。

（4）无线路由器

无线路由器主要用于 DMC 服务器连接手持设备终端（FDT），用于分发作业和上传部署报告。

型号：NETGEAR JNDR3000；

最大传输速率：300Mb/s；

端口：1 个无线网口、1 个局域网口。

3. 数据下载架

数据下载架（DHR）与 DCC 服务器连接，用于 IGU-16 的脚本写入和数据下载。数据下载架共有两种，32 口下载架和便携式下载架。32 口下载架需 2 根光纤线、一根电源线、一个外接显示器和一个减震架。便携式下载架有一个 USB 3.0 数据线和一根电源线。数据下载架如图 3-3-16 所示。

（1）LED 灯闪烁代码

红灯快闪：正在连接 IGU 或在写脚本，格式化，写固件的过程中；

红灯常亮：已连接上 IGU 但无操作。

（2）数据下载架使用方法

第一步：将 DCC 服务器和下载架通过光纤线或 USB 线连接；

第二步：下载架上电，并检查电脑是否识别所有 COM 口；

第三步：配置下载架槽口；

第四步：将 IGU 插入下载架，等待 Solo DCC 软件可以识别所有的 IGU；

32口式下载架　　便携式下载架　　单口式下载架

图 3-3-16　数据下载架

第五步：写脚本；

第六步：完成脚本写入，将 IGU 拔出。

4. 充电架

充电架是 IGU－16 电池包的多槽口充电器。有 48 口充电架和便携式充电架（16 口）两种。在充电架内部有保护板，防止如电池损坏等任何潜在的充电问题。充电架如图 3-3-17 所示。

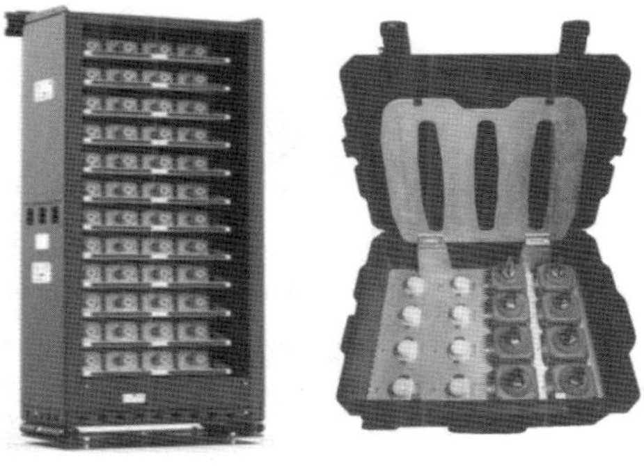

48口充电架　　便携式充电架

图 3-3-17　充电架

① LED 灯闪烁代码

每 1s 红灯快闪 4 次：严重错误；

每 1s 闪 1 次红灯：超出允许充电温度范围；

红灯常亮：电池充电中，电量在 50% 以下；

黄灯常亮：电池充电中，电量在 50%～90%；

绿灯常亮：电池充电中，电量在 90%～100%；

每 1s 闪 1 次绿灯：电池已充满电。

②充电架使用方法

第一步：充电架通电；

第二步：电池包插上充电架；

第三步：检查 LED 指示灯；

第四步：完成充电，将电池包拔出。

5. 辅助道

辅助道包含 4 个 IGU－16 辅助道站体。它可以在放炮时连接震源，记录震源信号，从而进行之后的数据处理等工作。辅助道如图 3-3-18 所示。

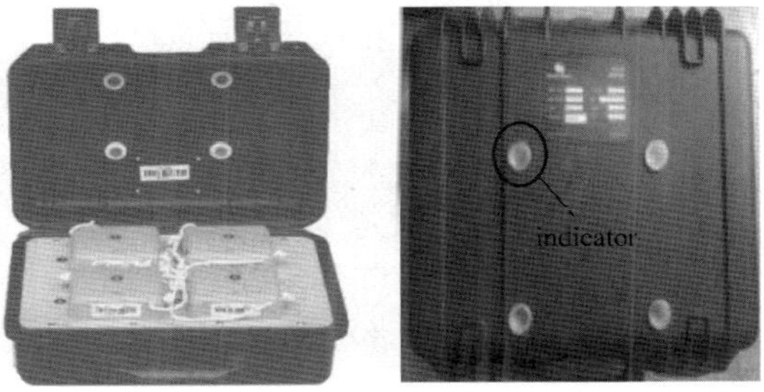

图 3-3-18　辅助道

（1）外部接口

编码器接口：1 × 8 pin；

USB 接口：1 × 4 pin；

电源接口：1 × 2 pin；

GPS 天线接口：N–Type。

图 3–3–19 为辅助道箱体右侧面板接口示意图。

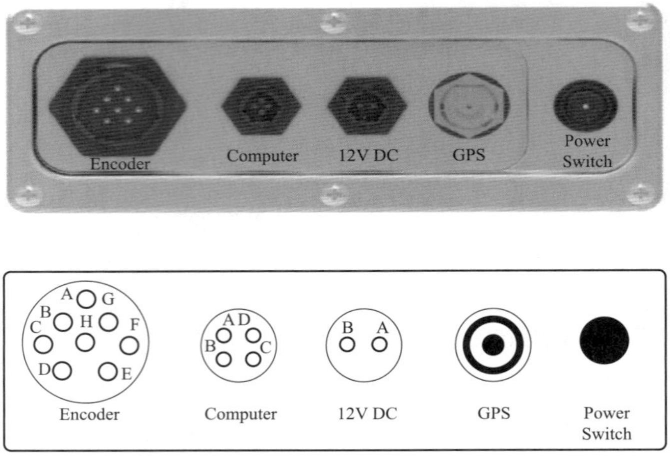

图 3–3–19　辅助道箱体右侧接口示意图

（2）辅助道使用方法

第一步：进行辅助道 IGU 主体测试；

第二步：给辅助道 IGU 写脚本，每个辅助道 IGU 的脚本辅助道地址不同；

第三步：在 DMC 软件中设置辅助道，并输入序列号和每个站体记录的信号；

第四步：连接电源线，外部 GPS 天线，485 线和 Encode 线，接好需要记录的信号后将辅助道上电；

第五步：辅助道连接电脑，打开 auxmonitor 软件进行辅助道数据的 QC。

（3）辅助道信号（图 3–3–20）

图 3–3–20　辅助道信号波形

6.IGU 测试仪

当 IGU 测试仪连接电脑时，使用 Solo Tester 软件可以进行 IGU 电性能指标和检波器指标的测试。通过测试的 IGU 可以进行组装或写脚本，未通过测试的 IGU 则可以挑出。通常情况下会在项目开始和结束时需验收新的 IGU，或项目过程中出现任何问题时要进行 IGU 的测试（图 3-3-21）。

① LED 灯闪烁代码

绿灯常亮：IGU-16 主体与测试仪接通。

② IGU 测试仪使用方法

第一步：将电脑和测试仪通过 USB 线连接，测试仪通电；

第二步：检查电脑是否识别所有 COM 口；

第三步：配置测试仪槽口；

第四步：将 IGU 插入测试仪，等待测试仪的 LED 绿灯常亮；

第五步：测试并检查测试结果；

第六步：完成测试，将 IGU 拔出。

7. 自动拆装机

自动拆装机及用于拆卸和组装 IGU，大大降低了人工成本，并提高了生产效率。自动拆装机如图 3-3-22 所示。

图 3-3-21　IGU 测试仪

脚踏板控制

图 3-3-22　自动拆装机

（1）LED 灯闪烁代码

旋钮绿灯常亮：上电中；

开始按钮绿灯常亮：可以工作；

停止按钮红灯常亮：警报 / 错误。

（2）自动拆装机使用方法（图 3-3-23）

第一步：将 IGU 放在自动拆装机上，尾椎插入顶部的孔洞中；

第二步：在拆卸或组装 IGU-16 时选择“DisA” / “Asse”，左转为拆卸，右转为组装；

第三步：按下开始按钮或踩脚踏板来开始拆卸或组装 IGU，自动拆装机停转时，取下 IGU 或主体和电池包；

第四步：在组装或拆卸完成时，自动拆装机会停止，但是如果因任何原因需要提前停止拆装机，按下停止按钮，然后取下 IGU 或主体和电池包。

图 3-3-23　拆卸时位置正确

8. 手持器（图 3-3-24）

图 3-3-24　手持器参数

9. 磁开关

IGU-16 智能地震传感器的开关由靠近 LED 指示灯的磁开关（图 3-3-25）控制。当部署人员携带 IGU-16 到一个测量的接收点，并按要求放置单元时，可以使用一个小磁铁来打开单元。当收起 IGU-16 时，可以使用磁铁关闭本机。

图 3-3-25　磁开关

（1）IGU 开机（图 3-3-26）

第一步：将磁铁靠近 LED 灯；

第二步：移开磁铁，LED 灯就会亮起来。

（2）IGU 关机

第一步：将磁铁靠近 LED 灯 2 ~ 5s；

第二步：移开磁铁 0.1 ~ 2s；

第三步：再将磁铁靠近 LED 灯 0.1 ~ 2s；

第四步：移开磁铁，LED 灯就会关闭。

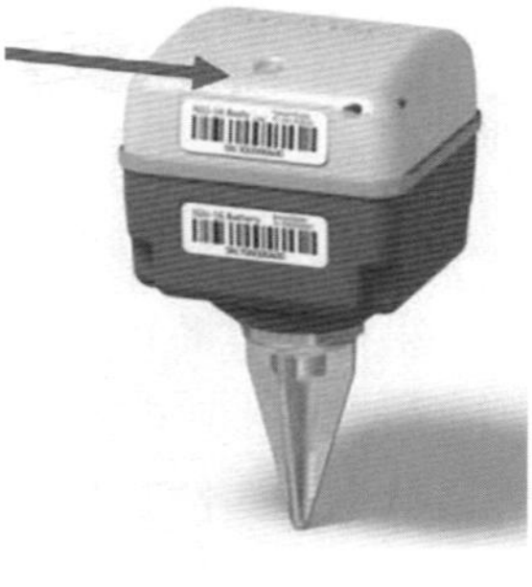

图 3-3-26　靠近指示灯

10. 性能指标与仪器特点

性能指标与仪器特点见表 3-3-1 至表 3-3-3。

表 3-3-1　性能指标

参数	IGU-16 HR	IGU-16 HR（可外置）
ADC 分辨率	24 bits	24 bits
采样率	0.25 ms，0.5 ms，1 ms，2 ms，4ms	0.25 ms，0.5 ms，1 ms，2 ms，4ms
增益	0dB 到 36dB，6dB 递增	0dB 到 36dB，6dB 递增
抗混叠滤波	线性或最小相位	线性或最小相位
低切	1~10Hz，1Hz 递增或直流阻断	1~10Hz，1Hz 递增或直流阻断
最大输入	± 2.5V 峰值 @ 增益 0dB	± 2.5V 峰值 @ 增益 0dB
动态范围	125dB@2ms 增益 0dB	125dB@2ms 增益 0dB
等效输入噪声	0.18μV@2ms 增益 12dB	0.18μV@2ms 增益 12dB
总谐波失真	＜ 0.0002%@ 增益 0dB	＜ 0.0002%@ 增益 0dB
共模抑制比	＞ 100dB	＞ 100dB
增益精度	＜ 0.5%	＜ 0.5%
频率响应	0~1652Hz	0~1652Hz @0.25ms
系统动态范围	145dB	145dB
输入阻抗	20kΩ	20kΩ

表 3-3-2　传感器技术指标

参数	IGU-16 5Hz	IGU-16 10Hz
自然频率	5Hz ± 7.5%	10Hz ± 3.5%
电阻	1850Ω ± 5%	1800Ω ± 5%
假频	＞ 150Hz	＞ 240Hz
失真	＜ 0.10%	＜ 0.15%
倾斜度	10°	20°
阻尼	0.7% ± 7.5%	0.7% ± 6%
灵敏度	80V/(m·s)［2.03V/(in·s)］± 5%	85.8V/(m·s)［2.18V/(in·s)］± 3.5%

表 3-3-3　物理指标

参数	IGU-16 HR	IGU-16 HR（可外置）
尺寸	95mm × 103mm118mm（不带尾椎）	95mm × 139.6mm × 131.7mm（不带尾椎）
重量	1.1kg（包括内部电池和尾椎）	1.1kg（包括内部电池和尾椎）
防水等级	IP67	IP67
数据存储	8GB（可扩展至 32GB)	16GB（可扩展 32GB）
时间精度	± 10μs，GPS 驯服	± 10μs，GPS 驯服
GPS 时间标准	$1 \times 10^{-6*}$	1×10^{-6}
GNSS 模式		支持 GPS、北斗、Glonass，单模或双模作业
无线通信		蓝牙
充电时长	＜ 3.5h	＜ 3.25h

续表

参数	IGU-16 HR	IGU-16 HR（可外置）
充电温度	+3～+45℃	+3～+45℃
工作温度	-40～+70℃	-40～+70℃
续航时间 25℃	25 天 @1ms（24h 连续采集）50 天（12h 采集）	25 天 @1ms（24h 连续采集） 50 天（12h 采集）

注：*1ppm=10^{-6}。

（二）SmartSolo 施工操作规程

工作流程示意图如图 3-3-27 所示。

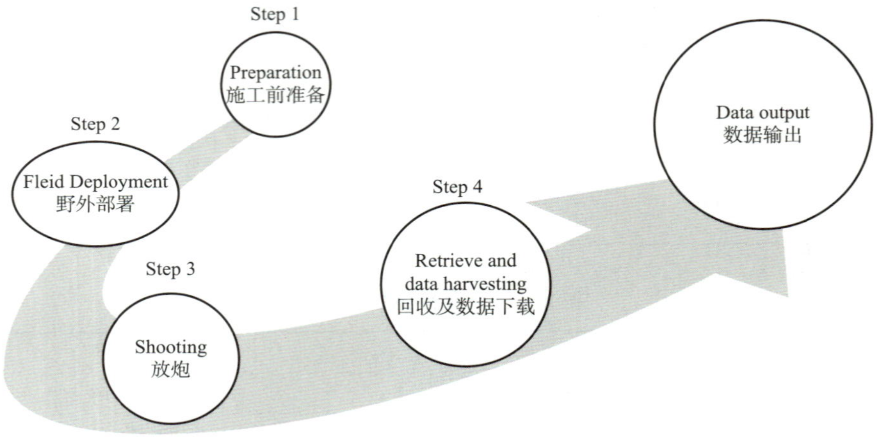

图 3-3-27　工作流程示意图

1. 施工前准备

项目开始前需准备 IGU 和手持器（图 3-3-28）：

第一步：IGU 拆卸，使用自动拆装机或不锈钢套筒将主体与电池包分离；

第二步：IGU 电池和手持器充电；

第三步：IGU 测试，使用 SoloTester 软件进行通道指标和检波器指标测试（图 3-3-29）；

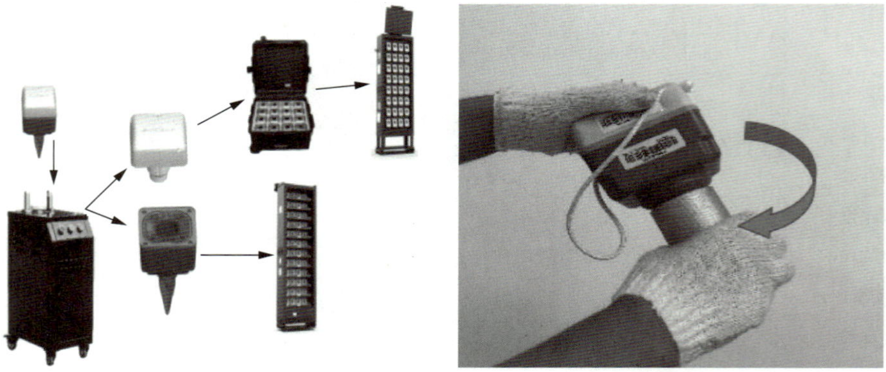

图 3-3-28　拆卸

第四步：DMC 软件中建立项目，使用 Solo DMC 和 Solo DCC 软件进行脚本写入，并为 IGU（辅助道 IGU）写脚本；

第五步：导入 SPS 文件并分配到各手持器中；

第六步：使用自动拆装机或不锈钢套筒将主体与电池包组装（图 3–3–30）。

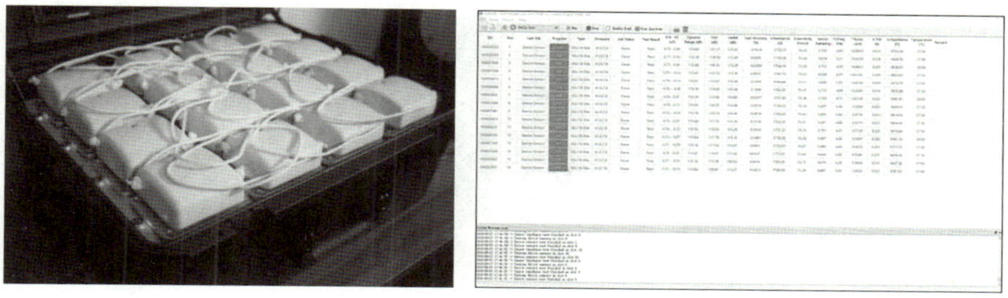

图 3–3–29　IGU 测试

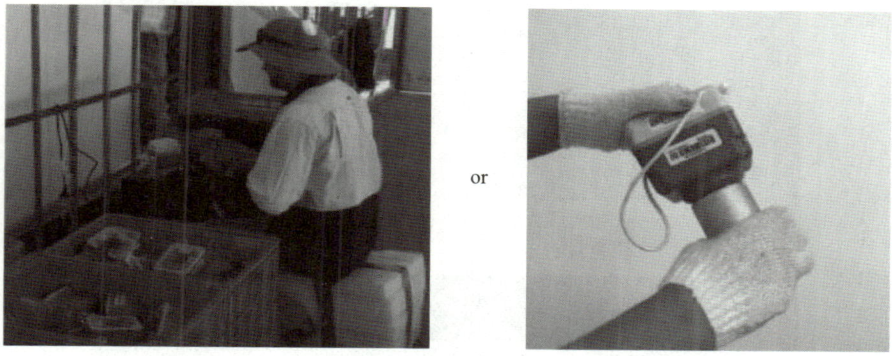

图 3–3–30　主体与电池包组装

2. 野外部署

野外部署如图 3–3–31 所示。

第一步：到达放置标识或旗子部署点旁，将 IGU 插入或埋置在接收点（保证平直稳），用磁开关开启 IGU（图 3–3–32）；

IGU 野外部署，挖坑、踩实、用土将上顶盖覆盖 1cm 左右，以保证耦合良好并去除风噪。

第二步：检查 IGU 的 LED 灯进行状态 QC，绿灯表示状态正常（图 3–3–33）；

第三步：使用手持器扫描并记录 IGU 主体和电池包上的序列号（使用 FDT 扫描时简单快速，一个按键扫描、另一个按键确认，扫描时可距离 IGU 1 ~ 1.5m）。

3. 激发

确认所有部署的 IGU 状态正常并记录数据后，可以开始激发：

第一步：准备并连接辅助道；

第二步：检查辅助道的状态；

第三步：确认部署排列满足项目要求后可以开始激发；

第四步：导出 SPS 文件或 ob.log。

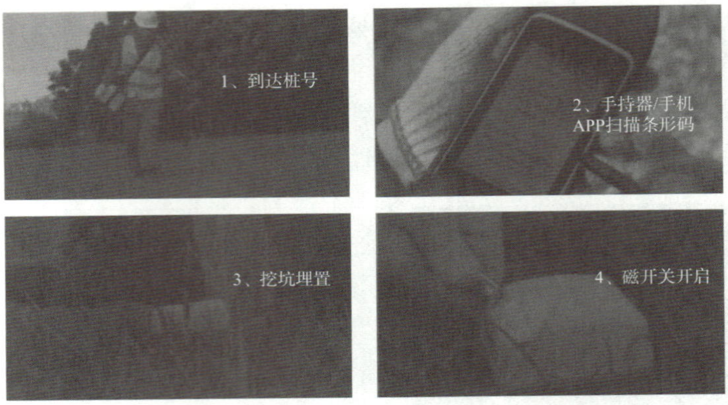

图 3-3-31　IGU 部署

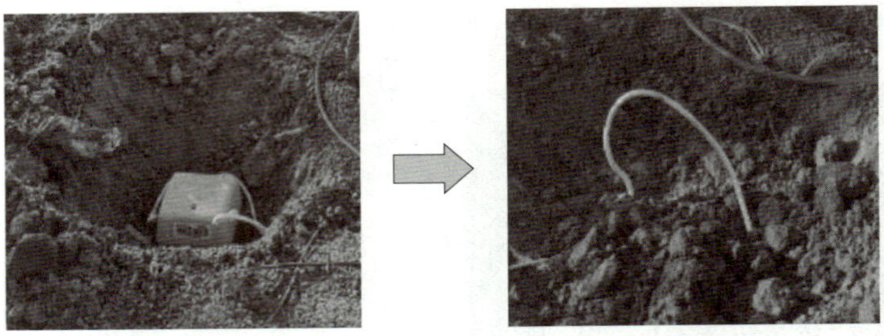

图 3-3-32　IGU 埋置

图 3-3-33　指示灯检查

4. 回收及数据下载

第一步：将 IGU 回收后进行拆分，主体进行下载，电池包进行充电；

第二步：选择正确的工区项目后，将 IGU 主体插上下载架，数据会自动下载。注意安插时不能虚接，指示灯要显示绿色；

第三步：在 Solo DCC 软件中进行地震数据的 QC；

第四步：下载 IGU 自检信息，查看工作状态，如有不能正常下载的站体需要重新下载一次，若仍然不能下载，交给技术支持处理；

第五步：下载后的站体交给测试人员进行测试。

5. 数据输出

按照资料上交要求，使用 Solo DMC 和 Solo DCC 软件进行数据切割，生成 SEGD/SEG2/SEGY 等文件。

第一步：从手持器中导入部署信息到 DMC 服务器；

第二步：导入 SPS 文件或 ob.log；

第三步：建立数据处理任务；

第四步：地震数据检查和回放；

第五步：生成可提交的数据。

第四节　检波器测试仪

为了确保地震检波器的技术性能和技术指标，提高和改善地震数据的采集质量，一般对检波器需进行定期测试，这些测试包括年检、月检、日检等。检波器测试仪的作用就是实现对检波器的性能及对指标进行测试，是用于监测检波器技术性能的专用测试设备。

根据检波器原理结构的不同，专用检波器测试仪器可分为电磁感应式和压电感应式两类。

由于陆地使用的检波器主要是动圈式检波器，并且测试仪以 SMT 系列居多，SMT 系列检波器测试仪是美国 I/O 公司的产品，目前国内外广泛使用的是 SMT-200 检波器测试仪。

一　SMT-200 检波器测试仪的组成部分

SMT-200 检波器测试仪采用模块化结构，体积小、重量轻、携带方便，因此非常适合野外使用。SMT-200 测试仪主机如图 3-4-1 所示。该测试仪除主机外还包括接口部件、应用软件等。

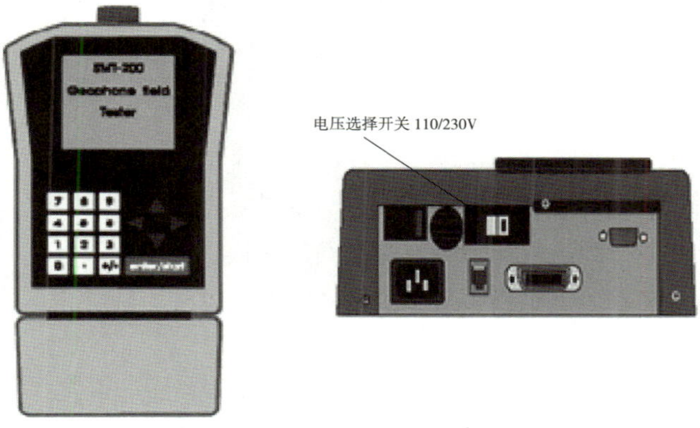

图 3-4-1　检波器测试仪示意图

1. 主机

用于完成检波器及检波器串的测试操作、数据存储等。

2. 接口部件

用于主机和 PC 机的连接部件、数据传输、电池充电、连接外部温度传感器接口等。

3. 配件部分

电池、标准检波器、检波器连线、PC 机的连线、地线、外部温度传感器、电源线等。

4. 软件

用于数据传输和软件更新升级。

二 检波器操作参数设置（Operating menu）

检波器操作参数设置菜单界面如图 3-4-2 所示，在此菜单中包含 8 个选项。在设置菜单中直接按“3”键，可进入该菜单。

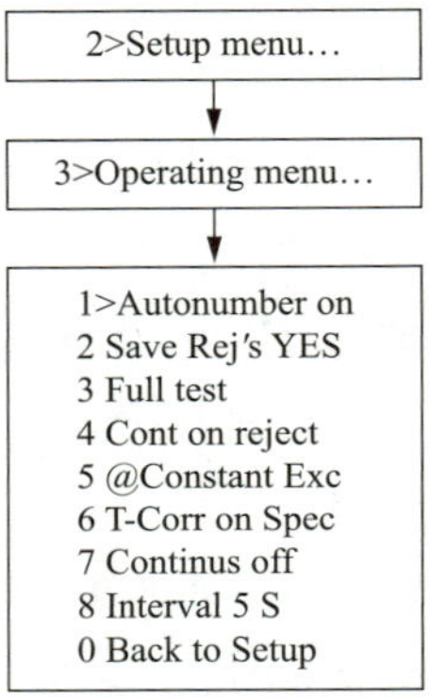

图 3-4-2 检波器类型编辑界面示意图

在测试自然频率小于 12Hz 的检波器时，固定位移和固定速率的选择对于畸变测试非常重要。对于高于 12Hz 检波器固定位移和固定速率是相等的。

固定速率：畸变测试是以特定的驱动强度驱动检波器悬体，测试检波器产生的谐波。在固定速率驱动下，驱动强度为 0.7in/s，由此产生的位移取决于驱动信号的频率和检波器的自然频率。低驱动频率将导致悬体位移成比例增加，由于弹簧呈非线性驱动，位移增加将导致畸变增大，所以把这些和固定位移进行计算，就可完成畸变测试。

固定位移：除了频率为 12Hz 外，在测试时对驱动电流（驱动强度）进行补偿，改变驱动强度可以使悬体位移保持在 0.236mm，这与悬体在以 12Hz、0.7in/s 驱动时产生的位移相等。在检波器菜单中设定畸变测试所需频率按照推荐值设定。

Autonumber ON：选择“ON”每次测试后，记录号将自动加 1。

Save Rej’s YES：应选择“YES”，否则将只存储合格记录。

Full Test：显结果时，可实现测试结果（数据）与“Go/No-Go”方式切换。“Go/No-Go”方式显示就是以“√”和“×”表示检波器测试结果的好坏。在两种显示状态下，所有的测试结果都会记入内存。

Cont on reject：选择连续测试或中断测试。

Constant Exc：可进行固定位移和固定速率间的转换。

T-Corron Data：测试数据和特性值间转换。

Continuous：选择连续方式测试。

Interval：选择连续方式测试时的时间间隔。

Back to Setup：返回设置菜单（Setup menu）。

T-Corr on（温度－相关）：温度补偿适用于检波器特性测试和检波器测试数据采集。一种情况数据不需要温度调节，但测试环境必须符合测试规范。另一种情况需要温度补偿。推荐使用数据相关，这样在不同温度下所记录的数据可进行对比。数据相关后，所测试数据接近于检波器的特性值。

三 测试项目序列菜单（Test sequence）

测试项目序列菜单界面如图 3-4-3 所示，用于设置测试项目。

1 Low Drive：低驱动设定 ON/off。

2 Noise：噪声测试设定 ON/off。

3 Leakage：漏电测试设定 ON/off。

4 Resistance：电阻测试设定 ON/off。

5 Fn，Bo，Go：自然频率、阻尼、灵敏度测试设定 ON/off。

6 DistImp：畸变测试设定 ON/off。

7 Cont Imp：交流阻抗测试设定 ON/off。

8 Polarity：极性测试设定 ON/off。

9 Polarity First：极性测试顺序设定。

10 Back to Setup：返回设置菜单。

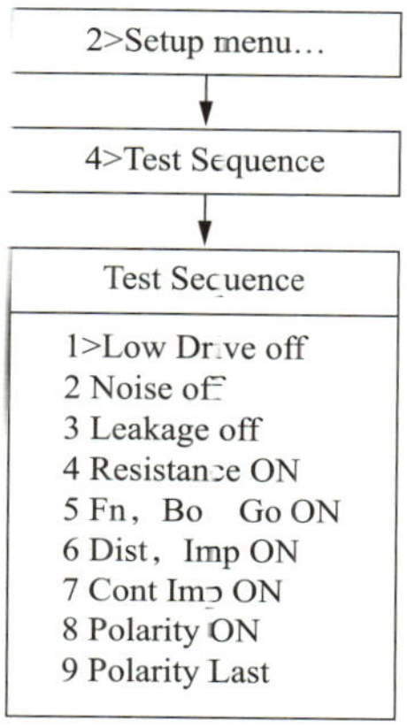

图 3-4-3 检波器测试次序菜单界面示意图

在设置菜单（Setup menu）中，将光标选至测试序列（Tests Sequence）行，按回车键或直接按“4”键即可进入测试序列设置菜单，其该菜单包含 9 个设定项目。

四 电源参数设置（Power menu）

电源参数设置菜单如图 3-4-4 所示，在设置菜单内直接按“6”键即可进入该设置菜单，在该菜单内，可对相关参数进行省电模式设置。

1 Savings：电源参数保存设置 ON/off。

2 B-light：设置背光灯亮显示时间。

3 Display：设置最后一次按键后显示保持的时间。

4 Shut-Down：设置在无操作状态下，仪器自动关机的时间。在此时间内，按任意键，仪器将重新计时。系统自动关机不会造成数据丢失。

5 Log-Off：设置仪器关机时间。

0 Back to setup：返回设置菜单（Setup menu）。

五 日期和时间设置（Date & time）

日期和时间设置菜单界面如图 3-4-5 所示，日期和时间菜单用于设置仪器的内部时钟。

按方向键的左右键，将光标移动到相应的修改区域，按上下键可改变数据，修改日期和时间。

六 SMT-200 温度（Temp menu）设置

温度设置菜单界面如图 3-4-6 所示，在主菜单界面直接按“3”键，即可进入此菜单。此菜单可以读取和设置环境温度，温度的补偿对于测试结果非常重要，SMT-200 允许在不同温度下进行测试。

检波器串自身材料有一个温度系数，也就是检波器的特性是随温度变化的。在菜单中允许对测试数据进行补偿，在温度菜单中设置温度，用于计算补偿值。

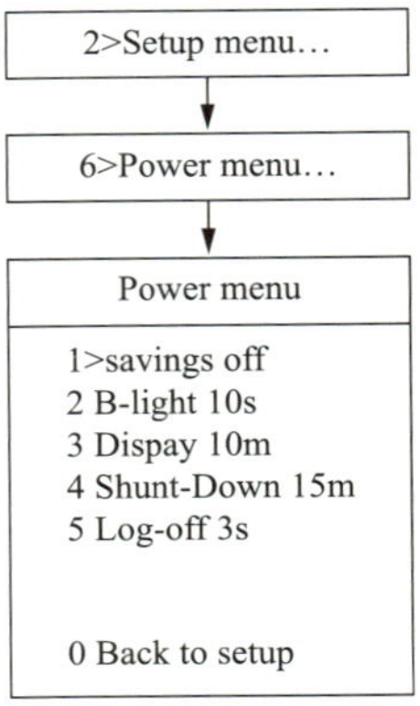

图 3-4-4 电源参数设置菜单界面示意图

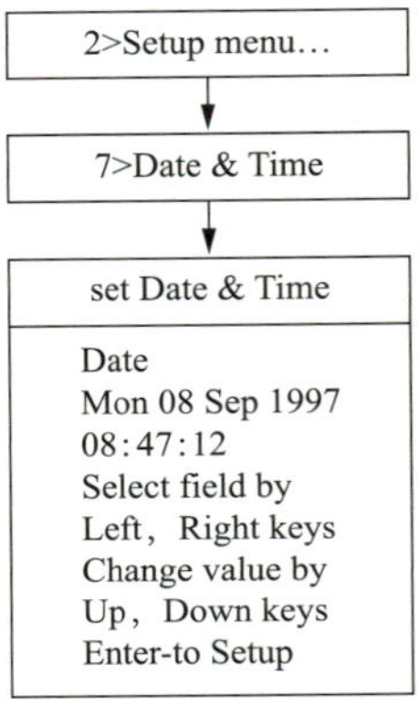

图 3-4-5 日期、时间设置菜单界面示意图

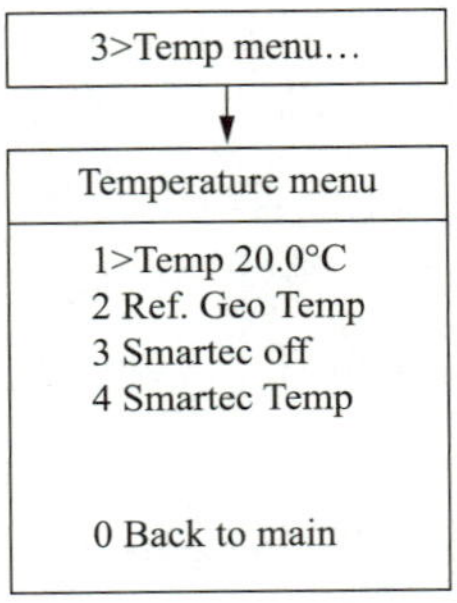

图 3-4-6 温度设置菜单界面示意图

注意：当选择手动输入温度时，应将温度传感器（Smartec）设置为 off，所有随后测试及数据都将随输入值变化。输入温度应注意尽量准确，并应及时注意随环境温度的变化修改温度值，保证测试数据准确。

1 Temp：手动输入测试（环境）温度。

2 Ref.Geo Temp：读取和存储参考检波器提供的温度。

3 Smartec off：设置温度传感器的状态 ON/off。

4 Smartec Temp：读取和存储外置传感器提供的温度。

0 Back to main：返回到主菜单。

七 SMT-200 文件菜单（File menu）设置

文件菜单设置界面如图 3-4-7 所示，在主菜单界面直接按“4”键，即可进入此菜单。该菜单包含 7 个子菜单。

Redisplay Last：显示最后一次测试结果。

Storage status：存储状态。

Dump data file：转储数据文件（如：串行打印、PC 终端）。

List data file：记录数据列表显示。

Erase data：删除数据。

Read Config：读取配置文件。

Save Config：保存配置文件。

Back to Main：返回主菜单。

注意：文件菜单中的 Erase data 命令，将删除内存中的全部测试记录数据，一旦删除无法恢复。Read Config 命令，将加载内存中的配置文件，配置文件保存了 SMT-200 设置的所有参数，这个文件加电时自动加载，关机时自动保存。读取配置文件将重新加载开机时的配置参数，或加载最近一次存储的参数。

图 3-4-7 文件菜单设置界面示意图

八 SMT-200 数据下载

（一）数据下载步骤

About 菜单中给出了本台测试仪的相关信息，其中包括 SMT-200 测试仪软件版本号、仪器序列号、软件编译完成时间，如图 3-4-8 所示。

①将 SMT-200 主机、接口部件与 PC 机按照图 3-4-9 连接。

②设备连接完成后，将电源开关打在 230V 档位上，打开电源开关接通电源。

③启动 PC 机中的数据下载程序，在此状态下，打开 PC 机，将数据下载软件安装在 PC 机上。注意：该软件可以在 WINDOWS3.X/95/98 和 DOS5.0 以上的操作系统下运行，但不能在 WINDOWS NT 下运行。

④使用 Alt+T 选择文件传输命令，也可以在下拉式菜单中使用光标选择【执行（点击）SMT-200- File Transfer】。

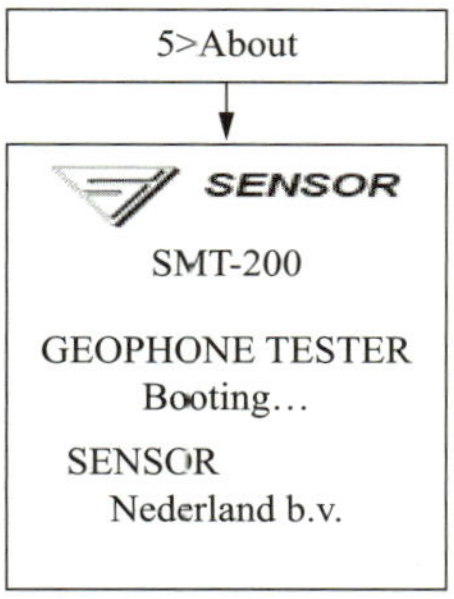

图 3-4-8 相关信息界面示意图

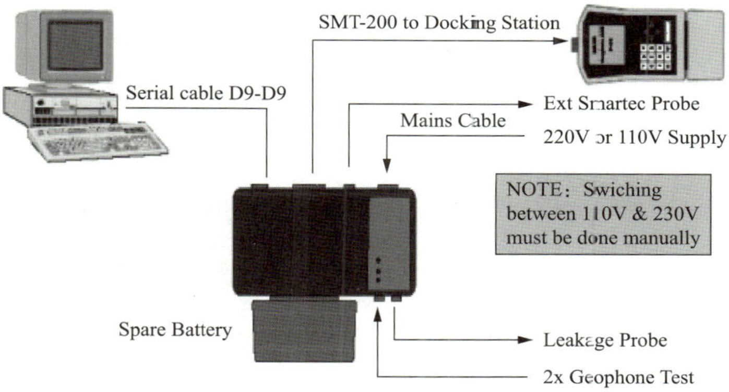

图 3-4-9 数据下载联机示意图

⑤ SMT-200 测试仪的电源将会自动被唤醒（打开），进行数据传输（数据自动调入 PC 机），这整个过程需要花费几分钟（根据测试仪存储记录块大小），请等待。

⑥一旦数据传输完毕，计算机将显示“Save DATA as”。下载（调出）数据完成后，SMT-200 主机自动关机。

⑦选择一个合适的名字，按回车键进行存储。

（二）数据下载注意事项

①通常数据传输设置参数已设置好，不需要更改，但如果传输失败应检查相关设置，PC 机和仪器设置应相同。

②如果连接设备时，PC 机处于开机状态，连接好后需要重新启动。

③传输过程经常不能一次完成，可重复以上操作步骤。建议不要等仪器记满内存后才传输数据。

思考题

1. 地震检波器的性能有哪些？

2.I-Nodal 节点地震采集系统的硬件包括什么？

3. 组合检波的目的是什么？

4. 使用采集站的注意事项有哪些？

5. 野外排列中常见故障有哪些？

扫一扫
获取更多资源

第四章

地震勘探震源激发

PART 4

地震勘探震源激发时产生的地震波和时断信号，为了与接收系统进行同步，需要使用遥控震源同步系统。该系统及电台分别设置在激发点（炮点）和仪器车上，主要有仪器车上的编码器和双向通信电台、炮点上的译码器（高压爆炸机）和双向通信电台。通常的激发震源为井中爆炸的炸药震源。当要激发产生地震波时，仪器操作员通过地震仪发出起爆指令，该指令经过编码器，由电台发送给炮点；炮点的电台接收到起爆指令，经译码器形成起爆点火指令，该指令控制高压爆炸机引爆雷管和炸药，激发产生地震波。在激发产生地震波的同时，炮点遥控震源系统向仪器发回验证时断信号（TB）和井口检波器信号，作为两个辅助道信号与地震数据一起进行记录。

第一节　地震激发概述

一　炸药的分类及性能

炸药是指在一定的外界能量作用下，能发生快速化学反应，生成大量的热和气体产物，对周围介质做功的化学物质。

（一）炸药的分类

1. 按用途和特性分类

按用途和特性，广泛意义上的炸药可分为起爆药、猛炸药、火药及烟火药四种。

（1）起爆药

指在较弱的初始冲击能作用下即能发生爆炸，且爆炸速度在极短的时间内（几个微秒）能增至最大，易于由燃烧转爆轰的炸药。起爆药是一种对外界作用特别敏感的炸药，常用来引爆其他炸药，故称起爆药。特点是受较小的外界作用就可以被激发而引起爆轰，而且反应速度极快，常在雷管中添加此种药剂。常用的有叠氮化铅 $Pb(N)_3$、雷汞 $Hg(ONC)_2$、二硝基重氮酚 $C_6H_2(NO_2)_2N_2O$ 等。

（2）猛炸药

指在起爆器材起爆作用下，利用爆轰所释放的能量对介质做功的炸药。与起爆药相比，猛炸药比较稳定，通常要在一定的起爆源作用下才能爆轰。它是用于爆破作业的主要材料之一。猛炸药对周围介质产生强烈的破坏作用，所以又称为高级炸药。常用的猛炸药有梯恩梯、黑索金（RDX）、奥克托金、太安（PETN）、铵梯炸药、铵油炸药、乳化炸药、水胶炸药等工业炸药。目前石油物探工作使用的铵梯震源药柱就是工业混合型炸药的一种。

（3）火药

指在一定的外界能量作用下，自身能进行迅速而有规律地燃烧，同时生成大量高温气体的物质。常见的有单基药（硝化棉）、双基药（硝化棉＋硝化甘油）、黑火药。

（4）烟火药

指在一定的能量作用下，能发生燃烧或爆炸，产生声、光、电、热、烟、延期等烟火效应的炸药。常见有点火药、延期药等。

2. 按炸药的组成分类

按炸药的物质组成分类，炸药可分为单体炸药和混合炸药两大类。

（1）单体炸药

单体炸药是由单一的化合物组成，常见的单体炸药有 TNT、黑索金、太安等。

1）TNT

TNT，即三硝基甲苯，其分子式为 $C_6H_2(NO_2)_3CH_3$。TNT 炸药是一种有苦味和毒性的淡黄色晶体，有粉末状和鳞片状两种。它的吸湿性很小，几乎不溶于水，可溶于酒精等有机溶液。热稳定性能好，在常温下不会自行分解。遇火能燃烧，在密闭条件下或量大时，可由燃烧转为爆轰，爆炸威力较高，可用作雷管的加强药、硝铵类炸药的敏化剂和低感度炸药的起爆药等。

2）黑索金

黑索金（RDX），即环三次甲基三硝胺，其分子式为 $(CH_2)_3N_3(NO_2)_3$。黑索金主要用作雷管的加强药、低感度混合炸药的敏化剂、导爆索或导爆管的芯药等。

3）太安

太安（PETN），即季戊四醇四硝酸酯，其分子式为 $C(CH_2ONO_2)_4$，主要用于雷管的加强药和导爆索的芯药。

（2）混合炸药

混合炸药是本身含有两种以上成分的混合物，故称为混合炸药。这类炸药有气态、液态、固态三种，其中以固态最多，常用的有硝铵类炸药，它是以硝酸铵为主要成分，同时还加入了一些敏化剂、可燃剂和疏松剂等组成的一种混合炸药，已成为现代工业炸药的主体。

目前常用的有铵梯炸药、铵油炸药、铵松蜡炸药等。野外地震勘探现在大部分使用铵梯震源药柱，它是由硝酸铵、TNT 和木粉 3 种成分组成，硝酸铵为氧化剂、TNT 为敏化剂兼还原剂，木粉为还原剂，起松散炸药防止结块的作用。震源药柱的出现，大大方便了地震勘探施工，特别是对硝铵类炸药易吸湿结块这一问题得到了妥善处理。震源药柱的爆炸性能好，化学安定性高、威力大，传爆感度高，密封性、抗水性好，在 0.3Mpa 压力下，浸水 48h 不透水，适用温度一般为 −40 ~ 50℃。另外震源药柱在运输和使用时也非常方便。其缺点是成本比散装炸药高。

震源药柱的装药密度一般为 0.85 ~ 1.1g/cm^3，威力为 240 ~ 350mL，猛度为 8 ~ 13mm，

爆速为 2400 ~ 5100m/s。

铵梯炸药的成分按比例为：硝酸铵：82% ± 1.5%；TNT：14% ± 1.0%；木粉：4% ± 0.5%。

3. 常规工业炸药

（1）胶状乳化炸药

①规格品种：分为包装药（一般药卷为 Φ35mm 、Φ32mm ）和散装炸药，品种有煤矿许用型和岩石型。

②组分：硝酸铵、硝酸钠、水、乳化剂和油相等。

③起爆方式：分为敏感型和非雷管敏感型，前者可被单发雷管或规格为 12g/m 的爆索起爆，后者用起爆具起爆。

④主要性能指标：胶状乳化炸药外观为油包水型膏状物，爆速为 3000 ~ 5400m/s，猛度为 12 ~ 17mm，殉爆距离为 5 ~ 9cm。

⑤储运措施：储存于阴凉、通风、干燥的库房，远离火种、热源，防止阳光直射，不得与雷管同库存放或同车运输。

（2）粉状乳化炸药

①规格品种：分为包装药（一般药卷为 Φ35mm、Φ32mm ）和散装炸药，品种有煤矿许用型和岩石型。

②组分：硝酸铵、硝酸钠、水、乳化剂和油相等。

③起爆方式：分为雷管敏感型和非雷管敏感型，前者可被 1 发雷管或规格为 12g/m 的爆索起爆，后者用起爆具起爆。

④主要性能指标：粉状乳化炸药外观为油性粉末颗粒，爆速为 4000 ~ 5500m/s，猛度为 15 ~ 20mm，殉爆距离为 8 ~ 15cm。

⑤储运措施：储存于阴凉、通风、干燥的库房，远离火种、热源，防止阳光直射，不得与雷管同库存放或同车运输。

（3）水胶炸药

①规格品种：分为雷管敏感型和非雷管敏感型，品种有煤矿许用型和岩石型。

②组分：硝酸铵、水、硝酸甲胺、胶凝剂、铝粉、交联剂等。

③起爆方式：分为雷管敏感型和非雷管敏感型，前者可被 1 发雷管或规格为 12g/m 的爆索起爆，后者用起爆具起爆。

④主要性能指标：外观为胶凝体，爆速≥ 3300m/s，猛度≥ 10mm，殉爆距离≥ 2cm。

⑤储运措施：储存于阴凉、通风、干燥的库房，远离火种、热源，防止阳光直射，不得与雷管同库存放或同车运输。

（4）铵油类炸药

铵油类炸药主要包括：粉状铵油炸药、膨化硝铵炸药、多孔粒状铵油炸药、铵松蜡炸药、铵磺炸药等产品。

①规格品种：分为包装药（药卷 Φ35mm、Φ32mm ）和散装炸药，品种有煤矿许用型、岩石型、露天型等。

②组分：硝酸铵、木粉、油相等。

③起爆方式：分为雷管敏感型和非雷管敏感型，前者可被 1 发雷管或规格为 12g/m 的爆索起爆，后者用起爆具起爆。

④主要性能指标：多孔粒铵油炸药外观为粒状物，爆速为 3000 ~ 3200m/s，猛度 ≥15mm，殉爆距离为 4cm。粉状铵油炸药爆速为 2800 ~ 3300m/s，猛度为 13 ~ 17mm，殉爆距离为 3 ~ 5cm 等。

⑤储运措施：储存于阴凉、通风、干燥的库房，远离火种、热源，防止阳光直射，不得与雷管同库存放或同车运输。

（5）硝化甘油炸药

①规格品种：分为包装炸药（药卷一般为 Φ35mm、Φ32mm）和散装炸药，品种有胶质炸药和粉状炸药。

②组分：硝酸铵、硝化甘油、胶棉、木粉、淀粉等。

③起爆方式：各种雷管、导爆索等。

④主要性能指标：外观为胶质或粉状物，以胶质为例，爆速 ≥ 6000m/s，猛度为 15mm，殉爆距离 ≥ 8cm。

⑤储运措施：储存于阴凉、通风、干燥的库房，远离火种、热源，防止阳光直射，运输、存储不应低于 10℃，不得与雷管同库存放或同车运输。

4. 震源药柱的基本结构及主要性能指标

（1）规格品种及结构

震源药柱按规格结构可分为高爆速、中爆速、低爆速（或称高密度、中密度、低密度）三种（图 4-1-1、图 4-1-2）。

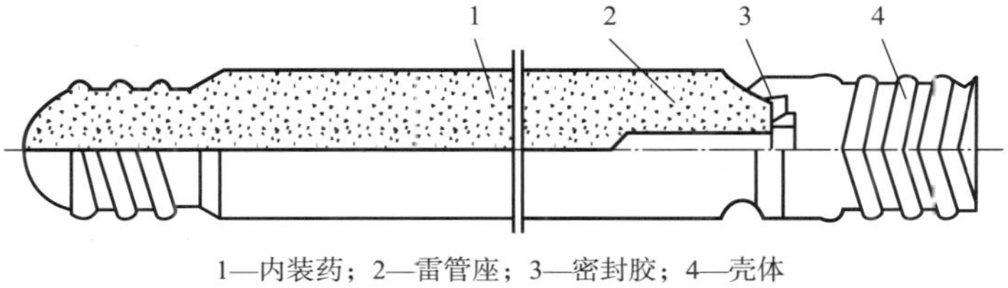

1—内装药；2—雷管座；3—密封胶；4—壳体

图 4-1-1　低密度震源药柱结构图

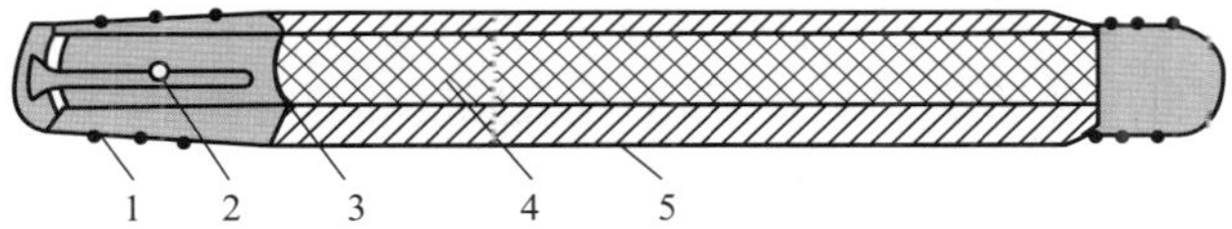

1—雷管座；2—雷管孔；3—传爆药；4—内装药；5—壳体

图 4-1-2　中高密度震源药柱结构图

①装药：各种猛炸药、工业炸药等，一般内含起爆件；外壳为塑料外壳。

②起爆方式：各种雷管、导爆索。

③储存措施：储存于阴凉、通风、干燥的库房，远离火种、热源，防止阳光直射，不得与雷管同库存放或同车运输。

（2）主要性能指标

外观为柱状塑料壳体。爆速＞3500m/s，起爆感度为1发8号雷管，密度≥1.10g/cm^3。爆炸时产生冲击波、灼热、火焰，燃烧时放出大量有害气体。

（3）震源药柱产品的类别与型号

产品代号一般由使用方式代号、名称代号、规格代号及类型代号部分组成。如图4–1–3所示格式：

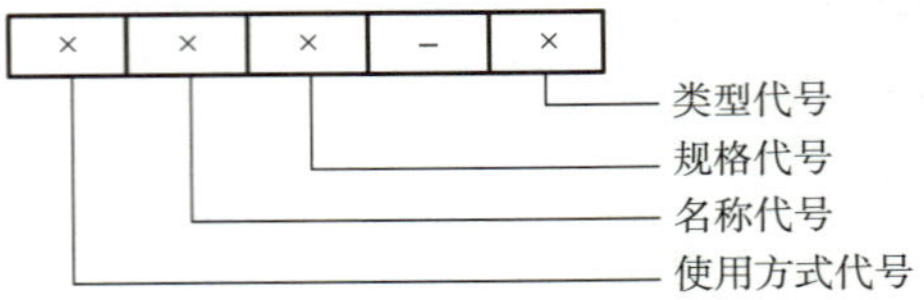

图4–1–3　震源药柱产品型号格式

使用方式代号：用于地面使用的震源药柱在名称代号前用汉字“面”的汉语拼音的第一个大写字母“M”表示，用于井下使用的震源药柱可省略。

名称代号：由“震源”两字汉语拼音第一个大写字母“ZY”表示。

规格代号：由产品直径和单节质量的数值组成，两数值之间用“–”隔开。直径毫米（mm），单节质量的单位为千克（kg）。

类型代号；依据爆速的高、中、低不同分别用大写字母G、Z、D后加型号表示。

其中高爆速震源药柱的爆速≥5000m/s，中爆速震源药柱的爆速为3500～5000m/s，低爆速震源药柱的爆速低于3500m/s。

高爆速震源药柱按照1000m/s的级差又分为Ⅰ型、Ⅱ型、Ⅲ型……，爆速越高，型号数越大。

低爆速震源药柱按照500m/s的级差又分为Ⅰ型、Ⅱ型、Ⅲ型……，爆速越低，型号数越大。

（二）炸药的特性

炸药的感度是指炸药在外界能量的作用下发生爆炸的能力。一般用引起炸药发生爆炸变化所需的最小起始冲量来表示。所需最小起始冲量越大，则表示炸药越钝感，即炸药不容易爆炸；反之，则感度越高，即炸药越容易发生爆炸。

炸药的感度主要分为热感度、机械感度、爆轰感度和静电感度。

（三）炸药的燃烧与爆轰

在外界能量作用下，炸药的变化形式主要有两种：燃烧和爆轰。爆轰是指某种炸药在一定条件下，以其不变的最大速度产生爆炸的过程。燃烧和爆轰既相互联系，又有区别，在一定条件下可由燃烧转化为爆轰。

1. 炸药燃烧与爆轰的区别

从传播方式上看，炸药燃烧的传播是化学反应区的能量通过传导、辐射及燃烧气体产物的扩散来传给未反应的炸药；而炸药爆轰的传播则是借助于冲击波对未反应的炸药强烈冲击压缩作用来实现的。

从传播速度看，炸药的燃烧速度通常约每秒数毫米到数米，最大也只有每秒数百米（黑火药）；而炸药的爆轰传播速度一般可达每秒数千米到一万米。

从环境影响看，炸药的燃烧传播速度受外界条件特别是环境压力的影响，变化显著，当压力增高时，燃烧速度急剧加快；而炸药的爆轰传播速度极快，几乎不受外界条件的影响。

从反应区内产物质点运动方向看，炸药在燃烧过程中，反应区内产物质点运行方向与燃烧波传播方向相反；而炸药的爆轰反应区内产物质点的运动方向与爆轰波的传播方向相同。

2. 炸药燃烧转化为爆轰的条件

①燃烧气体平衡的破坏是燃烧转化为爆轰的主要原因。炸药在燃烧过程中，产生的气体如不能及时排出，燃烧反应区内压力就会增高。燃烧速度就会加快．当燃烧速度超过某一临界值时，燃烧气体的平衡就会受到破坏，此时燃烧已不能稳定进行，从而转化为爆轰。

②炸药燃烧面的扩大，可以破坏燃烧的稳定性，促使燃烧转化为爆轰燃烧面扩大，单位时间内燃烧的药量增加，使燃烧加快，燃烧温度增高，燃烧速度或燃烧温度达到某一程度时，炸药的燃烧就会转化为爆轰。

③炸药的性质是燃烧转化为爆轰的重要因素。发生反应时化学反应速度越高．就越容易转化为爆轰。

（四）炸药的爆炸性能及破坏作用

1. 炸药的爆炸性能

了解炸药的主要性能对炸药储存、安全使用和安全管理等方面有着重要的作用。表示炸药主要性能的参数有爆速、爆热、爆温、爆容、爆压、威力、猛度、殉爆、炸药当量、安全性等。

（1）爆速

爆速是指炸药在爆炸时，爆轰波在炸药内部的直线传播速度，单位用 m/s 表示。常用猛炸药的爆速为 3000 ~ 9000m/s，混合炸药通常为 3000 ~ 5000m/s。爆速主要取决于炸药自身的性质同时和起爆能的大小、装药直径、装填密度、外壳材料的强度及附加物等因素有关。

炸药的爆速与装药直径有关，但是当装药直径小于其值时爆轰不能稳定传播，当装药直径大于某值时，爆速不再随装药直径的变化而变化。因此，装药直径存在一个临界直径和极限直径，临界直径指能使爆轰得以稳定传播下去的最小装药直径；极限直径是指当装药直径达到某值时，爆速不再随直径的增大而增大，这一直径称为极限直径。与临界直径和极限直径相对应的有临界爆速和极限爆速，在临界直径时炸药的爆速称为临界爆速；在极限直径时炸药的爆速称为极限爆速。一般地讲，单质炸药的临界爆速为 2000 ~ 3000m/s，极限爆速为 6000 ~ 8000m/s。硝铵炸药的临界爆速为 1000 ~ 2000m/s，极限爆速为 4000 ~ 5000m/s。

炸药爆速的规定方法有 3 种：对比测量法（导爆索法）、计时测量法（电测法）和高速摄影法。

影响爆速的因素有 4 个：

①炸药的性质，单质炸药爆速随爆热、比容、化学反应速度的增大而增大。

②装药直径，在一定范围内，爆速随装药直径的增大而增大。

③装药密度，单质炸药的爆速随装药密度增加而增大。

④添加物，当加入惰性物质后，爆速会降低。

（2）爆热

爆热是指单位质量的炸药在爆炸反应过程中放出的热量，用 Q 表示，单位用 kJ/kg 表示。常用猛炸药的爆热为 3000 ~ 9000kJ/kg，混合炸药爆热为 3000 ~ 4000kJ/kg。一般的炸药提高装药密度或在炸药中加入能生成高热量的氧化物的细金属粉末（如铝粉、镁粉等），就能提高爆热。

（3）爆温

爆温是指炸药爆炸时放出的热量将爆炸物加热所达到的最高温度，单位可用摄氏温度（℃）或热力学温度（K）表示。常用猛炸药的爆温为 2300 ~ 4000K，混合炸药爆温为 2300 ~ 3000K。煤矿井下爆破，要求爆温不得超过一定的数位，常在炸药中加入食盐、硫酸盐等以降低炸药的爆温。爆温的实际测定较为困难，目前所采用方法是测定爆炸瞬时产物的色温，对其加以研究而得到的爆温数据。

（4）爆容

爆容又称比容，是指单位质量的炸药爆炸时所生成的气体产物在标准状态（1.0133×10^5Pa，273K）下所占据的体积。通常用 1kg 炸药的单位进行表示，其单位为 L/kg。爆容这个参数是爆炸对外做功能力的一个标志。

（5）爆压

爆压是指爆轰产物在爆炸反应完成瞬间所具有的压强，其单位为 Pa。因为在爆炸过程中，爆炸产物中的压力是不断变化的，爆压通常是指爆炸化学反应区末端面处所具有的压强。它是炸药爆炸瞬间猛烈破坏程度的标志。

（6）威力

威力是指炸药对外做功的能力，主要取决于爆炸时放出的热量和形成气体产物的多少。炸药的威力越大，其对周围介质的破坏能力越强。威力是衡量炸药做功效果的重要标志之一。实际应用中，炸药威力通常用铅铸试验来评定，即将一定量的炸药放在规定为标准的铅铸孔中进行爆炸，以爆炸后铅铸孔扩张的体积大小来表示炸药的威力，或以 TNT 的铅铸扩孔体积为基准，用相对值来表示各种炸药的威力。

（7）猛度

猛度是指炸药进行局部破坏作用的能力。它主要取决于爆炸传播的速度和爆炸瞬间气体产物压力的大小。对单质炸药威力大的，猛度也大；混合炸药却不一定。实际应用中，炸药猛度通常采用弹道来测定，即将一定量的炸药黏结在规定标准的猛度摆上进行爆炸，以炸药爆轰产物传给摆体的冲量来表示炸药的猛度或以 TNT 的试验猛度值为基准，用相对值来表示各种炸药的猛度。

（8）殉爆

装药 A 的爆炸能引起与其相距一定距离 R 被惰性介质隔离的装药 B 的爆炸的现象称为殉爆，如图 4–1–4 所示。

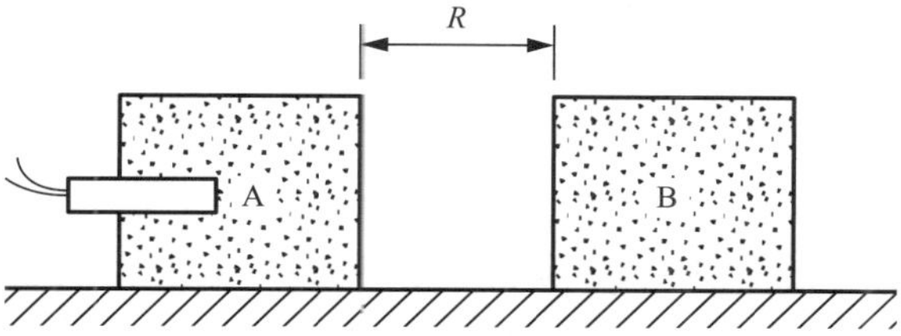

图 4–1–4　炸药殉爆示意图

惰性介质可以是空气、水、土壤、金属或非金属材料。冲击波通过惰性介质传递的能力称为殉爆能力，用能引起殉爆时两装药间的最大距离 R 表示，叫作殉爆距离。

殉爆距离测定方法：先将沙土将地面捣平，然后用与药包直径相同的木棒在上面压出一半圆槽，将两药包放入槽内，中心对正，量出两药包的距离，起爆主发炸药，如果被发装药完全爆炸，需再加大距离重复测试，直到测出能殉爆最大距离，即为殉爆距离。殉爆距离与以下因素有关：

①主发炸药的药量和性质：药量越大，爆热、爆速越大，则殉爆能力越强。

②主发炸药的外壳：当装药有外壳时，有利于爆轰产物定向飞散，使殉爆距离增大。

③主发炸药与被发炸药之间的连接方式：若用管子连接时，可更好地集中爆轰产物和冲击波向某一方向飞散，增强殉爆能力。

④被发装药的性质：取决于其爆轰感度（越大，则殉爆能力越大）及炸药装药外形及药态等。

⑤惰性介质的性质：一般不易压缩的介质中，冲击波容易衰减，殉爆能力减小。

影响殉爆的因素有：

①装药密度。随着主发炸药密度的增高，殉爆距离也随之增大；主发炸药条件给定后，被发装药的密度越小，殉爆距离越大。

②药量的药径。固定主、被发装药的药量，变动其直径，殉爆距离随着药包直径的增大而增大；固定主、被发装药直径，改变其药量，殉爆距离随着药量的增加而增大。

③装药外壳和连接，如果主发炸药有外壳，甚至将两装药用管子连接起来，殉爆距离会增大。

④装药的温度和水分，摆放位置和周围介质，对殉爆距离也都有影响。

地震勘探涉爆施工中安全操作程序规范设计、盲炮哑炮处理及爆炸物品储存库的设计等，必须考虑殉爆距离，确保满足处理哑炮及安全储存爆炸物品的要求。

（9）炸药当量

炸药当量又称 TNT 压力当量。为了比较各种工业炸药爆炸后的能量大小，除测定各种工业炸药威力、猛度、爆速、爆热等参数比较外，还可用 TNT 压力当量来表示。

TNT 压力当量是指任一炸药在相同距离内得到同样爆炸后空气冲击波超压时的 TNT 质量，即同样爆炸超压的 TNT 质量被任一炸药质量相除（TNT 质量与任一炸药质量之比）。

（10）安全性

炸药的安全性，是指炸药在一定的时期内承受一定的外界影响后，不会改变原有物理性质的能力，这种能力越强，其安全性就越好。炸药的安全性直接关系到储存、运输和使用安全，并且储存条件又会直接影响炸药的安定性。

2. 空气冲击波对人和建筑物的破坏作用

炸药在空气中爆炸，对周围介质的破坏主要有两种形式：一种是爆轰产物的直接破坏作用；另一种是爆轰产物膨胀后，在空气中形成冲击波的破坏作用。

3. 炸药在土石介质中爆炸后的破坏作用

炸药在土石层中爆炸的破坏情况如图 4–1–5 所示。

如图所示炸药在深层土石介质中爆炸，由爆炸中心向外顺次出现的变化土石层是：

排空区，炸药爆炸产物直接作用于与之接触的土石而形成的空穴。

压碎区，此处土石层受高压作用，结构完全破坏，被压碎或压缩。

松动区，因压力下降，由拉伸应力作用，形成的径和环形裂缝交错的破坏区。

震动区，土石结构不受破坏，仅产生质点震动的区域。

从爆炸中心到松动区，总称为爆破区，其半径称为破坏作用半径，其大小取决于炸药量和威力，与药包在土石层的深浅无关。

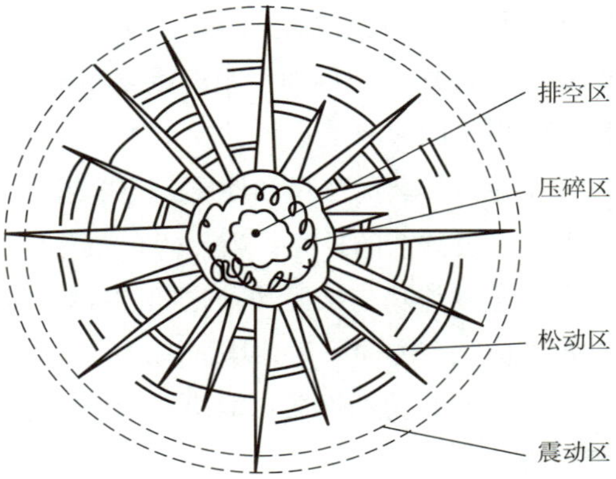

图 4–1–5　土石层中爆炸破坏情况

二　雷管的分类、构成及性能

（一）雷管的分类及构成

雷管是起爆系统的主要元件之一，起到引爆炸药的作用，是最常用的起爆器材。按雷管的管壳材料可分为金属壳雷管（如铜、铁、铝壳等）和非金属壳（如塑料、纸管壳等）两种。雷管按点火方式可分为火雷管、电雷管、非电雷管三种，其中火雷管是一切雷管的基础。

1. 火雷管

火雷管是由导火索的火焰冲能激发而引起爆炸的工业雷管。它的组成部分有管壳、加强帽、装药（分为主发装药和次发装药）部分。但由于安全性能差、污染严重已经淘汰。

2. 电雷管

电雷管是以电能转化成热能而激发引爆的雷管，由火雷管和电引火元件组成。激发后瞬时爆炸的称瞬发电雷管，隔一定时间爆炸的称延期电雷管；按延期间隔时间不同，分为秒延期电雷管、毫秒延期电雷管；具有抗静电性能的称抗静电电雷管。

电雷管分类：瞬发电雷管、毫秒延期电雷管、秒延期电雷管、半秒延期电雷管、煤矿许用电雷管、数码电子雷管。

石油地震勘探所用的雷管，目前一般采用 8 号瞬发电雷管，瞬发电雷管又称即发电雷管，是指通电后立即引发起爆的雷管。

瞬发电雷管是在原火雷管的基础上加上一个电引火元件，结构如图 4-1-6 所示。电引火元件由两根绝缘脚线、塑料或塑胶封口塞、桥丝、引火药或点火药组成，电雷管的起爆是由脚线通以恒定的直流或交流电能，使桥丝灼热引燃引火药头，引火药头燃烧后在其火焰热能刺激下，使雷管起爆。

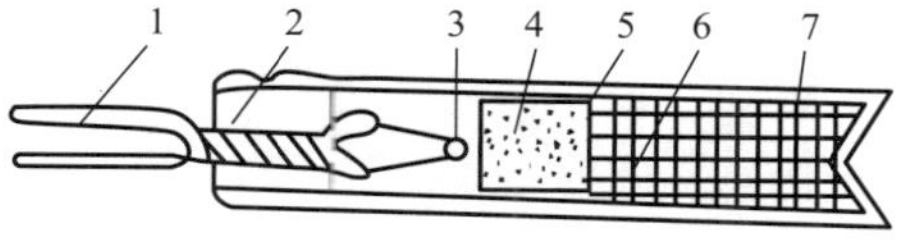

1—脚线；2—塑料封口塞；3—桥丝和引火药；4—加强帽；
5—起爆药；6—副装药；7—管壳

图 4-1-6　瞬发电雷管结构图

（1）脚线

脚线用来给桥丝输送电流，有铜和铁两种导线，外皮用塑料绝缘，要求具有一定的绝缘性和抗拉伸、抗弯曲和抗折断能力。脚线长度可根据用户需要而定制，一般情况下脚线长度为 2m。每一发雷管都是由两根颜色不同的脚线组成，颜色的区分主要为方便使用和炮孔连线。

（2）塑料封口塞

塑料封口塞的作用是为了固定脚线和封住管口，封口后还能对雷管起到防潮作用，因此，电雷管的抗水性能和防潮性能比火雷管优越。

（3）桥丝和引火药

用桥丝替代火雷管中的导火索，通电后，桥丝发热点燃引火药。常用的桥丝有康铜丝和镍铬合金丝。引火药一般都是由可燃剂和氧化剂组成的混合物，它涂抹在桥丝的周围呈球状。

（4）加强帽

加强帽中心带有一小孔的金属罩，多为铜或铁冲压而成。其作用有三个方面：第一，减少起爆药的暴露面积，提高抗震能力，并减少受外界作用的可能性，增加雷管的安全性；

第二，防止起爆药受潮，增加雷管的防潮能力；第三，在雷管中形成一个密闭小室，促使起爆药爆炸时压力的增大，提高雷管起爆的可能性和起爆能力。

（5）起爆药

起爆药又叫正爆药，感度非常高，由引火直接点燃爆轰，目前国产雷管大多采用二硝基重氮酚作为起爆药。

（6）副装药

它由起爆药爆轰后引爆，用于加强起爆的威力，感度比起爆药低，爆炸威力大，通常由钝化黑索金、特屈尔或黑索金 -TNT 压制而成。

（7）管壳

它有一定的强度，可减小起爆药、副爆药爆炸时的侧向扩散，保证足够的起爆能力；另外，管壳可以避免起爆药受外界的直接作用，保证安全，又可以提高雷管的防潮能力。雷管外壳底部有一个凹槽，起聚能作用。

（二）地震勘探电雷管的技术指标

①管壳材质：覆铜壳、铜壳、发蓝壳。

②管壳长度：45 ~ 50mm。

③脚线材料：PVC—铁、铜。

④脚线长度：长度公差应为名义值的 ±5%。

⑤雷管表面：不许有裂缝、严重的砂眼、管体锈蚀、开裂、排气孔露孔、浮药、底部残缺、卡箍开裂、封口塞松动或过高、过低等缺陷。

⑥最大不发火电流：电雷管达到规定的不发火概率所能施加的最大电流≥ 0.2A。

⑦最小发火电流：电雷管达到规定的发火概率所需施加的最小电流≤ 0.45A。

⑧串联起爆电流：对串联连接的 20 发电雷管能以 3.5A 恒定直流电，应全部爆炸。

⑨全电阻：工业电雷管全电阻≤ 3Ω 时，相对误差应不大于名义值的 ±25%。全电阻≥ 3Ω 时，相对误差应不大于名义值的 ±15%。

⑩发火冲能：0.8 ~ 5.0A^2·ms。

⑪ 铅板试验：8 号雷管应炸穿 5mm 厚铅板，6 号雷管应炸穿 4mm 厚铅板，铅板穿孔直径不小于雷管外径。

⑫ 震动试验是认定火工品在模拟的恶劣运输条件下受冲击加速度反复时的安全性试验。试验通常在单活动臂式震动试验机（符合 WJ231 要求）上进行。试样装入辅助工具固定的震动机上，凸轮转速（60±1）r/min，落高（150±2）mm，持续震动 10min，试样不得发火，各项性能指标不变。

⑬ 封口牢固性试验：荷重 2.0kg，持续 1min，封口塞和脚线不发生肉眼可见的移动和损伤。

⑭ 抗水性能：地震勘探用电雷管侵入压力为 0.3MPa 的水中保持 72h，取出后做发火实验应爆炸完全。

⑮ 电雷管贮存条件：通风良好的干燥、防火、防盗的库房内，保质期为 24 个月。

⑯ 静电性能：电容 500pF，充电电压 25kV，串联电阻 5kΩ，对产品脚壳放电，不爆炸。

（三）电雷管使用注意事项

①同一起爆网络，必须使用同厂生产的同规格同类别电雷管，以免出现丢炮，影响爆破效果。

②电雷管使用前应进行外观、全电阻检查，对管体表面和脚线严重锈蚀、全电阻值超出范围的电雷管禁止使用。

③取 1 发检验合格的电雷管，先从绕线中抽出脚线至尾部，松开捆腰的几圈脚线，然后一手握住脚线的拧花部位，一手握住脚线将其拉直捋顺待用，但在网络连接前应保持脚线短路状态。

④检测不合格的电雷管应做好记录，返还上交。

⑤电雷管的包装。每 100 发装一纸盒，纸盒包装蜡封防潮，并附有标志。雷管在盒内不得有松动，脚线长度增加时，允许变动盒内数量。每 10 盒装入一个木箱，包装盒在木箱内不得有松动现象，包装箱用厚度不小于 14mm 的木板或带大框的纤维制成，木板不得有腐朽、潮湿的现象。箱内外不准有突出铁钉，包装箱应牢固，箱外有规定标志。

（四）工业雷管号码等级

工业雷管按其药量的多少分为十个等级。号数越大，起爆药量越多，起爆能力也越强。常用的有 8 号和 6 号电雷管。

1. 编码的含义

雷管管壳外表编码由 13 位编码组成。如图 4–1–7 所示。

××	×	××	××	×	×××××
生产企业代号	生产年份	生产月份	生产日期	特征号	流水号

图 4–1–7 电雷管的编码格式

2. 编码的表示方法

①生产企业代号：用“01 ~ 99”2 位阿拉伯数字表示。

②生产年份：用“0 ~ 9”1 位阿拉伯数字表示公元世纪末位年份。

③生产月份：用“01 ~ 12”2 位阿拉伯数字表示 1 ~ 12 月。

④生产日期：用“01 ~ 31”2 位阿拉伯数字表示 1 ~ 31 日。

⑤特征号：用 1 位英文字母 A、B、C、…、Z，a、b、…（小写字母 c、o、s、u、v、w、x、z 除外）表示，也可以用 1 位阿拉伯数字表示。具体可以是编码机机台代号、雷管种类代号、雷管编码的分段号或并入盒流水号使用，但必须在企业《工业雷管编码信息使用说明》中明示。

⑥流水号：用5位阿拉伯数字表示，应连续布置，不得分割，且便于阅读和用户发放登记管理。其中前3位用“000～999”表示盒流水号，当3位数字不能满足生产需要时，可将特征号位作为盒流水号使用；后2位用“00～99”表示盒内雷管流水号。

3. 补码规则

在生产过程中，因进行抽检、出现废品等原因需要进行补码的，应补原雷管编码。特殊情况下，也可用专用补号编码代替。专用补号编码规则为13位编码前8位含义不变，后5位流水号第1位用英文字母B表示，后4位为补码流水号。

专用补号编码应保证唯一性，并与原雷管编码一一对应做好专门登记，长期保存备查。编码在雷管管壳上的排列可沿管壳轴线方向布置，也可沿管壳圆周方向布置。

（五）数码电子雷管

数码电子雷管又称数码雷管或数码智能雷管，结构如图4-1-8所示。简单说就是普通瞬发电雷管外挂电子控制电路。其本质在于一个微型电子芯片控制，取代了普通电雷管中的延期药与电点火元件，不仅大大地提高了延时精度，而且控制了通往引火头的电源，从而最大限度地减少了因引火头能量需求所引起的误差。其起爆能力与传统延期药雷管相同，延期和控制是其两个基本功能。

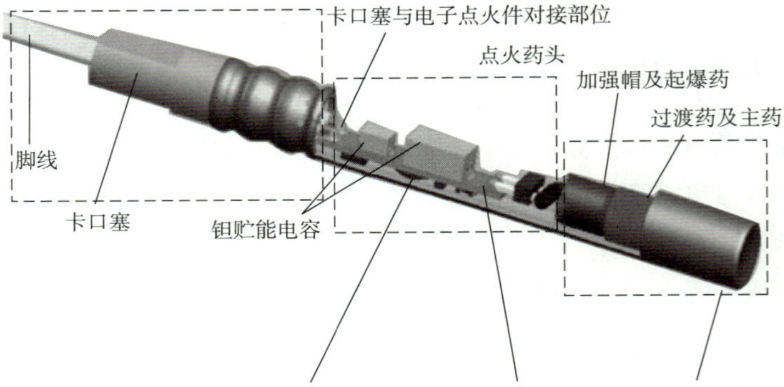

图4-1-8　数码雷管结构图

与普通延期电雷管相比具有三大优势：第一精度高，爆破时设立延期时间，能在10000ms以内以1ms等间隔任意设置，设置10000个段，而传统的雷管只能在2000ms以内设置20个段；第二可靠性高，能抗70m水深、72h(3d)，而传统雷管只能抗1m水深、24h(1d)；第三安全性高，抗射频、抗雷电、杂电、静电能力强。

（六）磁电雷管

磁电雷管是利用变压器耦合原理，由电磁感应产生的电冲能激发的雷管。具有防静电、防杂散电、防雷电感应、防射频电等特点，不能被工业、生活用电起爆，只能使用专用起爆器在特定的工作频率电流下才能起爆，又被称为“安全雷管”。安全电雷管，能够识别外来引爆信号的雷管。它是在电点火桥丝间加入微型安全电路，当脚线收到外界信号后，在微型电路中识别，若与设计信号不符则通不过桥丝，反之即加热桥丝引爆。主要适用于有杂散电、射频电、磁场干扰、雷电感应等危害的金属矿山。

（七）非电雷管

非电雷管，即导爆管雷管，是塑料导爆管雷管的简称，它是由塑料导爆管的冲击波冲能激发的工业雷管。

三 电雷管的测试

（一）电雷管测试的安全规定

①使用专用的电雷管测试表（毫安表）检查电雷管的通断情况，经检查不合格的要登记后销毁。

②电雷管检测应在室外安全的地方进行，要特别注意的是雷管脚线不得提前剪断，脚线剥皮要用防爆钳，禁止牙咬手拽。

③严禁使用万用表测量测试电雷管。

④使用专用的雷管测试仪测试雷管，应确保安全电流不能超过 30mA，通电时间每次不得超过 2s，被测雷管周围不得有人围观。

⑤检测时，挖坑放置，使雷管头部向前方，将雷管放在坑里，用导线引到 10m 以外的测试站进行测量。

（二）电雷管测试仪介绍

检测起爆网络和电雷管电阻，使用的是电雷管测试仪，根据电路结构和显示方式不同，分为模拟式和数字式两种类型。模拟式电雷管测试仪采用的是表盘指针指示方式，而数字式电雷管测试仪采用液晶显示数码方式。一般数字式和模拟式相比，测量准确度高、精度高、质量轻、体积小、误差小，流过电雷管中的电流更小，相对更加安全可靠。

1. 模拟式电雷管测试仪

QJ41 型电雷管测试仪是一种携带式袖珍模拟仪器（图 4-1-9），适用于矿区、部队、石油地震勘探、工厂检测电气爆炸网络和电气雷管的直流电阻。适用于周围空气温度为 -40 ~ +50℃、相对湿度不超过 98% 野外条件下使用。

图 4-1-9　模拟式电雷管测试仪

2. 数字式电雷管测试仪

QJ41A 型电雷管测试仪（图 4-1-10）专用于测量低电阻电雷管，体积小易携带，适用于矿区、部队、工程检测电气爆破网络和电气雷管的直流电阻。仪器采用MCD128×64点阵式中文大显示器和先进的CPU和相关电路，用软件调校，具有精度高、性能稳定、直观清晰、测量范围宽、操作方便、抗干扰能力强等特点。仪器具有量程自动转换带有背光显示，适合野外夜间及现场使用操作。

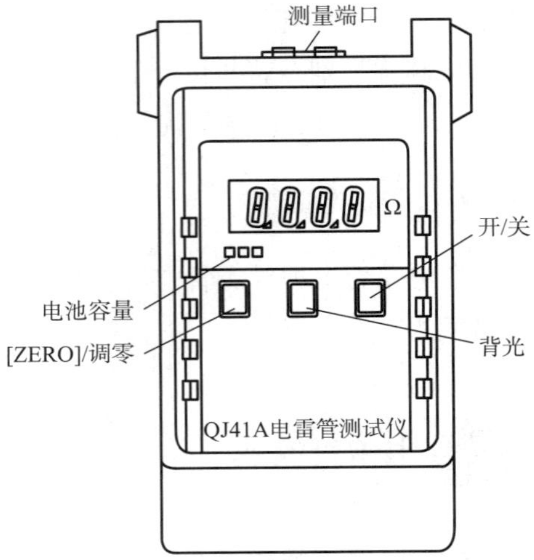

图 4-1-10　数字式电雷管测试仪

3. 雷管测试仪的使用方法

模拟式雷管测试仪和数字式电雷测试仪的使用方法步骤基本相似，下面以模拟式 QJ41 型电雷管测试仪为例说明使用方法：

①零位调整：使用之先应检查指针是否指示零位（左边线上），如果不在零位，即应旋转调零器“A”，使指针指示在零位，如图 4-1-11 所示。

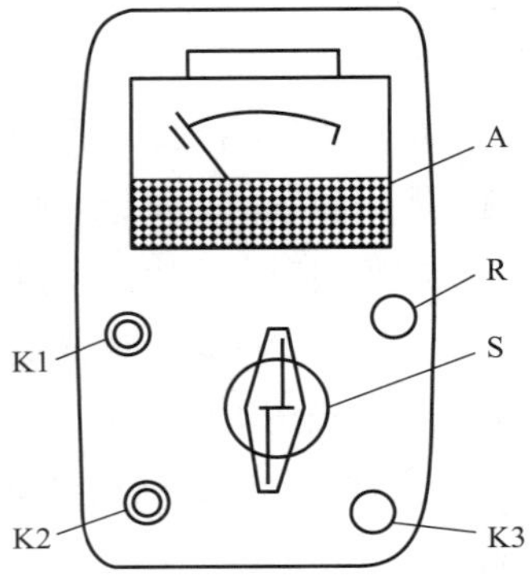

图 4-1-11　QJ41 型电雷管测试仪操作面板

②电雷管电阻的测试：将转换开关“S”旋至“3Ω”或“9Ω”挡上，指针即向右偏转，调节电位器“R”，使指针指向“0Ω”（即对准红△中间），被测电阻一端固定在接线柱“K2”，另一端用手按向接线柱“K3”，此时指针的指示值即是未知电阻读数。

注：K3 是复合结构的接线柱，作为接线柱和按钮两用。如指针调不到“0Ω”时，说明电池电压不足，应更换新电池。

③导电线测量：将转换开关“S”旋至“导电线”挡上，指针即向右偏转，调节电位器“R”使指针指“0Ω”，被测电阻一端固定于接线柱“K2”，另一端用手按住接线柱“K3”，此时指针的指示值即是未知电阻值读数。

④夜间测量：如夜间进行爆破作业时，可将照明开关“K1”扳向“开”位置。然后重复使用②③步的方法操作。

4. 使用雷管测试仪注意事项

①在测量电爆炸网络和电雷管的电阻时，应严格遵守有关安全操作规程。

②当仪器长期搁置不用时，应将电池取出，防止因电池腐蚀而影响仪器其他零件。

③夜间照明指示灯和线路共用一个电源，白天以及不使用时，要将照明开关扳向“关”位置，夜间使用时，照明时间不宜过长，并且应该先开照明灯，然后再调零。

④在开始测量之前，为了保证转换开关“S”接触良好，应将转换开关旋转几次。

⑤表头罩壳材料是有机玻璃，不可以用有机溶剂（如酒精、汽油）擦拭。

四 炸药、雷管的运输、储存、使用规定

（一）民爆物品运输规定

①运输民爆物品的车辆和船只必须符合国家有关运输规则的要求。

②运输时，车辆或船只必须设置醒目的警告标志，并有专人负责押运，不得搭乘无关人员。

③货物包装要牢固、严密，性质相抵触的民爆物品不准在同一车厢（船舱）内运输。

④公路运输时，车辆要限速行驶，并远离城镇和人口密集的地区。必须经过上述地区时，要事先与当地公安机关取得联系，按指定的时间、路线通过。

⑤为了避免引起殉爆，前后车辆应保持适当的安全距离。车间距一般应大于 50m。

⑥中途停歇时，要远离建筑设施重要桥梁和堤坝、边境要地和公共场所，并有专人看管民爆物品。

⑦严禁在民爆物品附近动火和吸烟。

⑧严禁使用翻斗车、自卸汽车、拖车、人力车、机动三轮车、自行车、摩托车等工具运输民爆器材。

（二）民爆物品人工搬动规定

①搬动混合炸药和起爆器材不得超过 10kg。

②背运原包装炸药不得超过一箱（袋）。

③搬动拆箱炸药不得超过 20kg。

④挑运原包装炸药不得超过 2 箱（袋）。

（三）民爆物品装卸规定

①参加装卸的人员必须经过安全培训，熟知有关安全常识。

②装卸时要轻拿轻放，防止摩擦和摔碰。

③作业区要设置醒目的警告标志，并有专人在现场负责监督指导。

④作业场所不得有产生火花的装置、工具和易燃易爆品。

⑤设置警卫，禁止无关人员进入施工现场。

⑥雷管和硝化甘油类炸药的搬运量，不准超过运输工作额定载重量的三分之一，其他民爆物品的装运量不准超过运输工具的额定载重量。

⑦民爆物品的装载高度不得超过车厢，雷管和硝化甘油类炸药的装载高度不得超过两层箱厚。

⑧分层装载民爆物品时，不准站在下层箱（袋）上装卸。

⑨用吊车装卸民爆物品时，一次吊装量不得超过设备能力的 50%。

⑩遇雷雨或暴风雨时，禁止装卸民爆物品；民爆物品的装卸工作，应当尽量在白天进行。

（四）民爆物品的存储

民爆物品的储存是爆破工作的重要环节。

民爆物品除特殊情况（如遇险情暂时转移、在中转的车站、码头等处临时存放）外，一般应放在民爆物品库内。地震勘探施工项目一般使用临时性民爆物品库。条例中规定：临时性民爆物品库的最大储存量为炸药 10t；雷管 20000 发；导火索 10000m。

1. 临时性库房规定

①库房宜为平房。

②库房地面必须平整无缝。

③墙、地板、屋顶和门为木结构时，应涂防火漆。窗户必须有一层外包铁皮的板窗门。

④设简单围墙，其高度不低于 2m。

⑤库房内必须有足够的消防器材。

⑥库房内必须设置独立的发放间，面积不小于 $9m^2$。

⑦应设单独的雷管房。

⑧库房内不准安装电气设备和使用电灯照明。

⑨库房内严禁吸烟、动用明火、住宿和进行其他无关活动。

地震项目设立临时民爆物品库之前，必须凭上级主管部门批准的文件和专职保管员的登记表，向所在地县、市公安机关提出申请，经审查符合《民用爆炸物品管理条例》的规定后，由公安机关发给《爆炸物品储存许可证》后，方准储存民爆物品，其储存量不得超过设计容量。

2. 库房内民爆物品堆放规定

①炸药箱（包括导爆索）堆高不得超过 1.8m，宽度以 4 箱为限；袋堆高度不得超过 1.2m。

②雷管放在木架上时，木架每格只准放一层，最上层层面距地面高度不得超过 1.5m；若在地面上堆放时，高度不超过 1m。地面应铺设软垫或木板，木架及地板上的钉子头应深埋 5mm，并用灰浆抹平。

③货架（堆）与墙壁的距离保持不少于 0.5m 的间距，架（堆）之间人行通道的宽度不少于 1.3m。

④为了便于通风，箱（堆）下面应垫方木或木板。

地震项目民爆物品库禁止设在城市市区和其他居民聚居的地方及风景名胜区。民爆物品库与周围水利设施、交通要道、重要桥梁、隧道、高压输电线路、通信线路和输油管道等重要设施的安全距离必须符合国家有关安全规定。

五 地震勘探爆炸作业程序

地震勘探施工过程中，一般可将爆炸作业程序分为接受任务、作业准备、进入作业现场、确认炮点、建立爆炸工作站、放炮警戒、激发（起爆放炮）、填写爆炸班报、结束任务

9 部分（图 4-1-12）。

（一）接受任务

领取任务书，明确工作量。

（二）作业准备

参加班组晨会，检查爆炸机和辅助设备（主要包括：电池、天线、连接线、话筒、通信设备、加长线、夜间安全照明设备、背包等），检查班报、相关的工具、用具和材料是否准备齐全，按照安全规程穿戴好劳动保护用品。

（三）进入作业现场

遵守车、船等交通安全管理规定，保管好作业用的设备、工具、用具和材料，乘坐交通车、船进入作业现场。

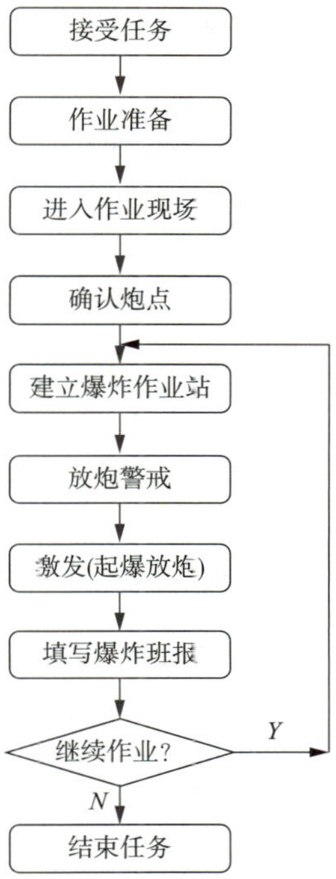

图 4-1-12　爆炸作业流程

（四）确认炮点

进入作业现场，首先寻找并核对炮点桩号，观察周围环境，检查炮点上方是否有高压线，地下是否有油气管线、电光缆等，周围是否有建筑物、机井等，如有异常情况通知仪器操作员、解释组人员进行处理。特殊情况未能采取闷井措施时，应轻提炮线，检查药包是否上浮，情况异常时报告爆炸班长和仪器操作员，同时采取处置措施。

（五）建立爆炸作业站

爆炸作业站简称爆炸站，也称作起爆站，是地震勘探采集数据施工过程中遥控爆炸机工作的站点。选择建立爆炸作业站，应遵守《爆破安全规程》相关规定。爆炸作业站距炮井的距离：沙土、黏土层、岩石、冻土层、井深≤ 5m 的浅井等，距炮点的安全距离应符合本单位安全规范，特殊情况另据爆炸方式、药量计算确定。

在爆炸作业站周围 20m 范围内，无关人员不得进入，站内不准堆放与爆破作业无关的物品。不应将两个（包含两个）以上炮井的炮线同时引到起爆站。

①爆炸站设置炮井位于斜坡时，爆炸站必须设在斜坡的上方点，防止放炮造成的岩石散落物砸伤；严禁在山沟或悬崖峭壁上进行爆炸作业，以免山体滑坡或坍塌造成人员伤亡事故，放炮后为防止井口塌陷和喷发有毒气体对人体造成伤害不准到井口附近围观。

②爆炸作业站一般建立在视野开阔，与炮井通视条件良好的上风方向的安全区内。如不能通视，则应派人站在双方均能看到的安全位置，监视爆破点警戒区域内的安全情况。

③避免有电力线穿过，最好不要在爆炸站与炮井之间有电力线穿过，实在避不开时，必须采取有力措施，防止放炮后由井内冲出的炮线带动主炮线搭在电力线上造成触电事故。

④爆炸站的安全防护，爆炸站周围最小安全距离范围内，禁止无关人员停留，禁止堆放爆炸物品和与放炮无关的物品，禁止在爆炸车上设爆炸站。

（六）放炮警戒

警戒时，不准用口语代替旗语，警戒旗规格及旗语可参考进行如下规定：警戒旗颜色为红色，大小为400mm×300mm。旗语含义：上举，表示为已准备好，允许放炮；左右挥动，表示为没有准备好或者异常情况，不准或停止放炮。

（七）激发（起爆放炮）

①向仪器操作员报炮点桩号和井口卡信息。

②监视人员确认警戒区内处于安全状态后，应将橘黄旗上举。爆炸员接通炮线，通知仪器操作员可以放炮，同时发出放炮警戒命令，应举旗示意。

③接受指令，按下译码器“充电按钮”，充电完成后按下“预备按钮”实施放炮。译码器充电过程中，始终监视炮点周围情况，如发现异常应立即采取果断措施，停止爆破作业，拔掉、短路炮线并通知仪器操作员停止放炮。

④发生哑炮应立即拔掉炮线并短路，确认安全后消除警戒，检查炮线是否有断路、短路、漏电等问题。组合炮时，应将主炮线和组合炮线分开检查。故障排除后或检查无问题后，再投入使用。确认哑炮后，应将拒爆井位（组合炮将拒爆单井编号）记录在《爆炸班报》上，并为清线工提供准确的哑炮位置信息。

⑤严禁用双套及双套以上炮线放炮，不准在车上放炮。放炮后为防止井口塌陷和喷发有毒气体对人体造成伤害，不准立即到井口检查。

（八）填写爆炸班报

①检查炮井及周围情况，无异常后解除警戒，按《爆炸班报》的格式及时填写班报。填写《爆炸班报》应做到项目内容齐全、字迹清晰、签字齐全、不漏项、无涂改。改错应以单横线划掉错处，本人在改错处签名，在其下方重新填写数据，不准转抄。

②关闭电台电源，拔下电源电瓶连线，准备移动到下一炮点。

③清理恢复井口现场，清收炮线。

（九）结束任务

①结束任务，整理清点保管好器材。

②当日《爆炸班报》都要和其他相关班报进行核对。

第二节　同步震源遥爆系统

一　爆炸机的组成及作用

同步震源遥控爆炸系统，简称爆炸机。目前我国地震勘探施工中使用较多的遥控爆炸系统有 4 种：SHOT PRO、SHOT PRO Ⅱ、BOOM BOX、BOOM BOX3。

（一）主机

设置成译码器的 BOOM BOX、BOOM BOX3 或 SHOT PRO Ⅱ 的单元，也是爆炸机的核心部分，用来产生和释放高压，引爆炸药。接收来自井口检波器发回的井口信号和起爆产生的爆炸信号。

（二）背包架

采用铝合金结构，优点是质量轻、强度比较高，缺点是遇到强烈的机械碰撞容易变形，所以爆炸机在野外使用中，要轻拿轻放。运输途中要做到避免撞击。

（三）线缆

译码器主机与电台之间相连接，放炮时的预备信号、点火信号、爆炸信号、井口信号和放炮参数等信号传输。

（四）爆炸机电台

爆炸机电台与译码器主机连接后，接收来自编码器的起爆指令，并向编码器传回放炮后的各项数据和参数。

（五）爆炸机电台天线

安装在爆炸机框架的天线底座上，作用是接收和发射无线电信号，完成编码器和译码器之间的数据接收和发射，天线的好与坏直接关系到电台之间的通信距离。

（六）话筒

话筒又称麦克风，是声电转换的换能器。爆炸机话筒的作用是，译码器操作员与编码器操作员进行语音通话联络，它的一端插在电台的话筒输入端，通完话后将其挂在爆炸机框架的话筒挂件上。

（七）井口检波器

将机械振动转换成电信号的器件，内部由磁芯和线圈等组成，能够拾取井下炸药被激发，传到地面瞬间的信号时间。

（八）蓄电池

供电方式为直流 12V，常用的供电电源有 Ni-Cd 电池组（镍镉）、铅酸免维护电瓶，爆炸机常用的蓄电池有 12V/12AH、12V/7AH 铅酸免维护电瓶。

二 遥控爆炸系统的组成

遥控爆炸系统由三部分组成：编码器、译码器、电台。编码器通常装在仪器车里，通过电缆与地震仪连接。实现地震仪器对编码器的控制信号的相互传输，编码器收到的信号传输到地震仪器并记录到磁带上。译码器也叫爆炸机，通常在炮点使用，受编码器控制，用来起爆炸药，并采集起爆过程中的信号。电台分别与编码器、译码器组装在一起，通过无线传输起到遥控的作用、信号和语音传输作用。

工作时由仪器控制编码器发出控制指令，通过无线电台或有线电缆给爆炸机下达起爆命令。爆炸机控制爆炸点起爆炸药激发地震波，并回传爆炸机采集的炮点信息，实现炸药起爆与地震仪器接收地震波同步的目的。

三 遥爆系统常见故障

（一）爆炸机故障

1. 主机不开机

虽然在用的爆炸机型号较多，无论是哪一种型号的爆炸机，它们都有共同之处，外围原理基本相同。爆炸机都是外接直流电瓶，通过连接插头和线缆，经过外部保险分两路送给爆炸机；一路给爆炸机主机供电，另一路给通信电台供电。当接通电源时直流 12V 电压进入主机和电台，开启开机按键后爆炸机就有了屏幕显示，并且伴随着面板指示灯闪亮；如果没有任何显示，则表示爆炸机不能正常开机，存在故障。分析不能开机的原因有以下几种：

①电瓶没电或电压过低：在野外放炮过程中，爆炸机外接电源一般都使用 12V 直流电瓶，当电瓶电压耗尽或低于爆炸机工作电压要求时，就会造成无法开机。处理方法就是更换充好电的电瓶。

②电源插头不良引起的不能开机：爆炸机的供电插头是由一对金属插片的插接，作为电源的通断，当金属插片严重氧化或失去弹性时就会造成接触不良，爆炸机不能正常加电

开机。处理方法是清理、调整电极端子簧片或更换插头。

③线缆故障造成的无法开机：爆炸机线缆在受到外力抻拉时，会使线缆纤芯断线特别是输入端的插头线头焊点脱落，无法加电开机。

④电源保险片烧断无法开机：为了防止爆炸机主机或通信电台短路，引起故障扩大，在电源输入端接一个 10A 左右的熔断丝，如果内部短路或电瓶正极与金属背包架相碰，就会烧断保险，使爆炸机不能加电无法开机。当电源总保险烧断还会造成电台无法开机故障，检测保险是否烧断可使用万用表电阻档测量，如果确认是熔断丝烧断，应该使用相同规格保险替换。

⑤主机出现故障无法开机：当主机电路出现故障或开机按钮损坏也会造成爆炸机不能开机。当判断出是主机故障，可交由专业技术人员修理。

2. 通信系统故障

（1）电台不能开机

先检查电台电源线是否连接、接触是否良好、插头是否腐蚀、电源线保险是否烧坏。可先观察以上问题是否存在，当验证没有出现以上问题时，再使用万用表电压档测量电池的电压，电压太低，更换电池。否则使用万用表电阻档测量电源线是否断线，如有断线则更换连线或焊接连线。如果电源线是好的，则判断电台主机内部电路损坏，则更换电台。

（2）电台发射时报警

这种故障现象通常是电池电压太低，电台发射时的耗电量，比接收信号时的耗电量大很多，按下“PTT”键，电台发射，电台检测电路检测电池电压，当检测电池电压太低时，电台功率控制电路不工作，无功率输出，发出报警声，提醒人员更换电池。

（3）通信距离近

爆炸机电台的天线座是固定在背包架上面的，除了固定天线外，更主要的作用是通过底座的特定耦合形式，让金属壳体成为天线的一部分，起到增强通信距离的作用。天线座与电台天线接口的连接，是由阻抗 50Ω 的同轴电缆连接，也叫馈线。

当天线出现故障时，会影响到电台的功率输出和接收灵敏度，达不到要求的通信距离。天线故障分为馈线故障和天线杆故障。当馈线短路、断路、馈线根部断裂时将会导致无法数据通信、数据传输效果不好。如有以上情况应及时更换馈线。

天线杆故障有如下情况：天线杆过长或过短、天线杆不匹配、天线杆断裂、天线杆与天线座接触不良；天线杆与电台频率不匹配，如 144MHz 的天线杆用在 138MHz 频点上。

判断天线杆的好坏首先查看天线杆外观是否有断裂、氧化现象，如有应及时更换。新购置天线杆标有中心频点，使用前查看天线杆频率是否与使用电台频率相匹配。由于爆炸机在野外背负使用，天线杆经常被树枝、物品挂拽，造成天线杆折断、拧断，频繁拧接易造成滑扣、天线杆底座断开，因此应及时更换天线杆。

3. 线缆及插头故障

野外译码器设备包括译码器主机、电台、电池，各部分之间通过电源线、电台馈线、电台数据线、译码器系统线相连接。因此译码器设备连线较多。而译码器经常处于频繁搬运中工作，译码器各部件在使用中各插头碰撞较多，容易造成插头插座松动、插头连线断开或短路，插针变形，连接不牢等故障。如电台数据插头断线、插针卡簧坏掉出插头、电台插座插针变形、电台电源线插头断裂、焊点虚焊断开。

在检查这些连线和插头插座时，本着先外后内、先简单后复杂的原则进行处理。例如：电台不能加电，首先检查电池电压是否满足供电要求，再检查电源插头是否连接到电源，检查保险是否烧坏，再使用万用表根据信号线的连接图测试连线是否有断线故障。在野外使用中，应尽量紧固主机、电台和各种连线，减少碰撞，可减少连线断路故障。在使用中，不要暴力使用设备，以防对设备造成不必要的损坏。

（二）起爆网络故障排除

由于起爆网络通常裸露在地面上或埋置于地下，由于长时间放置经常有短路、断路等故障。另外雷管是否损坏、高压接线柱是否连接良好、药包是否上浮、受潮或失效、井口检波器电阻值是否正常、井口检波器是否正常工作等问题是起爆网络经常遇到的问题。这些问题主要表现为短路和断路。当用译码器测试起爆网络电阻时，如果超出设定值，可判断起爆网络断路。当使用译码器测试起爆网络电阻值小时，可判断有短路故障。下面分别介绍各故障的原因及排除方法，由于雷管损坏或炸药受潮而引起的哑炮，外部因素引起的早爆、无井口信号及其排除方法。

1. 断路

产生断路主要原因是炮线有断路故障：炮线接头连接不牢，由于下药或者其他原因受力使炮线接头开路，炮线与雷管断开，炮线与译码器接线柱接触不良，雷管损坏断开等原因造成。使用译码器检查起爆网络断路会发现起爆网络电阻值很大。这时应将炮线从译码器上拆下并短路，再进行检修。应先检查接头处是否有接触不良的问题，再检查地面炮线是否有断路情况。

2. 短路

短路主要是炮线短路。由于放炮时使用炮线加长线连接译码器高压接线柱和井炮炮线，炮线加长线多次使用外皮脱落，虽然没有绞合在一起，但两线距离很近，易造成短路或井中炮线外皮破损而井中有水也会造成短路。这种情况即使放响炮，也由于分流作用而使雷管得不到应有的电流，雷管的爆炸时间要滞后，发生迟爆。此外包药不慎也会造成雷管短路。同样，检查步骤从地面到井下，使用译码器测试会发现测试电阻值太小，不符合计算值。

（三）无井口信号

井口信号也叫 τ 值，是由井口检波器接收的地震脉冲信号，被译码器记录下来。它是从雷管爆炸到井口地面震动由检波器捡拾，而产生脉冲所用的时间。井口检波器是测量地震勘探，计算直达波速度的一个重要依据，确保井口信号准确，是提高地震记录质量的一个重要环节。

1. 无井口信号的原因

井口检波器断线、短路；井口检波器线圈阻塞（卡壳）；井口检波器连线与译码器连接不良；爆炸机井口电路故障。

2. 排除方法

使用爆炸机井口测试功能检测检波器（以 BOOM BOX 为例）。井口线缆连接到爆炸机井口输入端；测试井口检波器阻值，数值显示在屏幕上。

（1）屏幕显示大于 800Ω

①检查检波器线缆是否开路或接触不良，找到故障点后，将断点重新连接处理。

②检查井口检波器内部是否开路，如果是芯体焊点开焊，可进行焊接处理（如果野外没条件则更换检波器）。

（2）屏幕显示仅几十欧姆

①检查检波器线缆是否破损短路，找到故障点后，进行换线或连接处理。

②检查井口检波器内部是否短路，芯体焊点开焊，线头相碰短路，这种情况在野外可更换检波器。

（3）屏幕显示正常值 290Ω 左右

①用指针万用表电阻档（或电流档）测量检波器，并摇动检波器，观测指针波动情况；指针不波动或幅度小应更换检波器。

②井口检波器工作在井口 2m 左右处，振动幅度大，弹簧片特别容易损坏，要经常检查更换。

（四）盲炮的原因及处理方法

实施正常起爆操作后，药包因某种原因未发生爆炸的现象叫哑炮也叫盲炮。产生哑炮的原因：

①炸药受潮，这种情况多发生在使用硝铵炸药时，硝铵炸药吸水性强，容易结块而拒爆；装药密度不够或药包下井时间过长，防水不当引起拒爆。

②雷管的起爆能量不足，起爆后雷管爆炸而药包拒爆；炮线开路或短路；炮线接头处包扎不严，浸水后漏电；炮线外皮破损短路等也可引起拒爆。

③爆炸网络出现故障或连接错误，组合井发生哑炮时，应一口井、一口井地检查，因为组合井是串联，有一个环节出问题，都可能造成哑炮。

④如果药包拒爆，应按照废盲炮处置流程，采用殉爆、引爆、诱爆、取出方式处置，并及时填写《废盲炮处置记录》。

（五）早爆的原因及处理方法

1. 杂散电流引起的早爆

杂散电流又叫漏电流。它存在于爆破网络之中，分布很广，一旦进入爆破网络，很容易引起早爆事故。因此在施工时应注意避开带杂散电流的物体。在地震勘探中，由于杂散电流引起早爆事故较少，但也应引起足够的重视，防患于未然。

2. 雷电引起的早爆

雷电引起的早爆有三种情况：直接雷击、雷电的静电感应和雷电的电磁感应。为避免雷电引起早爆事故，爆破安全规程规定，雷雨天气禁止进行爆破作业。

3. 静电引起的早爆

很多物体带有静电，在空气干燥的场所也容易产生静电，如果不及时将静电消除，积累的静电也会引起早爆事故。为防止静电引起早爆，雷管应短路后存放在专用雷管箱内，炮线在接入爆炸机前也应处于短路状态，接触爆炸物品的人员要穿防静电服。

4. 电磁波和高压感应引起的早爆

在无线电台、电视发射塔、雷达、高频设备、高压传输线路附近存在着强电磁场，爆破网络和雷管处在电磁场中，由于电磁感应可产生感应电流，当这一电流达到或超过雷管起爆电流时，即可引起早爆事故。因此，在电磁场较强的地区施工时，应参照国家有关规定，保持适当的安全距离。

四 遥爆系统的日常维护

①爆炸机应由经过培训的操作员使用和保管，并做到按时维护保养。

②出工前，检查爆炸机附件是否携带齐全，以免附件不全而影响野外生产。

③出工和收工过程中应做好减震，防止剧烈震动和磕碰损坏爆炸机。

④生产过程中，注意爆炸机工作状态，发现问题及时停止生产，问题解决后才能工作。

⑤在施工过程中，如果爆炸机不慎进水，应快速断电，打开外护套风干，收工后由专业人员进行检修。

⑥复杂地形施工防止爆炸机磕碰、摔坏，保护好爆炸机显示屏、电台显示屏。

⑦遇到雷雨天气时，应立即停止作业，迅速关机、切断电源，拧下天线杆，以免引起雷击损坏爆炸机和电台。

⑧每天收工后，及时对爆炸机进行保养。保持爆炸机面板清洁，使用毛刷清除爆炸机面板、背包架内外泥土、灰尘、必要时可用无水酒精擦洗。

⑨紧固所有机体固定螺栓，检查插座、插针、连线是否松动、弯曲或接触不良。

⑩检查电台的天线、电池、井口检波器等其他的爆炸机配件是否完好。

⑪ 爆炸机应在干燥、清洁的地方集中存放，无关人员不得搬动爆炸机。

⑫ 爆炸机电瓶要及时充电。充电时，要严格按照充电机使用说明书正确充电。

⑬ 每天保养后的爆炸机，应立即做好各项功能测试，发现有问题及时送修。

第三节　BOOM BOX 遥爆系统

一　BOOM BOX 遥爆系统

BOOM BOX 遥控爆炸机，是由美国 Seismic Source 公司生产的遥爆系统，由编码器、译码器、掌上电脑、电台、系统连线等组成，同 SHOT PRO Ⅱ遥爆系统一样，计时精度高。工作时将一个 BOOM BOX 单元设置为编码器其余的可设置为译码器。不同于 SHOT PRO、SHOT PRO Ⅱ遥爆系统，它的参数设置由专用掌上电脑红外线接口或微机串口通信设置，如图 4-3-1 所示。

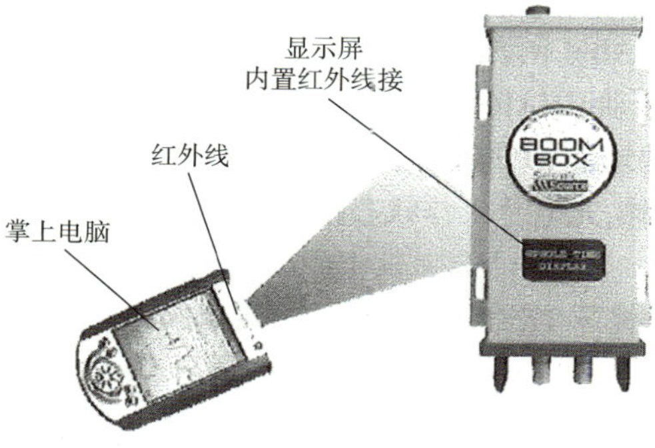

图 4-3-1　BOOM BOX 遥控爆炸机

（一）BOOM BOX 遥爆系统主要特点

①小巧、轻便。

②低功耗 CMOS 设计，显示屏幕 30s 后自动关闭。

③点火精度 ±20μs。

④提供井口检波器和雷管线电阻测试。

⑤高压输出最高 400V，点火电流大于 200A。

⑥高压充电时间短，小于 1s。

⑦ ARM 键未被按下，高压输出端一直处于短路状态，只有 ARM 键被按下高压才作用到高压输出端。

⑧参数由掌上电脑或微机置入，参数不会被随意更改。

（二）BOOM BOX 前面板介绍

BOOM BOX 前面板如图 4-3-2 所示。

1. *译码器方式*

① CHARGE：充电按钮。

② ARM：预备开关（向中间扳动 ARM 键打开电源）。

③ TEST：按下 TEST 键测试井口检波器电阻，将电阻值显示在屏幕上。

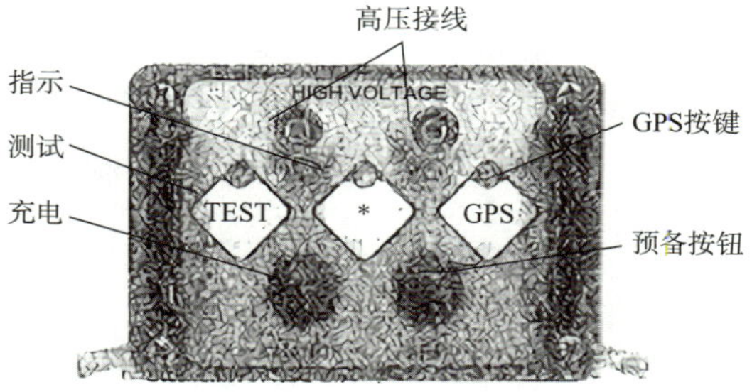

图 4-3-2　BOOM EOX 前面板

④ TEST+ARM：扳动 ARM 开关同时按下 TEST 键测试雷管炮线电阻，将阻值显示在屏幕。

⑤ CHARGE+GPS：扳动 CHARGE、同时按下 GPS 显示上一炮井口时间。

⑥ GPS：按 GPS 按键采集 GPS 桩号。

⑦指示灯：红色，电源、充电及工作状态指示灯。

2. 编码器方式

① TEST+ARM：同时按下 TEST 键和扳动 ARM 开关时发出点火命令。

② CHARGE+GPS：同时扳动 CHARGE 开关和按下 GPS 键屏幕内容重新显示。

（三）BOOM BOX 操作方法

①开机：扳动 ARM 开关打开电源。

②设置参数：使用掌上电脑，设置参数。

③井口检波器电阻测试：按下 TEST 键，测试井口检波器阻值。

④ CAP 阻值测试：同时按下 TEST 键和 ARM 开关，测试雷管阻值。

⑤ GPS：按 GPS 按钮 10s，采集新 GPS 桩号。

⑥起爆：同时按下 ARM 和 CHARGE 开关开始充电（充电时间大约 1s），当高压充好时自动向编码器发送准备好信息，对编码器发来的启动码进行验证后，释放高压，引爆雷管。起爆雷管后，译码器自动将井口数据和其他信息一起发送回编码器。

注意：BOOM BOX 爆炸机没有设计关机开关，直接断开电源即可。

（四）BOOM BOX 工作时序

记录仪器发送启动码给编码器，编码器开始工作并向译码器发送起爆指令，译码器接收这个起爆指令，如果译码器处于充电和预备状态，则点火雷管，引爆炸药。译码器在点火雷管的同时，编码器向记录仪器发送 TB 信号，启动仪器开始记录。译码器在点火雷管后，记录井口数据并与其他的 QC 数据回传给编码器，在编码器屏幕上可看到译码器 ID、CTB、UPHOLE 时间。

二 BOOM BOX3 简介

BOOM BOX3 是由美国 Seismic Source 公司生产的新一代遥控爆炸系统，简称为 BB3。以其优良的性能和丰富的功能赢得用户青睐。它与它上一代产品 BOOM BOX 在 VP 模式下兼容，既扩展了现有 BOOM BOX 使用周期，又因其具有全新的功能满足当下新的地震采集方法的需求，在地震勘探生产中发挥着越来越重要的作用。BOOM BOX3 外形图如图 4-3-3 所示。

（一）主要功能

①传统放炮。

②源驱动放炮。

③自主放炮。

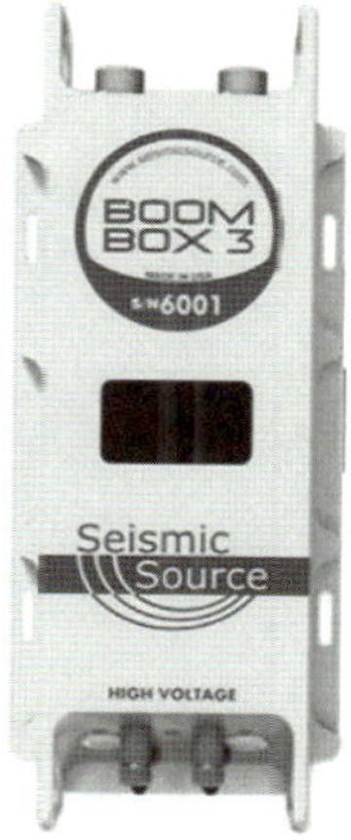

图 4-3-3　BOOM BOX3 外形图

（二）特点及参数

①内置的 WiFi 单元，允许平板电脑、笔记本电脑或手机通过浏览器对其工作参数进行设置。

②单元号（Unit ID）：1～64。

③队号（Crew ID）：1～250。

④启动码（Start Code）：0～4。

⑤工作方式：BOOM BOX3 工作方式有如下五种：分别为编码器（Encoder）、译码器（Standard Decoder）、自主放炮译码器（Autonomous Decoder）、气枪译码器（Air Gun Decoder）及监控器（Monitor）。

⑥支持数字雷管。

⑦工作温度：−40～+60℃。

⑧工作湿度：0%～99%。

⑨尺寸：305mm × 144mm × 76mm。

⑩质量：1.4kg。

⑪ 点火精度：电台模式，精度 ±20μs；GPS 授时模式，精度 ±1μs。

⑫ 放电电压 400V，放电电流大于 200A（0.5Ω 负载）。

⑬ 采样间隔：0.25ms、0.5ms、1ms、2ms 可选。

⑭32 位 ADC 对炮点井口数据进行采样。

⑮ 工作电压 10～36V。

（三）BOOM BOX3 前控制面板

BOOM BOX3 控制面板如图 4-3-4 所示。其面板上开关及按钮与上代产品 BOOM BOX 一致。面板上分布排列有："CHARGE" 开关（充电）、"ARM"（预备）开关、"GPS" 按钮、"TEST（测试）" 按钮以及三个电源或状态指示 LED 灯。最上面的是两个红色高压接线柱。

（四）BOOM BOX3 参数设置

图 4-3-4　BOOM BOX3 前控制面板

接上 BOOM BOX3 的电源并开机，在平板电脑、笔记本电脑或手机上搜寻 SSID 名称为 BOOM BOX6***（注："***" 为 BOOM BOX3 序列号的后三位）的 WiFi 信号并连接。在浏览器界面输入 IP 地址：192.168.1.1，登录 BOOM BOX3 单元，出现如图 4-3-5 所示的 BOOM BOX3 网页参数设置界面。点击 SETUP（设置）栏，再在其下一级分栏 "PARAMS" "ID" "FLEET" 等根据工作需要设置其相应的工作参数。

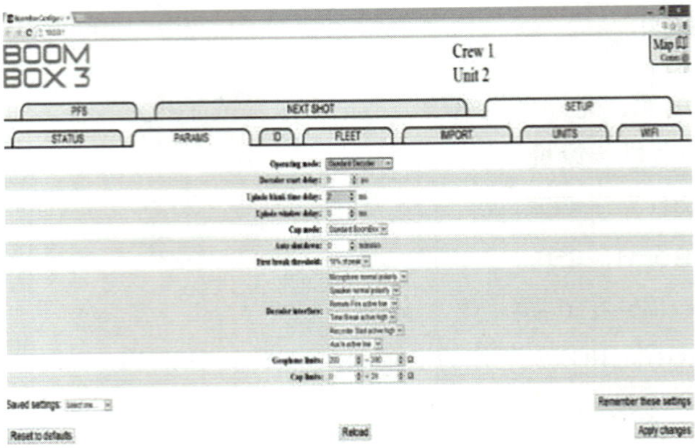

图 4–3–5　BOOM BOX3 网页参数设置界面

（五）基本操作

①开机：向内侧扳动 ARM 开关，实现开机。

②井口检波器测试：按下 TEST 键按钮，测试井口检波器的电阻、频率、阻尼以及灵敏度。

③雷管测试：同时按下 TEST 键按钮和 ARM 开关，测试雷管电阻。

④炮点 GPS 位置信息获取：按 GPS 键 10s，采集并存储其定位信息，测试成功后其 GPS 指示灯变绿。

⑤传统放炮：同时扳动 ARM 和 CHARGE 开关开始充电，当高压充好时自动向编码器发送准备好信息，对编码器发来的启动码进行验证后，释放高压，引爆雷管。起爆雷管后，译码器自动将井口数据和其他信息一起发送回编码器。

⑥可通过图 4–3–5 上的“PFS”栏浏览已放每一炮的井口数据、炮点桩号、GPS 位置信息、激发时间、所放炮的队号、BB3 ID 号等数据。

三　SHOT PRO Ⅱ遥爆系统

SHOT PRO Ⅱ爆炸机参数设置可在操作面板上设置，在主菜单中按【C】进入参数设置菜单 DATA ENTRY（图 4–3–6）。用【↑】【↓】按键选择下拉 7 个子菜单，【B】返回主菜单。

DATE ENTRY MENU

1.JOB PROFILE(工作方式)
2.RADIO CONTROL(电台控制)
3.REPORT(报告)
4.TEST LIMITS(测试范围)
5.UH CHANNEL SETUP(井口设置)
6.HARDWARE SETUP(硬件设置)
7.STATUS(状态信息)
B RETURN(返回)

图 4–3–6　SHOT PRO Ⅱ参数设置菜单（DATA ENTRY）

1. 工作方式（JOB PROFILE）菜单

用于设置桩号、箱体号、组号、工作方式、通信方式、口令等参数。在参数设置菜单中，选 JOB PROFILE（工作方式），进入工作方式设置菜单（图 4–3–7）。用

【↑】【↓】箭头键选择参数项，用【←】【→】箭头键改变，【ENT】确认。

参数说明：

① FLAG#= x x x x x x x x（桩号）：输入或自动导入的炮点桩号。

② BOX ID#=0 ~ 15（箱体号）：用户按照需要设置爆炸机编号，该值必须与编码器相匹配。如果编码器BOX# 为 15，当 CREW# 相匹配时所有译码器都可以点火。

JOB PROFILE(工作方式设置菜单)
1.FLAG# =456
2.BOX# =10
3.CREW# =15
4.BOX MODE(工作方式)=DEC
5.COMM MODE(通讯方式)=ADV Ⅱ
6.PASSWORD=OFF

C DATA ENTRY(参数设置)
B RETURN

图 4-3-7 工作方式（JOB PROFILE）设置菜单

③ CREW ID#=0 ~ 99（组号）：该值必须与编码器相匹配，用于防止邻近不同队之间误起爆。

④ BOX MODE（箱体工作方式）：

ENC——编码器方式；

DEC——译码器方式。

⑤ COMM MODE（通信方式）：

VIB PRO——编码器为 VIB PRO 时，选择该参数；

ADV Ⅱ——编码器是 ADV Ⅱ或 SHOT PRO Ⅱ时，选择该参数；

SHOT PRO Ⅱ——编码器为 SHOT PRO 或 SHOT PRO Ⅱ时，选择该参数。

⑥ PASSWORD（口令字）：通常为“OFF”。如果口令字处于使能状态，那么在打开电源后要根据提示输入口令。

注意：请操作人员勿设置口令，如果忘记了口令字，必须打电话到 PELTON 公司咨询。

2. 电台控制（RADIO CONTROL）菜单

电台控制（RADIO CONTROL）菜单用于设置启动码、译码器延迟、准备音、PFS 数据、MIC 极性、喇叭极性等参数。按【C】回到参数设置菜单，选 RADIO CONTROL（电台控制），进入电台控制菜单（图 4-3-8）。

参数说明：

① START CODE（启动码）：可选 0、1、2 该设置必须与编码器的启动码一致。

② DECODER DELAY（译码器延迟）：0 ~ 9999μs 可选，用于设置译码器点火延迟的时间，典型设置值为 0μs，用于调整单台译码器起爆延迟的不同。

③ BAUD RATE（波特率）：用于设置向编码器传输数据的速率，当编码器为 SHOT FRO 时设置为 HIGH，编码器为 SHOT PROⅡ设置为 LOW。

④ READY TONE（准备音）：

OFF—译码器充电完毕不发送任何信息；

RODIO CONTROL(电台控制菜单)
1. START CODE(启动码)=1
2. DECODER DLY(译码器延迟)=0μs
3. BAUD RATE(波特率)=LOW
4. READY TONE(准备音)=MSG
5. PFS DATA(PFS 数据)=ON
6. MICPOLARITY(MIC 极性)=REV
7. SPKRPOLARITY(喇叭极性)=REV
C DATA ENTRY
B RETURN

图 4-3-8 电台控制（RADIO CONTROL）菜单

TONG—译码器充电完毕时，向编码器发送一个 322Hz 的准备音；

MSG—译码器充电完毕时，向编码器发送最后一炮的 GPS 桩号或“BOX#×× 已经准备好”的信息，GPS 桩号将发送给计算机。推荐设置为“MSG”。

⑤ PFS DATA（PFS 数据）：点火后是否发送 PFS 数据。

ON—发送 PFS 数据；

OFF—禁止发送 PFS 数据。

⑥ MIC POLARITY=NORM/REV（正常 / 反向）：麦克风极性的选择，用【←】和【→】箭头键选择，用于调整最佳通信方式。允许软件选择麦克风信号的极性，改变此参数可改善通信传输效果。

⑦ SPKR POLARITY=NORM/REV（正常 / 反向）：扬声器极性的选择，用【←】和【→】箭头键选择，改变此参数可改善通信传输效果。

3. 报告（REPORT）菜单

用于设置炮点计数、图形显示方式。按【C】返回参数设置菜单，选 REPORT（报告），进入报告菜单（图 4–3–9）。

参数说明：

① SHOT COUNT（炮点计数）：1 ~ 499。显示当前炮点计数值，也可输入不同的数值以重新计数或删除以前的炮点记录，超过 500 后将从 1 开始重新计数。

② NORMALIZE（图形显示方式）：

ON—井口信号显示的 Y 轴被设置为与该信号的最大值相匹配；

OFF—井口信号显示的 Y 轴设置为 A/D 转换的满刻度，正常设置为 ON。

4. 测试范围设置（TEST LIMITS）菜单

用于设定井口检波器阻值、雷管炮线阻值测试范围。按【C】返回参数设置菜单，选择 TEST LIMITS（测试范围），进入测试范围设置菜单（图 4–3–10）。

参数说明：

① FIRE LINE（雷管炮线）

UPPER LIMIT—上限 0 ~ 1200Ω，设置测试雷管炮线阻值的上限值；

LOWER LIMIT—下限 0 ~ 1200Ω，设置测试雷管炮线阻值的下限值。

② GEOPHONE（井口检波器）

UPPER LIMIT—上限 0 ~ 1200Ω，设置测试检波器阻值的上限值；

LOWER LIMIT—下限 0 ~ 1200Ω，设置测试检波器阻值的下限值。

REPORT

1.SHOT COUNT(炮点计数)=177

2.NORMALIZE(图形显示方式)=ON

C DATA ENTRY

B RETRUN

图 4–3–9 报告（REPORT）菜单

TEST LIMITS(测试范围)

1.FIRE LINE(炮线)
UPPER LIMIT(上限)=1200Ω
LOWER LIMIT(下限)=0Ω
2.GEOPHONE(井口检波器)
UPPER LIMIT(上限)=1200Ω
LOWER LIMIT(下限)=0Ω
C DATA ENTRY
B RETURN

图 4–3–10 测试范围设置（TEST LIMITS）菜单

5. 井口设置（UH CHANNEL SETUP）菜单

用于设置井口增益、空白时间、采样率和井口时间门槛拾取方式。按【C】返回参数设置菜单，选择 UH CHANNEL SETUP（井口设置），进入井口设置菜单（图 4–3–11）。

参数说明：

① UPHOLE GAIN（井口检波器增益）：0dB、20dB、40dB 可选，缺省值为 20dB，典型值为 0dB。

② BLANK TIME（井口时间窗口空白显示时间）：5ms/10ms/15ms/20ms/25ms/30ms/ 35ms/40ms/45ms/ WNDW 可选。用于设置点火后井口显示窗口向后推移的空白时间。

③ SAMPLE RATE（井口时间采样率）：0.5ms、0.25ms 可选，用于设置井口数据采样率。

④ PICK METHOD（门槛值）：1 ~ 4 可选，自动查找峰值，该门槛用于鉴别点火前 250ms 的背景噪声。

```
UH CHANNEL SETUP(井口设置)

1.UPHOLE GAIN(井口增益)=00db
2.BLANK TIME(空白时间)=5ms
3.SAMPLE RATE(采样率)=0.50ms
4.PICK METHOD(拾取门槛)=#1
C  DATA ENTRY
B RETURN
```

图 4–3–11　井口设置（UH CHANNEL SETUP）菜单

6. 硬件设置（HARDWARE SETUP）菜单

用于自动关机、井口显示时间、遥控点火、GPS 方式、GPS 校验等参数设置。按【C】返回参数设置菜单，选择 HARDWARE SETUP（硬件设置），进入硬件设置菜单（图 4–3–12）。

```
HARDWARE SETUP(硬件设置)

1.AUTO OFF(自动预备)=OFF
2.UH DISP TIME(井口显示时间)=5s
3.REMOTE FIRE(遥控点火)=OFF
4.DEFAULT PAR(缺省参数)=OFF
5.CONTROL MODE(震源类型)=BLASTR
6.GPS MODDE(GPS参考站)=INTGPS
7.GPS CORR TX(GPS校验)=INTMDM
C    DATA ENTRY
B    RETURN
```

图 4–3–12　硬件设置（HARDWARE SETUP）菜单

参数说明：

① AUTO OFF（自动关机）：0 ~ 99min 可选，自动关机时间 0 为禁止自动关机。

② UH DISP TIME（井口显示时间）：01 ~ 99s 可选，用于设置译码器发送给编码器井口数据后显示的时间，显示完毕自动返回主菜单。00 为关闭，典型值为 5s。

③ REMOTE FIRE（遥控点火）：

ON—打开遥控点火方式，该译码器能够通过遥控点火输入点火，爆炸工需要同时按下“ARM”和“CHARGE”按钮开关；

OFF—关闭遥控点火选择。

④ DEFAULT PAR（出厂参数设置）：

OFF—禁止装载出厂参数；

LOAD—允许装载出厂参数，装载完成后编码器和译码器的参数都将恢复为出厂设置。按【←】箭选择“LOAD”，然后按“ENT”确认，按“D”装载缺省参数。

⑤ CONTROL MODE（震源类型）：

BLSTR—井炮方式；

ARGN—气枪方式；

这两种震源类型转换需要密码，以防止误操作。

⑥ GPS MODE（GPS 模式）：

INTGPS—设置为内部 GPS，SHOT PRO Ⅱ使用内部 GPS 时选择该项；

SET—设置内部 GPS 传输速率；

EXTGPS—设置为外部 GPS，SHOT PRO Ⅱ使用外部 GPS 时选择该项；

SET—设置外部 GPS 传输速率。

⑦ GPS CORR TX（GPS 校验方式）：

INTMDM—使用内部调制解调器进行 RTCM 校验；

EXTMDM—使用外部调制解调器进行 RTCM 校验。

7. 状态（STATUS）菜单

用于查看软件版本号、检查和等信息。按【C】返回参数设置菜单，选择 STATUS（状态），进状态菜单（图 4-3-13）：

STATUS(状态)

1.SOFTWARE VER(软件版本)=1.07F
2.CHECK SUM(检查和)=40C8
C　DATA ENTRY
B　RETURN

图 4-3-13　状态查看菜单

参数说明：

① SOFTWARE VER（软件版本）：当前安装的软件版本号。

② CHECKSUM（检查和）：提供了安装的硬件信息。

思考题

1. 炸药燃烧转化为爆轰的条件是什么？
2. BOOM BOX 遥爆系统主要特点有哪些？
3. 遥控爆炸系统由哪几部分组成？
4. 炸药按用途是如何分类的？
5. 电雷管使用注意事项有哪些？

扫一扫
获取更多资源

第五章

地震钻机的使用与维护

PART 5

钻井作业是指在地震测量布设的炮点（激发点桩号）上依据施工设计井深、井数的要求，使用钻井设备进行钻进作业及为配合该项作业所做的辅助工作，在钻井过程中需要根据地形和地质特点选用不同类型的钻机。钻机使用过程中正确地维护和保养，确保钻机性能稳定，提高工作效率。

第一节　钻井现场操作及要领

一　配制钻井液

（一）材料、工具

水、黏土、添加剂、水桶、搅拌棒等。

（二）操作规程

1. 人力搅拌法

①在第一只桶内放入黏土和清水，用搅拌棒进行搅拌。根据钻井地层选用添加剂，添加后再搅拌。

②钻井液配置完成后要静置一段时间，让钻井液里所含砂粒沉淀。

③将沉淀后的钻井液倒入第二只桶，再静置一段时间，让未沉淀的砂粒进一步沉淀。

④最后倒入第三只桶内储存备用。

2. 机械搅拌法

①采用黏土和清水，在搅拌钻井液 30 ~ 40min 后要取样测定钻井液的黏度。

②然后每搅拌 25 ~ 30min 测一次黏度，若测得钻井液黏度与前一次所测得黏度相同，则说明钻井液已经制成。

（三）技术要求

①人工搅拌要搅拌至钻井液充分融合；加入添加剂后再搅拌 20min。

②首次沉淀 5min，去除沉淀物。

③第二次沉淀为 10min，去除沉淀物。

（四）注意事项

①人工搅拌时间控制不适宜，钻井液不达标。

②沉淀时长控制不适宜，钻井液不达标。

③取水时应站在水罐车侧面取水，挑水过程中防止摔倒及腰部扭伤。

④加入添加剂时应当站在上风口方向。

⑤机械搅拌时，防止机械伤害。

二 操作钻机钻井

（一）设备、材料、工具

WTZ-100M 型钻机车、水罐车、钻杆、随车工具、大管钳、铁锹、水桶等。

（二）操作规程

1. 钻井前检查与准备工作

①操作钻机前应对钻机进行全面检查，确认无问题后，方可使用钻机进行钻井作业。

②准备好钻井设备及其他辅助工具。

③生产施工钻井作业前认真核对井位桩号及井深要求。

④钻井前首先平整钻井场地，将钻机停放到位。

⑤钻机到达预定井位后，首先拉紧手刹车，将汽车变速杆置于空档位置。

2. 钻机的取力

①踩下离合器。

②将汽车前后桥摘掉，即把前后桥动力手柄均放到空档位置。

③挂合取力器。

④搬动变速杆，使之处于四档位置。

⑤松开离合器，动力即可传给钻机部分。

3. 起井架

（1）略加油门，操作井架起落手柄将井架升起，井架竖起后，应及时挂好锁销。开钻前（工地第一口井）井架竖起后，应做如下检查：

①上下活动动力头，查看各液压管线是否存在刮磨或打死弯，如有问题进行调整。

②检查链条松紧程度，检查卡瓦是否对中，如有问题进行调整。

③检查各运动部件、操作手柄是否灵活、准确、可靠。

④检查各液压操纵手柄是否处于中位，并试验各手柄操作是否灵活，定位位置是否准确，加压提升、井架起落、快速提升三个手柄是否能自动回位。

（2）起落井架注意事项

①起放井架操作时应防止液压管线挂在钻机突出部位。

②起放井架时一般要求速度为“慢—快—慢”。

4. 挖钻井液坑

根据地层情况，调配适宜的钻井液。

5. 灌泵

如果是钻当日第一口井，应先进行灌泵。灌泵可按照下列程序进行：

①抬起低压管，使其最高位置高于钻井泵缸套高度。

②打开一组低压阀。

③取出阀弹簧、阀组件。

④将低压管及液缸内加满水。

⑤装回阀组件、阀弹簧、压盖并用压板压好。将低压管放入钻井液中，操作钻井泵控制手柄，加油至适当转速，待观察钻井液循环正常后进行正常钻井作业。

6. 钻进

（1）钻具旋转速度控制

WTZ-100M 型钻机钻具旋转是通过液压马达驱动动力头来实现的，根据钻机的设计和钻井实践，钻具转速根据地层情况可在 150 ~ 300r/min 选择。

（2）钻进速度控制

钻进速度高低直接决定着钻机的生产效率。钻进速度受钻井液性能、排量、钻具转速以及钻压等因素影响。当钻机钻进时，应根据地层情况，合理选择钻井液性能及排量、钻压及钻具转速，以最大程度提高钻速。一旦发现钻井液上返量减小、憋泵或钻具转速降低，则应适当减慢钻进速度。

（3）钻具加压

钻井过程中，应根据地层情况操作加压手柄进行加压。加压压力过小会影响钻进速度，加压压力过大会造成钻具过度磨损、弯曲。

（4）钻井液循环控制

钻井产生的岩屑是靠钻井液循环带出井外，所以在钻井过程中要适度滑井将岩屑尽数带到井外。

（5）钻井操作

司钻应随时注意钻井液循环情况，二钻工、三钻工应及时将岩屑捞出，保障钻井液清洁，并应根据钻井需要加水及其他添加剂调配性能适宜的钻井液。

7. 接单根

WTZ-100M 型钻机使用 Φ60mm × 4500mm 钻杆，为达到规定井深，需要进行接换钻杆工作，接单根操作步骤如下：

①待钻井液将岩屑尽数带到井外后关闭钻井泵。

②一钻工将卡瓦放在卡瓦座内。

③下放钻具，同时旋转钻具（正转）使钻具接肩对准卡瓦键槽。

④下放钻具，使钻具接肩进入卡瓦键槽，即用卡瓦卡住钻具。钻具接头应距卡瓦上表面 60 ~ 80mm。

⑤反转动力头，松开动力头下接头与钻杆接头连接。

⑥一钻工扶住动力头下接头，二钻工、三钻工抬钻杆，使钻杆母接头与下螺纹接头对好。

⑦缓慢正转动力头，使下接头与钻杆连接好。

⑧使用快速提升手柄上提钻具使钻杆公接头升至卡瓦上部。

⑨一钻工扶住钻杆下部，下放钻具，使上部钻具外螺纹落入下部钻具内螺纹中。注意：接扶钻杆时切不可扶钻杆螺纹部分。

⑩旋转动力头，使上下钻具连接好。

⑪ 上提钻具，取出卡瓦，开泵，待钻井液循环正常后即可继续进行钻井作业。

上述步骤依次反复，直至达到规定井深。

8. 起钻

钻到规定井深后，应适度洗井，一则将岩屑尽数带到井外，二则加固井壁，防止井壁坍塌。上述工作完成后，即可进行起钻工作，具体操作步骤如下：

①关闭钻井泵。

②一钻工将卡瓦放在卡瓦座内。

③下放钻具，使卡瓦卡住钻具接肩。

④反转动力头，卸松动力头下接头与钻杆内螺纹接头的连接，卸松间隙不大于 3/4 扣。

⑤一钻工放下滑套。

⑥取出卡瓦，上提钻具，使下一钻杆上接头升至卡瓦座以上。

⑦一钻工将卡瓦放入卡瓦座。

⑧下放钻具，使钻杆接肩放入卡瓦槽内，钻具接头应距卡瓦上表面 60 ~ 80mm。

⑨反转动力头卸开钻杆连接。

⑩一钻工拉出卸开的钻杆，交给二钻工、三钻工，同时司钻操作加压提升控制手柄下放动力头及钻具。

⑪ 放钻杆至合适位置。

⑫ 一钻工上提并挂好滑套，二钻工、三钻工用手扶牢钻杆。注意：不能扶钻具螺纹及其他突出部位。

⑬ 倒转动力头，卸开钻杆与下接头的连接，钻工将钻杆装于钻杆盒内。

⑭ 一钻工扶住滑套，下放动力头，使下接头对准卡瓦处钻杆，旋转动力头使之连接，连接时应保留 1/2 ~ 3/4 扣间隙。

⑮ 放下滑套，上提钻具即可进行下一次卸钻杆作业。

⑯ 如此反复，将钻杆全部卸掉，带钻头的钻具应与动力头下接头连接牢固，同时将滑套挂起。

9. 完钻

将动力头提至井架上部，摘掉锁销，放倒井架，松开油门，摘掉钻机离合器，挂合前后桥，即可开动钻机车转移至下一井位。

（三）技术要求

①起立井架时保持平稳，掌握“慢—快—慢”的方法。

②正确使用快速提升及下降手柄。

③正确使用正反转手柄。

（四）注意事项

①使用正反转手柄时钻具旋转方向要明确。

②接卸钻杆不能扶钻具螺纹及其他突出部位。

③冬季启动油泵，应空载断续起动，使油温上升，待油温超过 15℃，方可进行全负荷运转。

④钻机与水罐车保持 3m 以上间距。

⑤发现异常应立即停止作业，禁止钻机带病作业。

⑥更换钻杆时，钻杆拧紧后方可提钻；钻杆下滑方向禁止站人。

第二节　WTZ-100M 钻机维护与保养

一　保养井架总成

（一）设备、材料、工具

WTZ-100M 型钻机、润滑脂、随车工具、黄油枪、棉纱等。

（二）操作规程

①润滑加压装置座瓦轴承，紧固座瓦轴承固定螺栓，检查涡轮箱固定螺栓。

②润滑小链轮轴，检查开口销、链条涨紧器、小链轮衬套。

③润滑油缸销轴、人字架销轴。

④加压链条涂抹润滑脂。

（三）技术要求

①井架润滑点润滑脂充足。

②连接部位螺栓紧固。

③链条左右对称并松紧适度。

（四）注意事项

①停机进行操作。

②禁止接触、擦洗、润滑、维修或跨越运转的零部件。

③攀登井架维修作业，应确保立架锁牢，人员系安全带。

④严禁使用汽油擦拭设备、清洗零部件。

⑤维修产生的废机油、零配件等废弃物应统一回收存放，交由有资质的处理机构进行回收。

二　钻机泥浆泵总成的日常检查与保养

（一）设备、材料、工具

WTZ-100M 型钻机、润滑脂、润滑油、密封胶、机油 5W/40、清洗剂、随车工具、加油桶、棉纱等。

（二）操作规程

1. 钻机泥浆泵总成的日常检查

①检查阀盖、缸盖、拉杆密封填料压帽等各部螺栓的紧固情况，特别是拉杆与十字头连接处的压帽紧固情况更需经常检查，不允许有松脱现象。

②检查安全阀调定压力是否正确，进/排水阀的工作情况是否良好。

③用扳手卸开泵头五条螺栓，取下阀压盖，检查弹簧的弹性及阀胶皮的完好程度，有损坏的要及时更换。

④用扳手卸下曲轴箱油面螺钉，检查润滑油是否足够，不够应添加到油平面螺孔，流油后装上油平面螺钉。

⑤检查拉杆高、低压密封填料处和缸套压盖处的密封情况是否良好，有渗漏时要紧固或更换密封填料及密封圈。

⑥泥浆泵工作之前，应预先通过其输入轴右端的轴头，检查其转动是否灵活，若发现转动不灵活，应及时调整、检修。

⑦泥浆泵开启或工作时，操作人员必须注意泵压力表的压力不应超过 2.0MPa（$20kg/cm^2$）。表上的指针应微微摆动，如果指针不动，说明压力表有问题，应及时检查或更换。

⑧经常注意阀和活塞的工作情况，不允许阀、活塞以及缸套中有异常的敲击声。必须定期检查支缸螺钉压紧缸套的情况，不允许缸套有轴向移动，否则，泥浆会将缸套与泵头的结合面冲坏，使泵头报废。

⑨经常检查曲柄箱、十字头、缸内等各处有无异响，各轴承温升不超过45℃，油温温升不超过35℃。

⑩冬季使用时，如停泵时间较长，必须用扳手卸下泵头下部两只放水螺塞，将泵头中的泥浆或水放尽，以防冻裂泵头。如有条件，可利用排气管排出的废气对泵头底部予以加热。

⑪ 泥浆泵长时间不使用时应将泵头部分的水放尽，清洗干净，缸套拉杆等零部件涂防锈油，防止锈蚀。

⑫ 润滑：泵体箱内加入规定的润滑油，油量加至螺塞下缘，首次加油，工作100h应更换新油，以后可根据情况大约工作6个月换油一次，换油时必须清洗干净。一般情况，每月检查一次，发现少油应及时补足。

2. 钻机泥浆泵总成的保养

①打开泵体后盖，放掉脏油，用清洗剂清洗泵体润滑油腔。

②调整连杆瓦间隙，检查滚动轴承，检查向心球轴承，检查齿轮啮合情况。

③加新油到泵体规定液面，泵体后盖用密封胶密封，上紧后盖。

④打开泵头边盖，将缸套涂抹润滑脂，检查活塞并涂抹润滑油，检查开口销是否脱落、螺母是否上紧，检查阀组件并涂抹润滑脂、边盖固定螺栓涂抹润滑脂、支撑杆涂抹润滑脂。

⑤紧固支撑杆、归位压板及边盖。

⑥拉杆涂抹润滑脂。

（三）技术要求

①润滑脂选择正确，钻井泵泵头内部零件及拉杆涂抹润滑脂。

②润滑油选择正确，夏季使用30号机械油，冬季使用20号机械油。

③连杆瓦间隙适中，滚动轴承无异响。

（四）注意事项

①根据季节选择加注润滑油。

②压板过紧易造成支撑杆断裂。

③泥浆泵开启或工作时泵压力表的压力不应超过2.0MPa（20kg/cm^2）。

④各轴承温升不超过45℃，油温温升不超过35℃。

⑤禁止接触擦洗、润滑、维修或跨越运转的零部件。

⑥严禁使用汽油擦拭设备、清洗零部件。

⑦维修产生的废机油、零配件等废弃物应统一回收存放，交由有资质的处理机构进行回收。

三 保养起升加压装置总成

（一）设备、材料、工具

WTZ-100M 型钻机、润滑脂、机油、随车工具、黄油枪、棉纱、加油桶、废油盆等。

（二）操作规程

①加压装置座瓦轴承润滑，检查涡轮箱与加压轴连接情况，紧固座瓦轴承固定螺栓，检查涡轮箱固定情况，检查大链轮是否窜位。

②加压起升系统工作时，各部分动作要平稳，无冲击或异常噪声，链条要松紧适度。

③加压链条采用人工定期润滑：使用机油枪或毛刷在加压链条的从动边的内外链板间隙处加注 20 号机械油，每班一次。长期不工作时，应用煤油清洗干净，并涂上防锈油。

④要经常检查链轮的固定螺钉和给轴承安装螺栓，不允许有松脱现象。

⑤加压轴承要经常检查其润滑情况，要求每周加注 2 号锂基脂一次。

⑥蜗轮减速器的润滑：蜗轮箱内采用 200 号蜗轮润滑油进行润滑，其液面高度应达到螺塞孔边缘处。首次加油后工作 100h 左右应更换新油，以后可根据情况大约工作 6 个月换油一次，如发现油液污染，应及时更换，换油时必须清洗干净。经常检查液面高度，发现不足应及时补足。

⑦蜗轮箱工作时，随时注意温度，其轴承温升不超过 45℃，油温温升不超过 35℃。

⑧经常检查其密封情况，不得有任何渗漏油现象。

⑨检查润滑油并放掉旧油，更换润滑油，紧固加放油螺栓。

（三）技术要求

正确选择油品及油液面的高度符合标准。

①加压链条加注 20 号机械油。

②加压轴承加注 2 号锂基脂。

③蜗轮减速器采用 200 号蜗轮润滑油进行润滑。

④蜗轮减速器的润滑油液面高度应达到螺塞孔边缘处。

⑤加压起升系统链条松紧程度以人手推或拉链条中间部位偏离垂直中心线 50 ~ 90mm 为宜。

⑥蜗轮减速器首次加油，工作 100h 左右应更换新油，以后可根据情况大约工作 6 个月换油一次。

⑦大链轮位置适中。

⑧连接部位牢靠。

（四）注意事项

①涡轮箱与加压轴连接停机检查。

②蜗轮箱工作时轴承温升不超过 45℃，油温温升不超过 35℃。

③停机检修，检修油、气路管线前进行泄压。

④禁止接触、擦洗、润滑、维修或跨越运转的零部件。

⑤严禁使用汽油擦拭设备、清洗零部件。

⑥维修产生的废机油、零配件等废弃物应统一回收存放，交由有资质的处理机构进行回收。

四　更换分动箱润滑油

（一）设备、材料、工具

分动箱、润滑油、密封垫、棉纱、扳手、油桶、加油装置、废油盆等。

（二）操作规程

①选用润滑油、上加油孔用密封垫、下部放油塞密封垫。

②检查密封处固定螺栓有无缺损，密封处无漏油。

③卸开加油孔及油面螺栓，打开放油塞将废油放出，检查磨损情况。

④加入少量润滑油冲洗，加密封垫拧紧放油螺塞，加油至油面即可，垫好密封垫，拧紧上盖加油孔螺栓。

⑤擦拭油渍，清理场地。

（三）技术要求

①正确选择油品及加注油液面高度符合标准。分动箱采用 150 号工业齿轮油；油面以螺栓的下缘为准，不足时应及时添加。

②新车第一次二级保养时应更换新油，换油应在热车状态下进行，用煤油清洗干净后加入新油，以后每行驶 20000km 应换油一次。

③各部件密封良好无渗漏。

（四）注意事项

①润滑油牌号选择正确。

②各螺塞口无泄漏。

③检维修、加油时，应有防渗防溢措施。

④禁止接触、擦洗、润滑、维修或跨越运转的零部件。

⑤严禁使用汽油擦拭设备、清洗零部件。

⑥维修产生的废机油、零配件等废弃物应统一回收存放，交由有资质的处理机构进行回收。

五 更换钻机动力头水封

（一）设备、材料、工具

WTZ-100M 型钻机、润滑脂、水封、随车工具、清洁布等。

（二）操作规程

①卸掉排水管接头，卸开八角帽拿掉铁弯脖，卸开密封头锁紧环。

②卸掉锁紧密封头，将旧水封取出，新水封涂抹少许润滑油后装入动力头主轴管水封槽内。

③将锁紧密封头拧到适当位置夹紧水封，使锁紧密封头和主轴管有一定间隙，旋动主轴管检查和调整水封松紧度。

④锁紧防松环，装上铁弯脖拧紧八角帽，装上排水管并紧固。

⑤整理现场及工具。

（三）技术要求

①锁紧密封头和主轴管间隙适当。

②新水封要涂抹润滑脂，新水封装入动力头主轴管水封槽内。

（四）注意事项

①锁紧密封头和主轴管间隙过大或过小会使水封失去作用。

②拆动力头时，应确保被拆解部位稳固。

③攀登井架维修作业，应确保立架锁牢，人员系安全带。

④禁止接触、擦洗、润滑、维修或跨越运转的零部件。

⑤严禁使用汽油擦拭设备、清洗零部件。

⑥维修产生的废机油、零配件等废弃物应统一回收存放，交由有资质的处理机构进行回收。

六 维护气动离合器

（一）设备、材料、工具

WTZ-100M 型钻机、棉纱、随车工具等。

（二）操作规程

①检查连接，拧紧连接头。

②当摩擦片的磨损量超过 2mm 或烧坏时，应予以更换。

③更换摩擦片时先拧松螺钉，卸下锁紧螺母，退出挡板和压力板，取出报废被动摩擦片，装上新片，然后装上压力板与挡板，拧上锁紧螺母。

④调节压力盘与摩擦片间的间隙在 3 ~ 4mm。

⑤调整间隙时，先将锁紧螺母拧紧，再将锁紧螺母拧松 1.5 ~ 2 圈。

⑥拧紧锁紧螺母上的紧定螺钉，摩擦片更换完毕。

⑦清理现场。

（三）技术要求

①间隙调整合适。

②安装中摩擦片分割缺口应相互错开 60°。

③接头连接牢靠。

（四）注意事项

①调整压盘间隙适当。

②拆解钻机部件时，应确保被拆解部位稳固。

③停机检修，检修油、气路管线前进行泄压。

④禁止接触、擦洗、润滑、维修或跨越运转的零部件。

⑤严禁使用汽油擦拭设备、清洗零部件。

⑥维修产生的废机油、零配件等废弃物应统一回收存放，交由有资质的处理机构进行回收。

七　调整钻井泵连杆大瓦

（一）设备、材料、工具

钻井泵、棉纱、连杆大瓦、调整片、手锤、一字螺丝刀、开口扳手（32 ~ 36mm）、套筒扳手（32mm）等。

（二）操作规程

①检查间隙，将连杆大瓦卸下，检查磨损情况，并清理干净。

②检查新调整片，间隙大，减调整片；间隙小，加调整片。

③安装连杆大瓦。

④旋转曲轴检查间隙是否合适，如不合适继续调整。

⑤清理现场。

（三）技术要求

①连杆大瓦间隙适中。

②调整方法正确。

（四）注意事项

①调整片方向正确。

②瓦座油道方向正确。

③钻机运行过程中，不应进行调整。

④禁止接触、擦洗、润滑、维修或跨越运转的零部件。

⑤严禁使用汽油擦拭设备、清洗零部件。

⑥维修产生的废机油、零配件等废弃物应统一回收存放，交由有资质的处理机构进行回收。

八　维护钻机液压系统

（一）设备、材料、工具

WTZ-100M 型钻机、过滤器（200 目）、液压油、柴油、棉纱、随车工具等。

（二）操作规程

①连接检查，密封检查。

②液压油箱内必须加入规定牌号的液压油并经常检查液面高度，发现不足应及时添加。

③钻机第一次使用 300h 后需更换新油，以后根据使用条件，大约一年更换一次。

④冬季启动油泵，系统应空载断续启动，使油温上升，待温度超过 15℃时，方可进入全负荷运转。

⑤液压系统的油温不得超过 80℃。

⑥应定期清洗油箱上的空气滤清器。

⑦定期清洗滤油器，检查密封性，如滤油器损坏则更换。

⑧井架竖起后，应及时用锁钩锁紧，否则不准进行拆卸、修理油缸等操作。放井架时应保证油缸下腔充满液压油，维修人员应离开钻机平台，井架下落速度应平缓，不得有过大的冲击。

⑨各管路接头密封处不得有任何划痕、磕伤，零件安置时不得敲打撞击。

⑩各部件进出油口及转动部件旋转方向安装必须正确无误。

⑪ 清理现场。

（三）技术要求

①油面检查，油面低时添加液压油，加油需经 200 目滤网过滤，其他牌号油不得混入。
②维修或更换管路、接头等液压件时，不得有任何污物进入系统。
③使用煤油清洗零件后，应用压缩空气吹干。
④清洗时严禁使用棉纱等针织品擦拭，应使用毛刷或绸布擦拭。

（四）注意事项

①检查滤油器密封情况。
②系统内有压力时，不得松动任何接头零件。
③系统多路阀中的溢流阀压力调定后，不得随意调整。
④系统工作时如有爬行或异常响声，应立即停机检查。
⑤停机检修，检修油、气路管线前进行泄压。
⑥禁止接触、擦洗、润滑、维修或跨越运转的零部件。
⑦严禁使用汽油擦拭设备、清洗零部件。
⑧维修产生的废油、零配件等废弃物应统一回收存放，交由有资质的处理机构进行回收。

九　装配万向传动装置

（一）设备、工具、材料

万向传动装置、随车工具、棉纱、润滑脂等。

（二）操作规程

①清洗零件、检查零件。
②润滑十字轴。
③按装配顺序装配。
④装配后检查。
⑤恢复现场原状。

（三）技术要求

①万向节叉应与轴承壳的配合间隙为 0~0.04mm。
②轴承壳不应与油封座相咬而转不动。

（四）注意事项

①万向节的装配需用手锤轻轻敲击轴承壳外部才能装上，但不可装偏或锤击过猛。

②有油嘴的一面朝向传动轴。
③禁止接触、擦洗、润滑、维修或跨越运转的零部件。
④严禁使用汽油擦拭设备、清洗零部件。

十 排除液压系统动作慢的故障

（一）设备、材料、工具

WTZ-100M 型钻机、液压油、滤油器、随车工具、棉纱等。

（二）操作规程

①启动液压系统，观察现象，判断故障部位。
②分动检查、油面检查、油泵检查、液压油黏度检查、检查滤油器。
③确定故障点。
④调整或更换。
⑤运行系统正常。
⑥恢复现场。

（三）技术要求

①分别检查油面高度、黏度、滤油器和油泵的工作情况，找到故障点。
②启动发动机，保证液压系统灵活，运转正常。

（四）注意事项

①调试过程中严禁松动各接头。
②系统多路阀中的溢流阀压力调定后，不得随意调整。
③停机检修，检修油、气路管线前进行泄压。
④禁止接触、擦洗、润滑、维修或跨越运转的零部件。
⑤严禁使用汽油擦拭设备、清洗零部件。
⑥维修产生的废油、零配件等废弃物应统一回收存放，交由有资质的处理机构进行回收。

十一 检查与保养空压机

（一）设备、材料、工具

空压机、润滑油、润滑脂、随车工具、棉纱、水桶等。

（二）操作规程

①清洗外部污垢、清洗空气滤清器、清洗滤油器、检查连接、检查润滑。

②调整皮带松紧度。需增加或减少垫片，使两片皮带盘间距离达到要求，取出的垫片要妥善保管，待更换新皮带时再装入。

③润滑轴承、曲轴箱。润滑油需添加具有抗氧化、防锈、防乳化、消泡等特性添加物。

④启动后检查。

⑤恢复现场。

（三）技术要求

①清洗外部，检查外观及各气管的连接情况，清洗空气滤清器和滤油器。

②调整皮带松紧度。如皮带拉伸长度超出调整范围或出现老化开裂现象，则需更换新皮带。

③检查轴承的润滑脂和曲轴箱的润滑油。

（四）注意事项

①启动发动机检查各接头的密封性和安全阀。

②停机检修，检修油、气路管线前进行泄压。

③禁止接触、擦洗、润滑、维修或跨越运转的零部件。

④严禁使用汽油擦拭设备、清洗零部件。

⑤维修产生的废油、零配件等废弃物应统一回收存放，交由有资质的处理机构进行回收。

十二 维护钻机动力头

（一）设备、材料、工具

WTZ-100M 型钻机、润滑脂、机油、棉纱、配套工具、黄油枪等。

（二）操作规程

①调整动力头加压链条，使其加压链条应左右对称、松紧适当，动力头大齿轮轴（即中心管）平行于井架轨道。

②动力头工作时，运转应平稳可靠、无冲击、异常震动和噪声，各密封处、接合处不得有渗漏油现象。

③动力头工作时，随时注意动力头箱体的温升，箱体的温升一般温升不得高于 45℃，最高温度不得大于 80℃。

④动力头润滑：动力头箱体内是一级齿轮传动，箱体内应加一定量的润滑油，当动力头处于工作位置时，加油至油面螺塞的下沿。首次加油，工作300h后应更换新油，以后可根据工作情况大约每工作6个月换油一次，如发现油液污染，应及时更换。换油时必须清洗干净箱体，一般情况下，每天检查一次油面，发现油量少时应及时补足。

⑤经常检查两端滚轮的灵活程度，定期加注润滑脂，如有卡阻现象应及时修复或更换。

⑥工作时，如发现动力头上方管线底座视孔里有泄漏时，说明密封圈已坏或松紧调整不合适，应及时更换新密封圈或重新调整其松紧程度，严禁将其堵死，防止水漏入动力头壳体内部，损坏内部零件。

⑦清理现场。

（三）技术要求

①工具正确使用。

②动力头润滑：

机油：夏季使用30号机械油，冬季使用20号机械油；

润滑脂：2号锂基脂。

③检查齿轮运转情况。

④检查气密情况。

（四）注意事项

①动力头联接牢靠。

②拆动力头时，应确保被拆解部位稳固。

③攀登井架维修作业，应确保立架锁牢，人员系安全带。

④禁止接触、擦洗、润滑、维修或跨越运转的零部件。

⑤严禁使用汽油擦拭设备、清洗零部件。

⑥维修产生的废油、零配件等废弃物应统一回收存放，交由有资质的处理机构进行回收。

第三节　HY-40G型钻机组装与测试

一　HY-40G型钻机组装

（一）设备、材料、工具

HY-40G型钻机、空压机、钻杆、冲击器、钎头、配套工具、绸布、机油、液压油等。

（二）操作规程

1. 组装钻机

①依据主机发动机相对井口处于上风位置原则摆放好钻机底座。松开底座锁紧销，使底座四支腿均支撑在地面上，锁好锁紧销。

②将井架下部转轴抬起放于底座固定块上，插好锁销。

③立起井架，将井架支架下部关节轴承孔对准支撑座，穿好锁销并锁好支架。

④将动力头连同马达一起装于井架提升座上，插好锁销。

⑤调节井架支架锁紧凸轮，确保井架轴线垂直于水平面，锁紧井架支架。

⑥将散热器平放在远离操作者一侧，将发动机燃油桶放于远离发动机排烟管一侧。

⑦将空压机和空压机发动机摆放在空压机机组的平台上并连接好锁紧螺母。

⑧连接好所有液压管路快速接头，安装前先用绸布将快速接头表面擦拭干净。将动力头管线的小链挂于井架支架上。

⑨液压管路安装完成后，必须再次确认各管路连接无误，所有快速接头均安装到位。

⑩连接好输气管线。

⑪ 连接好燃油管路的快速接头，管线走向应远离发动机排气管。

⑫ 连接电瓶线，检查并确认电瓶线正负极连接正确。散热器风扇导线在钻井开始阶段暂不连接，待钻井过程中液压系统油温超过 40℃时，将散热器风扇电机导线接到电瓶上，并确认风扇为吸风状态，否则应倒换接线极性。

⑬ 张紧皮带，检查并确认皮带张紧适度，否则重新调整。

⑭ 皮带检查调整好后，再松开皮带。

⑮ 检查并确认液压换向阀手柄处于中位。

2. 设备检查

检查连接、检查液压油、检查机油、检查滤芯、检查防护、检查手柄。

3. 清理现场。

（三）技术要求

①了解 HY-40G 型钻机的组成。

②保证气管线及油管的连接正确、牢固。

③机油、液压油型号符合标准。

④检查液压油、机油油面正常。

⑤手柄灵活性，滤芯工作正常。

（四）注意事项

①油管连接时接头清洁。

②各接头连接牢靠。

③钻井过程中液压系统油温不得超过 40℃。

④供油箱（桶）与钻机或空压机、电瓶之间的距离应不小于 2m，有防晒、防倾倒措施，禁止直接供油。

⑤钻机的空压机、储气瓶、高压管路、安全阀应检查合格。

二 山地钻机性能测试

（一）设备、材料、工具

HY–40G 型钻机、润滑油、润滑脂、配套工具、棉纱等。

（二）操作规程

①启动发动机前检查滤清器、各种油位、连接、仪表等。

②空载调试主机。启动发动机，空载下检查提升、旋转、加压等动作应正常，之后停机，重新补足液压油。

③空载调试空压机组。组装完成后各转动部件经人力转动正常后，方可进行低速试车工作，并检查各转动部件有无异常情况，若无异常可中速运行 30min，然后按发动机额定转速空负载运转，试车过程中若发现异常应进行停机检查。

④操纵手柄运动方向。各操纵部件组装后，应操纵灵活，准确可靠，不得有卡滞现象。

⑤空载检查气密封。

⑥空载运转正常后，可进行液压系统调试及动作，可一并进行载荷运转测试。

⑦清理现场。

（三）技术要求

①正确选择润滑油、脂：

机油：夏季使用 30 号机械油，冬季使用 20 号机械油；

润滑脂：2 号锂基脂。

②正确空载调试主机。

③正确空载调试空压机组。

（四）注意事项

①调试过程中不能漏项。

②油管连接时接头清洁。

③各接头连接牢靠。

④钻井过程中液压系统油温不得超过 40℃。

⑤供油箱（桶）与钻机或空压机、电瓶之间的距离应不小于 2m，有防晒、防倾倒措

施，禁止直接供油。

⑥钻机的空压机、储气瓶、高压管路、安全阀应检查合格。

三 山地钻机验收

（一）设备、材料、工具

HY-40G 型钻机、配套工具等。

（二）操作规程

1. 外观检验

①钻机所用的原材料、外协件应符合相应的产品标准、合格证明书；外协件应有相应技术文件和质量检验报告。

②管线应排列整齐，装卡固定，不准有压扁、扭曲，不得与运动的零部件发生相互摩擦。

③仪表板安装应有减振装置，各种仪表应排列整齐，固定牢固。

④液压系统密封可靠，各部件、管线、接头等工作时均无渗漏现象。

⑤气动系统密封可靠，各气动元件、管线、接头等工作时均无漏气现象。

⑥各操纵部件组装后，应操纵灵活，准确可靠，不得有卡滞现象。

⑦各紧固件、钢绳卡、管线接头安装应牢固可靠；有扭矩要求的螺杆、螺母按规定扭矩和顺序拧紧，并采用相应的防松措施。

⑧皮带传动装置中，配对皮带轮轴线应互相平行，平行度≤ 1.5mm；配对带轮相对应的轮槽中心位移度≤ 5mm。

⑨动力头中心与井架卸钻杆装置内孔中心同轴度≤Φ3mm。

2. 安全检验

①钻机传动系统所有外露部分的保护装置均应安装牢固。

②提升链条处应配备有安全装置和安全标志。

③发动机排气管、冷却系统风扇等处设置安全防护。

④操作台应设置于操作人员能清楚地看到井口及作业情况的位置。

⑤钻井司钻操作位置噪声不大于 89dB。

⑥液压油箱应设立识别标识。

⑦链条、皮带应分别设立防挤手和防烫手警示标识。

⑧汽油桶应设立禁止烟火标识。

3. 井架质量检验

井架组焊后各平面对角线误差不应超过 ±3mm，全长直线度误差不应超过 ±5mm。

4. 性能试验

（1）空载测试

按启动发动机前各项检查，并按上节空载调试进行空载测试。

（2）密封测试

①用专用工具将动力头卡住，正、反转分别使系统压力升至最高工作压力，保持5min，系统不得有渗漏。

②加压和提升动力头到上、下限位位置使系统压力达到额定压力，保持5min，系统不得有渗漏。

③气路系统试验时，调节气路系统压力达到额定压力的1.1倍，保持5min，用肥皂水涂抹接头连接部位，无气泡现象。

（3）钻井测试

①启动发动机空运转5min，检查各运动及连接部件正常后，发动机转速调到工作转速。

②操纵各手柄，在山地进行钻井试验，钻井深度为设备最大设计1/3深度，钻井数量至少1口。

③钻井过程中，测量轴承最高工作温度不得超过80℃，液压泊温度最高不得超过75℃。

④钻井过程液压回路、气路等不得有异响，外观不得有渗漏，连接件不得有松动现象。

（三）技术要求

①各系统结构及零部件齐全。

②外观漆面完整。

③满载荷压力下系统无渗漏油、漏气现象。

④各连接螺栓牢靠。

（四）注意事项

①安全警示标识醒目齐全。

②配套设备、工具齐全。

③钻井设备经验收合格，在钻井设备上粘贴验收合格标签。

④每个机组至少配备2具4kg灭火器。

⑤带呼吸阀的专用供油箱（桶），容量不超过40L。

⑥钻井场地应规划合理，方便司钻操作。

⑦风钻钻井应采取粉尘控制措施。

四 钻机开钻前的检查

（一）设备、材料、工具

HY-40G 型钻机、配套工具、润滑油、润滑脂、棉纱、绸布等。

（二）操作规程

1. 发动机的检查

①油位检查：取出发动机机油尺，检查机油油面位置后，擦干油尺，将油尺装回原位。再次取出机油尺，检查并确认油位处于油尺刻度范围偏上 3/4 处，机油不足时应补足相同牌号的机油，超出时应排掉多余机油。

②在检查机油油位时，同时检查机油的洁净程度，如机油已经变黑或变质，需要更换机油。

③关闭阻风门，打开空气滤清器后盖，取出发动机空气粗滤芯，检查并确认发动机空气粗滤芯干净畅通，必要时清理滤芯表面。

④检查并确认发动机各部紧固件（特别是旋转部位的紧固件）均可靠锁紧。

⑤检查并确认发动机机油冷却器翅片、发动机缸体冷却翅片表面干净畅通，必要时清理。

2. 空压机的检查

①检查并确认空压机机油油位处于油位指示的最高刻度位置，不足时补足相同牌号的压缩机机油。

②检查并确认空压机空气滤清器洁净畅通，必要时清理干净。

③检查并确认空压机温度表、压力表状况良好，损坏时需立即更换。

④检查并确认空压机风扇皮带张紧适度，必要时重新调整。

⑤检查并确认空压机各管路和接头无破损或松动现象。

⑥检查并确认空压机各部紧固件（特别是旋转部位的紧固件）均可靠锁紧。

3. 液压系统的检查

①检查并确认液压油箱内液压油油位处于液位计的最高刻度，必要时补足相同牌号的液压油，不同牌号的液压油不得混用，补油时需经 200 目过滤精度的滤网过滤。

②检查并确认液压系统各压力温度显示仪表均工作正常，一旦损坏应立即更换。

③检查并确认液压管路各快速接头、各液压管线无磨损现象，否则应予以更换。

④检查并确认液压油散热器翅片表面洁净畅通，必要时清理。

⑤检查并确认液压油箱呼吸器干净畅通。

4. 钻机其余部件的检查

①检查并确认钻机发动机皮带轮和空压机皮带轮的对应轮槽偏移不超过 1.5mm。

②检查并确认油泵驱动皮带和空压机驱动皮带的磨损状况，必要时更换皮带。

③检查并确认全部连接件、紧固件均可靠锁紧。

④检查并确认井架链条和连接螺栓均完好无损，链条张紧适度，按要求定期对链条表面和链轮润滑部位涂抹润滑脂。

⑤检查并确认井架提升座位置的摩擦板状况良好，如间隙偏大，应拧紧螺母进行调整，确保导向可靠，如摩擦板磨损严重需予以更换。

⑥用手盘动油泵皮带轮，检查并确认液压油泵传动装置运转良好无卡阻现象，必要时按要求加润滑脂润滑传动装置。

⑦检查动力头的润滑状况，按要求定期对动力头进行润滑。

⑧检查并确认动力头下接头螺纹状况良好，必要时更换下接头。

⑨检查冲击器钎头、刮刀钻头的磨损程度，如磨损严重需予以更换。

⑩检查每根钻杆螺纹的完好程度以及钻杆两端焊缝处的磨损程度，发现磨损严重时需予以更换。

⑪ 检查卸扣垫叉无裂纹和张口，否则需更换。

⑫ 检查并确认压缩空气输送管线和泥浆输送管线完好无损，否则应予以更换。

⑬ 检查并确认液压散热器、液压油箱无渗漏，否则应立即修复或更换。

（三）技术要求

①保证气管线及油管线的连接正确、牢固，无折弯、无渗漏。

②检查液压油、机油油面正常。

③手柄操纵灵活无卡滞。

（四）注意事项

①检查过程中不能漏项。

②安全警示标识醒目齐全。

③配套设备、工具齐全。

④每个机组至少配备 2 具 4kg 灭火器。

⑤带呼吸阀的专用供油箱（桶），容量不超过 40L。

⑥钻井场地应规划合理，方便司钻操作。

⑦风钻钻井应采取粉尘控制措施。

五 冲击器的使用与维护

（一）设备、材料、工具

冲击器、配套工具、润滑油、润滑脂、棉纱等。

（二）操作规程

1. 冲击器的使用注意事项

①保证可靠的润滑，冲击器的润滑是通过钻机上的注油器来实现的，必须保证每班开始工作之前给注油器加满润滑油，并在下一班开始工作之前仍有剩余（夏季注 20 号机械油，冬季注 5 ~ 10 号机械油）。

②冲击器装在钻杆之前，操纵冲击风阀排气清除钻杆内杂物，并查看钻杆是否有润滑油，连接冲击器后查看钻头花键上是否有油膜，如果明显无油或油量过大均应调整注油器系统。

③冲击器开始钻孔时，应操纵推进风阀使冲击器向前进给，顶住地面，同时打开冲击风阀，使冲击器冲击工作。此时应注意不要使冲击器回转，否则不可能稳住钻，当冲击出一个小的凹坑稳住钻后，再打开回转风阀使冲击器进入正常工作。

④在工作过程中，定期查看空压机转速表和压力表，如钻机转速急速下降而压力增加，则说明钻机钻孔出现故障，如孔壁倒塌或孔内产生泥箍等情况，要及时采取措施排除。

⑤在钻孔过程中始终保持孔内无岩渣，必要时进行强吹清孔，就是把冲击器提离孔底 150mm 高度，这时冲击器停止冲击，全部压气通过冲击器中心孔进行排渣。

⑥如发现钻头掉齿或碎片掉入孔内应及时打捞。

⑦定期对钻头柱齿进行修磨，修磨后柱齿高度为 9 ~ 9.6mm。

⑧更换钻头要注意直径变化，钻头磨损而钻孔未完成时，不可用新钻头更换旧钻头，以免“卡钻”。

⑨钻孔的效率和钻头的使用寿命，取决于轴压和转速的适当配合。各种不同岩层将影响转速和轴压的比例。施于冲击器的最低轴压是以冲击器工作时不产生反跳为宜，转速可根据岩渣的颗粒大小来调整。

⑩冲击器和钻杆在孔内严禁反转，以防造成冲击器落孔事故。

⑪ 停钻时，不可立即停止向冲击器供气，应提钻进行强吹，待孔内不再有岩渣及岩粉排出后再停风，然后放下钻具停止回转。

2. 冲击器的维修与保养

①按顺序拆装冲击器。

②用清洗剂彻底清洗拆下的全部零件，并用压缩空气吹干。

③检修各零件的所有部位，如有磕碰划伤现象，用锉刀、刮刀、细油石等打磨修复完整（活塞类零件可卡在车床上修磨），如发生有裂纹和破损现象应更换。

④用千分尺和内径量表测量活塞直径和气缸内径，如果配合间隙过大，应更换一个新活塞或气缸。

⑤检查卡钎套磨损情况，当其外圆磨损到小于外管外径时应及时更换。

⑥检查卡钎套花键磨损情况，用新钻头插入卡钎套花键中扭转，如果转动范围超过 5mm 应更换卡钎套。

⑦修复好的零件和待装配的所有零件各部位充分润滑。

⑧清理现场。

（三）技术要求

①在正常工况下，每工作 20 ~ 30h 对冲击器检修清洗和重新装配，钻水孔或用泥浆排渣时每 100h 进行一次。

②拆装顺序正确。

③各部件润滑充分，润滑油、脂选择正确。

（四）注意事项

①装配间隙合理。

②禁止用手直接触碰冲击器钎头。

③冲击器和钻杆在孔内严禁反转，以防造成冲击器落孔事故。

④严禁使用汽油擦拭设备、清洗零部件。

⑤维修产生的废油、零配件等废弃物应统一回收存放，交由有资质的处理机构进行回收。

思考题

1. 钻机开钻前检查的内容？
2. WTZ-100M 型钻机泥浆泵日常检查规程？
3. 如何维护钻机液压系统？
4. 钻机验收包括哪些内容？
5. 山地钻机性能测试的注意事项？

扫一扫
获取更多资源

第六章

采集设备操作与维护

PART 6

地震勘探中人工激发的地震波需要专用野外采集设备进行数据采集和存储，地震资料的质量与采集设备的性能和接收条件有密切关系。陆地作业中埋置检波器，海洋作业中使检波器处于水面下一定深度，都是为了避免各种干扰，改善接收条件，提高地震信号的信噪比和分辨率，高品质的地震资料有助于地下地质体的识别与刻画。随着电子通信技术的迅速发展和高密度低成本勘探采集的需求，继有线仪器、无线仪器之后，节点仪器作为新的采集设备得到快速推广应用。

第一节　有缆设备操作

一　有缆排列布设

（一）设备、材料、工具

地震专用采集链、检波器串、电源站、电瓶等。

（二）操作规程

1. 放置采集链

①根据施工任务书找到检波点测量标志，核对桩号。

②解开采集链捆扎绳，把采集链挎在胳膊上。

③将采集链一端的插头搁在地上，沿着测线边走边放，将采集链上本道采集站放置在适当位置。

④连接相邻采集链及电源站。

⑤电源线连接电源站电源端口后，再与电瓶的正负极连接。

2. 放置检波器

①根据施工设计组合图形摆放检波器串，组合中心对准桩号，同一道组内高差小于 1m。

②遇障碍不能正常布设检波器的道，对称压缩组内距摆放或偏移，保证组合中心对准桩号。

③挖坑埋置检波器，保证耦合。

④检波器串接入采集站，保证接头紧固、耦合良好。

3. 回收排列

①断开电源站和电瓶的连接。

②断开检波器串与采集链的连接，盖上防尘帽，逐个拾取检波器，边走边收检波器串，捆扎整齐。

③断开采集链与采集链、电源站的连接，盖上防尘帽，边走边收采集链，用捆线绳把采集链捆扎整齐。

（三）技术要求

①仔细核对排列检波点的测量标志，采集链放置在靠近测量标志且环境条件较好的地方。

②采集链连接或采集站与检波器串连接时，插头处要拧紧，保证牢靠、不松垮。

③检波器挖坑埋置做到“平、稳、正、直、紧”。

④严禁检波器串堆放。

⑤采集链和检波器串回收严禁拖拉、扯拽，组合线成圈均匀无打结。

⑥大风和封冻季节应做好检波器埋置巡检工作。

（四）注意事项

①作业人员按规定穿戴劳动保护用品，上岗前应体检合格，无作业禁忌症。

②作业人员经岗前 HSE 教育培训，考核合格方可上岗作业。

③采集链和检波器串搬运过程中要轻拿轻放，严禁拉、挤、摔、踩。

④回收检波器串时不要用力拉组合线去拔检波器，防止拉断组合线或检波器飞起伤人。

⑤严禁使用无尾椎的检波器施工。

二 公路布设地震排列

（一）设备、材料、工具

反光背心、架线杆、绑绳、采集链、角钢地锚、警戒旗、交通指挥棒、警示带、标志牌、反光锥、大锤、固定锥等。

（二）操作规程

①正确穿戴反光背心、安全帽等劳保用品。

②确认施工任务，由架线组长明确当日工作任务，熟悉施工内容和工作步骤，做好安全隐患识别并制定安全措施。

③选择不妨碍交通，远离高压线、弯道、人员密集区、危险建筑物等地点作为架设点进行架线或吊线作业。

④设置警戒标志，在距离作业点两侧各 150m 外设置警戒牌，示意前方施工减速慢行，配置专人观察车辆、维持秩序。

⑤架线

将架线杆、地锚、架线绳、采集链等放置于公路一侧的准备点，检查架线设备的安全性能。

确定公路两端架线杆安置点，安置点应埋置固定锥或挖坑，防止架线杆位移，以架线杆安置点为三角形顶点，另合理设置两个地锚点，用大锤将地锚固定牢靠。

作业人员使用架线抗拉绳或测距仪等工具丈量公路两端安置点宽度，确保架线绳与公路宽度一致。

抗拉绳两端分别捆绑在架线杆上，中间预留出公路宽度的绳索。采集链按排列道的顺序，将采集链固定在抗拉绳上，在抗拉绳中间部位设置限高反光警示标志。

将准备点一侧架线杆放置到安置点，由一名作业人员扶住架线杆，固定在固定锥或埋在坑内，防止倾倒。两根拉紧绳索固定在两侧的地锚上。

指挥人员观察警戒到位后，作业人员分工协作，携带采集链、绳索及另一侧架线杆迅速通过公路。将架线杆底部迅速对准安置点，作业人员斜拉拉紧绳将架线杆竖起，固定拉紧绳。

调整架线杆两侧拉紧绳，使公路两侧架线杆保持在同一状态，架线高度距地面不低于5.8m。

⑥在架线杆、拉紧绳适当高度设置粘贴明显反光警示标志。

⑦架线结束后，作业人员撤离路面，指挥人员观察确认路面无作业人员后，通知解除警戒，放行车辆。

（三）技术要求

①架线前核对采集链道序，合理布设，采集站悬空高度小于1.5m。

②架线杆受力均匀，固定牢固可靠，无斜歪现象。

③采集链无承受拉力，与抗拉绳束缚充足、均匀，无坠落现象。

④采集链与电力输电电线之间的距离大于安全技术要求。

（四）注意事项

①严禁未穿反光背心上路作业，严禁在公路上占道作业，避免妨碍交通，造成交通事故。

②合理选择作业点，远离高压线、弯道、人员密集区等风险区域。

③施工车辆停放在安全地带，确需公路临时停放时，应在车后方放置反光锥或反光三角牌等警示标志。

④雨雪、路面结冰、雾天及视线不清的恶劣天气，严禁公路布设作业。

⑤安排专人巡视已架设的过公路排列，发现问题及时采取措施整改。

三 水域布设地震排列

（一）设备、材料、工具

通信设备、专用设备和器材、船只、救生圈、安全绳、竹竿、浮漂、救生衣等。

（二）操作规程

①选择有水域作业经验的人员组织布设作业。制定相应的水域作业应急处置措施，监护人员现场监督。

②作业前观察水域走向和两岸地形，合理选择穿越路线。搜集河流水深、流速、暗流、暗礁、航道等信息，合理选择穿越点。

③船只根据风向和水流方向停靠在利于上下的地方。

④作业人员抓稳安全绳索，采用单脚跨越式上下船只。

⑤将设备均匀放置在船上，不妨碍作业活动。

⑥舵手控制船速，缓慢靠近测量标志点，按顺序依次将检波器置入水中，采集站固定在浮漂上。

⑦连接采集站和检波器，固定连接处。

⑧水上排列布设完毕，使用排列助手检查排列通断完好。

⑨作业完成，清点人员。

（三）技术要求

①安全劳动保护用品穿戴齐全。

②检波器点位准确，设备固定牢靠。

③采集站、连接接头采取防水措施，避免产生漏电。

（四）注意事项

①船只具有安全性能并检验合格，救生设备配备齐全。

②作业人员必须正确穿戴救生衣，严禁嬉戏、打闹、吸烟等不安全行为。

③装卸时严禁抛掷设备和其他用具，防止损坏设备和船只。

④水域施工作业时严禁超载、超员、超速，注意避让航道船只。

⑤现场监督人员应随时注意水面情况和水深变化，发现问题及时处理。

⑥提前了解天气，在遇到雨雪、大风和大雾等恶劣天气时，严禁水上作业。

四 铁路布设地震排列

（一）设备、材料、工具

地震专用采集链、检波器串、反光背心、通信设备等。

（二）操作规程

①联系铁路主管部门，做好施工方案沟通。在作业现场两侧 1km 处各设置一名警戒人员，携带通信器材，观察有列车驶入作业区及时告知作业人员。

②制定相应的铁路穿越应急处置措施，选用有经验的人员组织穿越作业，监护人员现场监督。

③检查铁路类型，若为高速铁路、封闭式铁路，严禁从铁轨下方掏洞穿越。检查作业现场是否存在高压输电线路。

④涵洞通过：当铁路沿线涵洞数量能满足生产需要时，排列线可直接从高架桥桥洞、桥梁涵洞通过；排列线长度不足时，可采用增加采集链绕道方式，班组做好统计后上报仪器。

⑤建二级排列或串接排列：当铁路沿线涵洞数量不能满足生产需要时，应采取建二级排列或串接排列的方式通过。

⑥铁轨下方穿越：

清理铁轨下方的道砟，预留足够空间使采集链穿过。

将采集链从铁轨下方穿过，适当拉紧拉直采集链。

使用道砟压紧、压实采集链。

⑦作业完成后，检查工具，撤离作业人员，解除警戒。

（三）技术要求

①检波器点位准确。

②建二级排列或串接排列时，道序登记清楚、准确。

（四）注意事项

①作业前检查铁路类型、涵洞数量，选择合理的穿越方案。

②未经铁路主管部门许可，严禁作业。

③远离高压输电线。清理铁轨下方的道砟时，不得清理枕木下方，从而破坏铁路安全。

④禁止大风、冰雪、结冰、雾天及视线不好的恶劣天气作业，避免造成人员伤害。

⑤施工现场设置警戒，穿反光信号服作业。避免高处坠落、物体打击、列车撞击、设备倾覆等作业风险。

五 山地布设地震排列

（一）设备、材料、工具

专用设备和器材、通信设备、安全帽、安全绳、防滑鞋、警示标识、无人机等。

（二）操作规程

①对测线穿越的山地区域提前进行现场踏勘，由布线班长明确当日工作任务，熟悉施工内容和工作步骤，做好山地安全隐患的识别并制定消减措施。

②组织小组成员进行山地布线作业安全分析，并制定针对性风险管控措施。

③根据施工区域的起伏高度，土壤和岩石的坚实情况、植被分布等确定穿越路线。

④作业现场划出危险区域，设置明显标志，指定专人负责安全监控。

⑤检查采集链、检波器串、安全绳、无人机、通信设备等设备器材齐全完好，确保安全有效。

⑥组织开展布线作业，按指定穿越路线依次到达测量标志点布设采集链、检波器串。

⑦穿越坠落高度大于等于 5m 的悬崖布设采集设备的作业，属许可类高风险作业。

班长必须依据现场踏勘及作业安全分析结果，结合生产实际编制《过悬崖布线作业方案》，向项目高风险作业审批人提出作业申请。

项目高风险作业审批人、过悬崖作业小组组长、安全监护人共同对现场作业的设备、设施进行现场检查，对作业内容、可能存在的风险以及施工作业环境进行交底，对各项安全措施逐条确认，确认各项作业条件满足安全生产要求后，项目高风险作业审批人签发《高处作业许可证》。

无人机操控手按照作业要求操控无人机，将牵引绳运送至悬崖顶部作业区。

作业人员利用牵引绳进行过悬崖的采集链布设。

监护人、过悬崖作业小组组长进行现场验收，在《高处作业许可证》上签字确认，关闭作业许可。

⑧布设作业完成后，清点人员，检查作业现场，确认无生产生活垃圾、无安全隐患。

（三）技术要求

①接收点位置准确，建立绕道排列时，道序登记清楚、准确。

②采集站、检波器串等设备注意防火，采取防水措施，避免产生漏电。

（四）注意事项

①对全体作业人员进行山地作业技术培训，熟知作业风险，掌握山地作业安全操作要求。

②作业现场正确划分危险区域，设置明显标志。

③个人劳动防护用品完好，穿戴正确，牵引绳长度满足需要，无破损、霉变，通信设备保持畅通。

④关注天气信息，预防山洪、泥石流和山体滑坡等自然灾害袭击；遇突发大风、雷雨、大雾等恶劣天气时，立即停止作业，撤至安全地带并采取相应措施。

⑤作业时应做好防火、防洪汛、防泥石流、防雷击等工作，制定预防野兽、毒蛇、毒虫等袭击措施。

⑥监护人时刻观察作业人员状态，与作业人员保持沟通，保证作业安全。

六 操作收放电缆机

（一）设备、材料、工具

装载式收放缆机、机油、配套工具、水桶、救生衣等。

（二）操作规程

（1）启动前检查

启动前检查管路接头是否漏油，液压胶管是否有裂纹，铁管部分是否有腐蚀。

（2）启动收放缆机并检查各部件运转状态

检查花篮螺丝并扭紧、检查轨道保险销。检查分配器操作手柄、发动机转速，负荷扭矩。检查操作手柄，向船尾方向拨动操作柄，禁止逆向拨动造成滚筒逆向旋转，禁止正、反向频繁变动。

（3）放缆

①舵手根据导航逐步减速至距作业点 25m 处。与此同时绞车手检查并启动放缆绞车，使绞车运转正常进入预放状态，放缆工进入指定位置前首先确定水流或潮汐方向，放缆班长对周围海况、放缆机械进行巡视，确保放缆正常安全进行。

②放缆过程中及时根据水深水流变化调整放缆的延迟时间，放缆人员根据水域情况适当增加海缆的配重，听从导航人员指挥确保检波器点位准确。放缆船后面的操作手负责连接电瓶及浮漂，操作手在靠近浮漂时要顶流减速慢速靠近，挂机船上人员用钩子勾起浮漂，两人从水中捞起电源站，连接好钢丝绳，绑好浮漂。更换电瓶时一定要轻拿轻放。

③绞车手根据导航员的提示，依次逐点将检波器投放在指定设计点上，并在缆与缆之间数字包处验点与绞车手校对，以保证检波器投放正确，直到放缆结束，完成本航次放缆流程。

（4）收缆

放缆船在接到仪器收缆通知后，放缆班长做好不正常道记录工作，绞车手启动绞车，使绞车正常运转，进入预收状态，放缆人员进入指定位置，前甲板人员穿好救生衣，将缆头浮漂捞起，把电缆绞入滑道，进入收缆状态，收缆同时负责指挥收缆人员把不正常道甩出，并将电缆摆放整齐，把数字包依次摆放在指定位置，直至收缆结束。

（三）技术要求

①穿越河道前需要了解河道的地形及水深、水流等情况。了解当天的气象、潮汐变化、水流方向，布放时尽可能顶流放缆。根据水深，提前确定不同吃水深度的放缆船进行作业。

②岸边海缆连接处在布放后要固定拴牢。

③放缆精度按道数的要求一般保持在 5m 范围之内。

④放缆船上的电缆应在下水前连成一个整体，每条放缆船上的已连接好的电缆两端必须各安装一个堵头，整条接收线接通后只需排列首尾各保留一个堵头。

（四）注意事项

①放缆过程中，电源站的位置是固定的，多条放缆船铺设同一条测线，接头处未连接之前，必须有漂浮物明显标识。

②电源站的摆放位置必须符合统一规定。在收缆过程中，断开处必须是电源站位置，排列端点无需挂电瓶，但必须有漂浮物标识，并用锚固定。

③更换排列上的电瓶时，必须先抛锚将橡皮艇固定好，再提起水中的漂浮物，以防将点位拉偏。

④遇到海沟或落差较大的水域时，由放缆工负责，在电缆下水前设置好加长段，并记下准确的桩号位置，报告仪器操作员。

⑤放缆过程中，遇意外情况中断，需继续作业时应确定已下水的电缆点位准确，方可继续放缆。

⑥收电缆要注意：每根电缆收到船上 8 字形摆好，数字包单独、有秩序排放；电缆摆放整齐、均匀、不打结。

七 排列助手参数设置

（一）设备、材料、工具

LT-428 排列助手、LAUL-428 或 LAUX-428、电瓶等。

（二）操作规程

①连接 LAUL-428 或 LAUX-428 电瓶，将排列助手连接到 XDEV 接口。

② LT-428 排列助手开机。

③从 Start（开始）菜单中选择 LT-428（V5），双击启动 LT-428 程序。进入主菜单下的 Set 菜单。

④点位设置。选择 Set>LT Position（设置 LT 位置）后将打开以下菜单页，允许您指定

排列助手在排列中的位置。

测线号设置。选择 LT Line Nb：排列助手所连测线的编号为 1 ~ 99999。采用所连 LAUL 或 LAUX 低端上的第一个桩号

测线号步进设置。选择 Line Nb Inc：测线号步进值为 1 ~ 99999。

点号设置。LT Rcv Nb：排列助手所连接收点的编号为 1 ~ 99999。排列助手采用所连 LAUL 或 LAUX 低端上的第一个桩号。如果 LAUL 或 LAUX 位于一条测线的最前端，则它将采用在高端的第一个桩号减去接收点号的步进值。

点号步进设置。Rev Nb Increment：地形桩号步进值为 1 ~ 99999。只有在启用 Advanced（高级）模式时才提示该参数。

被检测测线号设置。Tested Line Nb：要检测的测线号为 1 ~ 99999。如果排列助手在 LAUX 上，则可检测除它所连测线外的其他测线。要指定左侧相邻测线，只需将 LT Line Nb（LT 测线号）减小一个步进值（Line Nb Inc.）即可。要指定右侧相邻测线，只需将 LT Line Nb（LT 测线号）增大一个步进值（Line Nb Inc.）即可。

保存参数设置。点击“OK”进行设置参数保存。

⑤设置操作完毕、退出程序、关机。

（三）技术要求

① LT428 排列助手的电源连接要正确。

② LT428 排列助手的参数设置要准确。

（四）注意事项

①安全劳动保护用品穿戴齐全。

②选择的测试环境和温度要合适。

③ LT428 排列助手使用和携带的过程中，严禁摔砸。

④测试前需确定被测排列与仪器方向断开。

八 排列助手测试排列

（一）设备、材料、工具

LT-428 排列助手、LAUL-428、428XL 采集链、检波器串、电瓶、施工任务书等。

（二）操作规程

1. 电瓶、LT-428 连接及参数设置

①将被测排列与仪器方向断开，将电源站接入被测排列，A（高）B（低）端口与排列方向一致，正确连接电瓶与电源站。电源站指示灯闪烁正常后，连接 LT-428。

②LT-428 开机，运行 LT-428（V5）应用程序。

③根据任务书和 LT-428 所在位置，正确设置参数。

2. 测试排列

①从主菜单中选择 Exec，然后点击 Line Tests，即可进入排列检测界面，点击排列检测界面中 Page 1 的 Power On Line 按钮，系统会提示一个方向参数，选择被测端口（高端或低端），此时可根据 LAUL 在排列中的连接方式，选择相应的方向 Direct（正向）或 Reverse（反向），LAUL 的低端口与 12V 直流电源的 B 口在同一侧。如果 LAUL 的低端口与小号排列连接，则选择 Direct（正向），否则选 Reverse（反向）。点击“OK”确认。

②随即开始给需测试的排列加电，逐一识别排列上接入的所有单元，会显示结果列表，表中最后显示测线段中第一个和最后一个 FDU 的位置（接收点号）。出现错误会标注为星号，选择 Power Off（断开排列电源）关闭所选端口，查找并排除故障，故障排除后需再次加电测试，直到无错误提示。

3. 测试结束

测试结束后，退出 LT428 程序，排列助手关机，断开与排列的连接，恢复排列。

（三）技术要求

①规范操作 LT-428，操作程序、菜单选择正确。

②LT-428 接入排列前核对桩号。

③爱护采集设备，轻拿轻放；电瓶连接极性正确。

④电源站高低端口与排列方向一致。

（四）注意事项

①安全劳动保护用品穿戴齐全。

②所有打开的防尘帽，互相扣合，防止泥土、灰尘进入。

③LT-428 排列助手使用和携带过程中，严禁摔砸。

④电瓶在搬运过程中注意保护，避免破损漏液，造成腐蚀事故。

九 手持对讲机操作

（一）设备、材料、工具

手持对讲机两台、天线、电池等。

（二）操作规程

①检查对讲机及附件状态。

②检查对讲机开关处于关闭位置。

③将天线对应对讲机天线座插入并顺时针方向拧紧。
④将电池组装入对讲机电池卡槽中并锁定。
⑤打开电源开关、调整音量于 2/3 左右位置。
⑥调整对讲机频道一致。
⑦按下对讲机发射（PTT）按键不放，离 MIC 孔 3～4cm 讲话，发送信号。
⑧释放对讲机发射（PTT）按键，接收信号。
⑨使用完毕关闭电源开关，及时充电。

（三）技术要求

①一部对讲机发送信号时，另一部对讲机能接收到清晰的语音。
②呼叫对方时：按下发射键（PTT）2s 后再讲话否则会漏传语音。
③等待被叫时：讲完话后再松开发射键（PTT），等待接收语音。
④当对讲机出现“嘟嘟”声说明电量将耗尽。

（四）注意事项

①安装、拆卸电池时应注意卡槽方向，不要用力过大。使用时注意防水、防污，保持清洁。
②未安装天线禁止开机。
③使用时，多台对讲机保持适当距离。
④禁止长时间按发射键（PTT）不放，防止烧坏对讲机功放。
⑤遵守有关无线电安全法规，禁止在受限区域内使用对讲机。

第二节　节点仪使用

一　I-Nodal 节点仪一致性测试

（一）设备、材料、工具

I-Nodal 节点仪、手持终端、中继单元、触点开关等。

（二）操作规程

①根据测试数量选择一个或多个测试地点。
②在测试地点确定中心点，以中心点为圆心画圆，圆的标识清晰规整。

③将震源点布设在中心点，需要测试的节点仪插置在同心圆上，节点单元插置做到平、稳、正、直、紧，确保耦合良好。

④ I-Nodal 节点仪开机自检。

⑤节点仪自检完成后，采用手持终端收取排列上的所有节点仪的 QC 数据。

⑥检查并剔除不正常的节点仪，确保收取的 QC 合格数量与该排列数量一致。

⑦通知激发组激发敲击，激发前 5s 保持现场及周边警戒，激发完成 5s 后方可解除警戒，收回节点仪下载采集数据。

（三）技术要求

①及时保存每次激发对应排列上所有节点 LOG 数据。

②准确记录每次激发时间点（hh：mm：ss）。

③使用节点外置检波器采集时，应先连接好外置检波器再开机自检。

④严格要求节点敲击时摆放的圆形排列标准，减少单道资料偏差。

⑤及时剔除不一致的节点单元并做好记录。

（四）注意事项

①安全劳动保护用品穿戴齐全。

②使用手持终端对布设的节点单元施工参数、采集状态等进行检查，节点单元应为工作状态正常。

③节点仪必须垂直插入地面，倾斜角度小于 10°，周围无杂草和干扰，保证站体耦合良好。

④使用节点外置检波器采集时，外置检波器埋置符合要求。

二 I-Nodal 节点仪布设与回收

（一）设备、材料、工具

I-Nodal 节点仪、手持终端、中继单元、触点开关、转接缆、检波器串等。

（二）操作规程

①按照当日施工任务书领取设备。

②到达工作区域后核对桩号，使用转接缆将检波器串与节点仪连接。

③按照技术要求摆放节点仪和检波器串。

④用触点开关启动节点仪，等待节点仪自检完成且处于仅蓝灯闪烁状态。

⑤手持终端开机，设置节点仪参数。

⑥按上述布设步骤逐道完成当日布设任务。

⑦排列完成接收后，回收节点仪，先关机，再断开与检波器串的连接。
⑧按排列线号将节点仪装筐，并做好标识，不同排列的节点仪严禁混装。
⑨回收过程中对丢失和不能回收的设备做好记录并及时上报。

（三）技术要求

①节点仪布设和回收桩号准确。
②严禁节点仪未到达布设点提前开机。
③外置检波器时，节点仪必须先连接外置检波器串再开机。
④节点仪或外置检波器的埋置做到“平、稳、正、直、紧”。
⑤连接转接缆和检波器串前，清理节点仪、检波器串、转接缆触点，连接紧固可靠。

（四）注意事项

①节点仪挖坑埋置时，要回填充分；需要顶部覆土时，厚度小于 3cm。
②布设节点仪的同时要采取防水、防火、防盗措施，保证设备安全。
③布设和回收前要按照当日施工任务书核对桩号。
④触点开关使用后要及时关闭。

三 使用手持终端设置 I-Nodal 节点仪

（一）设备、材料、工具

手持终端、中继单元、触点开关、布设班报等。

（二）操作规程

①领取当日施工任务书，确认作业测线号和起始桩号。

②到达作业点，核对桩号准确，并确认已布放的节点仪处于采集工作状态（仅蓝灯闪烁）。

③手持终端开机，中继单元开机。在手持终端 WiFi 网络上选取并连接中继单元。检查手持终端北京时间是否准确（UTC 时间比北京时间晚 8h）。

④双击运行设置软件 I-Nodal Setlinepoint，输入用户名及密码进行登录，用户名可以自定义，默认密码为：123456。

⑤登录成功后，首先确认界面左下角连接状态，只有全部为绿色时，中继单元才能正常使用。

⑥点击左侧布署图标，进入布署界面。点击“Scan”键进行搜索节点仪。

⑦在搜索到的设备号里选取当前桩号上节点仪设备号，检查屏幕中间设备号是否一致，检查该节点仪是否进入采集状态、检波器阻值、电量、GPS 信号强弱、存储状态等各项参

数指标是否正常。

⑧输入正确的线号桩号，点击“setting”进行设置。

⑨设置完成后，核对屏幕中间线号、桩号是否与输入一致。

⑩打开列表界面，检查本道节点仪设置是否记录成功，参数是否正常。

⑪ 准确、清晰、完整填写《布设班报》各项内容。

⑫ 按上述设置步骤逐道完成当日任务。

⑬ 返回营地及时上交设置 log 记录和《布设班报》。

（三）技术要求

①节点仪绿灯闪烁代表 GPS 正在搜星中；绿灯常亮代表一切状态正常，可以开始采集；蓝灯闪烁代表正在采集；红灯代表状态异常，需检查仪器。

②手持终端与中继单元连接时，确保周围无其他中继单元开机。

③手持终端上设置软件 I-Nodal.Setlinepoint 与巡线软件 I-Nodal.Inspection 不得同时启动。

④软件正常退出后，方可关闭手持终端。

（四）注意事项

①到达作业现场首先核对桩号。

②设置前核对选取的节点仪设备号与本道节点仪设备号一致。

③线号桩号设置完成后要再一次检查是否设置成功，并在列表中查看是否记录成功。

④触点开关及时关闭，手持终端、中继单元使用完毕应及时充电，确保电量充足。

四 使用手持终端巡视 I-Nodal 节点仪

（一）设备、材料、工具

手持终端、中继单元、触点开关、节点仪、巡视更换记录表等。

（二）操作规程

①领取当日巡视任务书，确认作业线号和起始桩号。

②到达作业点，手持终端开机，中继单元开机。在手持终端 WiFi 网络上选取并连接中继单元，检查手持终端北京时间是否准确（UTC 时间比北京时间晚 8h）。

③双击运行巡线软件 I-Nodal.Inspection，输入用户名及密码进行登录，用户名可以自定义，默认密码为：123456。

④登录成功后，首先确认界面左下角连接状态，只有全部为绿色时，中继单元才能正常使用。

⑤点击左侧扫描图标，进入设置桩号界面。点击绿色三角按钮进行搜索。

⑥核对搜索到的节点仪设备号与当前桩号上的节点仪设备号是否一致；核对该节点仪设置的线号桩号与测量桩号是否一致；检查该节点仪设备是否处于正常采集状态蓝色“Sampling”；检查电量、存储空间、检波器通道及阻值、卫星个数等各项参数指标是否正常。

⑦巡视完成，打开列表界面，检查各道节点仪设置是否记录成功，参数是否正常。

⑧发现工作不正常或指标超限的节点仪，应立即更换。更换节点仪后需退出巡线软件I-Nodal.Inspection，启动设置软件I-Nodal.Setlinepoint对新节点仪进行线号桩号设置。设置完成，再退出设置软件I-Nodal.Setlinepoint，重新启动巡线软件I-Nodal.Inspection，对新布设的节点仪进行巡视记录。

⑨更换下的故障节点仪关机，做好标识，并准确、清晰、完整填写《巡视、更换记录表》。

⑩按上述设置步骤逐道完成当日巡视任务。

⑪ 收工后及时上交巡视log记录、故障设备和《巡视、更换记录表》。

（三）技术要求

①节点仪绿灯闪烁代表GPS正在搜星中；绿灯常亮代表一切状态正常，可以开始采集；蓝灯闪烁代表正在采集；红灯代表状态异常，需检查仪器。

②手持终端与中继单元连接时，确保周围无其他中继单元开机。

③手持终端上设置软件I-Nodal.Setlinepoint与巡线软件I-Nodal.Inspection不得同时启动。

④软件正常退出后，方可关闭手持终端机。

（四）注意事项

①安全劳动保护用品穿戴齐全。

②到达作业现场首先核对桩号。

③《巡视、更换记录表》中更换时间为新节点仪设置时间点（hh：mm：ss）。

④触点开关及时关闭，手持终端、中继单元使用完毕及时充电，确保电量充足。

五 I-Nodal节点仪数据回收

（一）设备、材料、工具

数据回收电脑、回收底座或回收夹、I-Nodal节点仪、抹布、毛刷等。

（二）操作规程

①打开软件 SDM 测试里面的 NSeis.SDM.Shell 应用程序，进入设置界面，设置回收数据的路径，以及是否需要备份，TF 卡是否需要格式化，写入采集参数。

②设置本地存储路径，勾选下载数据。

③导入已制作好的回收时间列表，或点击左下角的紫色加号添加制作下载数据时间。

④设置回收时间列表完成后，在页面底部核对回收时间列表、存储路径。

⑤进入图形视图，查看回收底座都正确连接，灰色表示还未连接，蓝色表示已经正常连接。

⑥使用回收夹或将节点仪放入回收底座，图形视图由蓝变黄，开始回收数据并显示下载进度。视图由黄变绿，回收完成。

⑦当日回收数据结束，用软件“数据文件夹与设备列表校验工具”核对，查看节点仪是否错收、漏收。

⑧错收的节点仪，按照其对应的回收时间重新回收数据；漏收的节点仪及时通知施工人员找回。

⑨用软件“数据文件夹大小校验工具”统计出每个节点仪回收数据的大小，筛选出数据大小不符的设备号。

⑩数据回收完的节点仪按组、按测线上充电柜充电，并贴好标识，方便查找数据异常节点仪。

⑪ 填写《节点仪数据回收情况统计汇总表》。

（三）技术要求

①不同排列的回收时间不尽相同，要求野外回收设备按测线分别装筐，回收数据时，每条测线选择与其相对应的回收时间列表。

②数据回收进度达到 100%，图标变绿后等待 3～5s，断开节点仪与回收底座或回收夹的连接。

③根据数据缺失情况确认该节点仪是否为更换设备、故障设备、漏传数据等原因，采取相应措施找回缺失数据。

④无法正常回收数据的节点仪，可拆解节点仪取出存储卡直接读取。

⑤回收的数据及时做好备份，确保数据安全。

（四）注意事项

①回收参数的设置中，根据需要慎重选择“格式化 TF 卡”和“写入采集参数”项。

②在回收数据前，每筐抽查 2～3 个节点与《设备列表》核对，确认节点仪属于任务回收排列的设备，再开始回收。

③错收的节点仪，需要按其所在排列对应的回收时间列表重新下载数据，及时通知野

外补上。

④经常清洁回收底座和节点单元触点，确保节点单元与回收底座接触良好。

⑤节点仪回收和搬运过程中要轻拿轻放。

六 I-Nodal V2 APP 使用

（一）设备、材料、工具

I-NodalV2 节点仪、Android 手机等。

（二）操作规程

1. 软件安装

①首先把软件安装包拷贝到手机文件夹目录下。

②点击安装包，开始安装软件。

③安装时，会弹出权限提示窗口。

④等待安装，直到出现安装完成。

2. 设备开机

将 I-Nodal V2 节点仪尾锥朝下竖直放置（设备与水平方向斜角＞ 75°）设备开机。

3. 设备自检

开机过程红灯先闪烁 10 次，然后蓝灯闪烁 5 次。设备开机后进行 GNSS 同步，约 1 ~ 2min 设备同步完成（此时蓝灯和绿灯亮），然后进入设备自检状态，设备完成自检会自动进入采集状态（蓝灯随设备采样率的频率闪）。

4. 软件应用

打开手机 I-Nodal V2 APP 软件，输入用户名。

①点击“登录”。

②点击左上角菜单栏“☰”图标。

③点击任务图标，打开任务界面。

④点击“加载任务”图标。

⑤导入新的任务文件将覆盖原有任务是否继续？选择“是”。

⑥选择要加载的任务文件。

⑦导入任务成功，点击“OK”。

⑧点击扫描“ ”进入扫描界面。

⑨点击扫描“ ”图标，扫描设备。

⑩点击要部署的设备，可以看到设备状态。

⑪ 点击参数设置，设置线号桩号。

⑫ 填写线号桩号。

⑬ 点击“设置线号桩号”完成线号桩号设置。

⑭ 点击“↰”返回。

⑮ 重复步骤⑨~⑭，直至任务所需桩号配置完成。点击“💾”查看部署记录。

⑯ 点击“🅑”保存部署记录。

⑰ 点击“OK”保存部署记录到指定路径。

⑱ 点击记录可以查看部署记录 R2。

⑲ 点击手机返回键可返回软件首页，退出 APP，完成本次任务。

（三）技术要求

①允许软件获取定位、读写存储设备、开启蓝牙、读取应用列表等权限。

②及时上传部署文件和巡检文件。

③工作状态检查主要有采集参数、设备电压、阻抗、存储空间、节点单元运行温度、定位信息等信息。

④节点设备里的数据是滚动存储的，若存储的数据超过最大能存储的数据量就会覆盖最早存储的数据。通过手机 APP 更改设备采样率会使设备重新分配存储空间，以前采集的数据也会清空，更改采样率前请拷贝出需要的数据。

（四）注意事项

①安全劳动保护用品穿戴齐全。

②设备自检时，尽可能保证周围环境的安静，避免外部环境对设备的干扰。

③节点设备的存储空间是按采样率分配好的，所以设备接入电脑会显示存储空间红色满的，切勿删除里面的数据。

七 SmartSolo APP 使用

（一）设备、材料、工具

SmartSolo 节点仪、磁力开关、Android 手机等。

（二）操作规程

1. 软件安装与启动

①首先把 SmartSolo APP 安装包拷贝到手机文件夹目录下。

②点击安装包，开始安装软件。安装时，会弹出权限提示窗口，点击“允许”，等待安装，直到出现安装完成。

③打开手机点击 SmartSolo APP 软件。

④同意使用权限，进入 APP 主界面。

⑤软件启动同时，在手机存储器里自动生成“SmartSolo”文件夹，其下包含“xml”“spl”“rps”等子文件夹。

2. 软件参数设置

①设置服务器 IP 地址。点击 APP 主界面下端“设置”项，切换到设置界面。输入 DMC 服务器 IP 地址，默认地址为 192.168.8.200，如果 DMC 服务器 IP 地址与 APP 上显示的 IP 地址不同，则需要修改。

②设置部署人员信息。输入操作者名称，此名称将会包含在部署记录中，以便出现漏部署或部署错误时追责。如不输入操作员名称，将无法获取用户 ID 和无法进行后续部署工作。

③设置部署方向。用户可选择正向部署（从小号往大号方向部署）或反向部署（从大号往小号方向部署），在用户部署的过程中，APP 会根据该设置自动跳到已部署点的下一个点。

④选择设备类型。根据所用节点仪器设备选用合适的类型（IGU–16HR 是一代节点，无蓝牙、无外接；IGU–16HR–ISE 属二代节点仪，有蓝牙功能，可外接）。

⑤设置自动拟合。用户设置自动拟合，点击滑块变为绿色时，自动拟合功能开启。当该功能开启时，部署方向和部署界面中的线 / 桩号选择设置将被锁定。软件会根据 GPS 位置，自动选择距离最近的线号和桩号。

⑥获取用户 ID。如果从手机内直接导入文件，该步骤可跳过。将手机连接到 DMC 所在网络的 WiFi，打开 DMC 项目，确保 DMC 中设置的 IP 与 DMC 服务器的 IP 地址（即本机 IPv4 地址）以及 APP 上设置的 IP 地址均相同。点击 APP 设置界面下方的获取 ID 按钮即可从 DMC 获取一个用户 ID，并显示在 APP 界面的用户 ID 处。

⑦设置完成，点击右上角保存，显示“保存成功”。

3. 导入 .rps 文件

①下载 .rps 文件保存到手机 SmartSolo/rps 里。

②在 APP 主界面点击下方“数据”，点击导入，找到下载保存的 .rps 文件，并点击选取。

③提示是否清除数据库并导入新的部署任务文件，点击“确认”，稍后显示 .rps 任务文件解析成功。

④点击下端“查看”，检查导入的 rps 文件线号桩号是否与自己当日任务一致。

4. 节点仪开机

①核对桩号，按要求埋置节点仪。

②使用磁开关轻触 SmartSolo 节点仪 LED 灯位置，设备开机。

③节点仪锁星同步，自检后进入采集状态，绿灯慢闪。

5. 扫码部署模式

①进行扫码部署，点击 APP 主界面下方的部署，点击部署排列按钮，APP 跳转到部署界面，界面上有线号、桩号、距离等，默认情况下显示的线号和桩号为导入的 .rps 文件的第一个部署点的线号和桩号。自动拟合在关闭状态下线号和桩号可以手动选择。距离表示

用户当前位置（手机）与选择点之间的距离。

②将手机靠近节点仪正上方，点击界面下方的条码按钮，然后点击扫描按钮。

③手机摄像头扫描主体二维码并在捕捉到 LED 闪绿灯时，自动保存照片并自动返回部署界面。

④核对获取设备的序列号与实际节点仪的序列号一致，距离不超出技术要求，点击“确认绿灯”。桩号将自动跳到下一个部署点，并显示用户当前位置与其之间的距离。

6. 蓝牙部署模式（具有蓝牙功能的节点仪使用）

①在 APP 主界面“设置”里选择具有蓝牙功能的节点仪设备类型。

②点击 APP 主界面下方的“部署”，点击“部署排列 / 质控”，APP 跳转到部署界面。

③蓝牙自动搜到约 30m 以内的节点仪设备，选取与本道一致的序列号。

④长按序列号检查该节点仪的采样率、增益、电阻、检波器通道等参数是否合格正确，剩余存储量、剩余电量是否符合要求。

⑤短按序列号进入部署界面，检查线号、桩号与地桩号相符，默认情况下显示的线号和桩号为导入的 .rps 文件的第一个部署点的线号和桩号。自动拟合在关闭状态下线号和桩号可以手动选择，距离表示节点仪设备与选择点之间的距离。

⑥核对线号、桩号和序列号一致后，点击“确认”，听到“叮”声表示部署成功，并自动返回搜索界面。

⑦此时 APP 显示已被部署的设备号变为绿色。

7. 查看部署结果

返回 APP 主界面，点击下方的“查看”即可筛选查看已部署记录。

8. 导出部署结果

在查看页面下，点击右上角左侧的导出图标，APP 会将当前已部署的 IGU 信息生成一个部署文件（.xml 文件）。

9. 上传部署结果

返回 APP 主界面，点击下方的数据跳转到上传界面，选择需要上传的文件后，点击 Start 即可将文件上传。

10. 导出和上传质控文件（蓝牙模式）

①点击 APP 主界面下端“数据”，点击“质控报告”，点击右上角箭头生成质控报告。

②点击左上角箭头返回数据界面，点击“上传质控”，通过文件名选择刚刚生成的质控报告，点击发送。

11. 完成野外部署任务

点击手机返回键，退出 APP，完成本次野外部署任务。

（三）技术要求

①部署前，首先核对桩号和节点仪序列号，避免错点、漏点和部署文件丢失。

②节点仪设备自检时，尽可能保证周围环境的安静，避免外部环境对设备的干扰。

③如果在部署过程中发现 IGU 状态异常，或特殊地形摆放时可以在备注中输入相关信息进行备注，该备注信息将会包含在部署报告文件中上传到 DMC。

④当节点仪主体上二维码破损或其他原因无法识别时，可以通过手动输入 IGU 序列号。

⑤蓝牙模式部署时，要仔细检查采样率、增益、检波器通道等参数是否合格正确，电阻、剩余电量等指标是否符合要求。

⑥查看界面桩号后无信息的即表示该桩号未部署，需要补充和整改。

⑦严禁部署超出偏移技术要求范围的节点仪设备。

⑧任务完成及时上传部署文件、质控文件和自证照片。

（四）注意事项

① APP 只在 Android 4.0 以上版本安装使用。

②蓝牙搜索到的设备序列号前边显示为绿色“√”，表示该节点仪设备信息对手机传送完成，技术指标合格，可以点击该设备进行部署。显示灰色“？”表示该节点仪设备信息对手机传送未完成，点击出现“正在回收数据”，此时不可部署。

③手动输入 IGU 序列号时，APP 无法自动保存绿灯照片，需要补充绿灯照片或视频作为 QC 自证文件。

第三节　采集设备维护与检修

一　万用表测量检波器串

（一）设备、材料、工具

500 型万用表、地震检波器串，螺丝刀等。

（二）操作规程

1. 万用表调零

①水平放置万用表，进行机械调零。

②红正黑负插入万用表表笔，选择电阻档位，$\times 100\Omega$ 量程。

③短接万用表表笔，进行欧姆调零。

2. 测试检波器串

①阻值测量，连接万用表表笔与检波器串插头，根据表头读数并判断检波器串阻值是否正常。

②极性测量，红表笔连接插头的插针，黑表笔连接插头的插孔，逐个向同一方向摇动检波器，仔细观察对比表针的摆动方向，判断检波器极性是否一致。

③外观检查，检波器串是否插头完好，有无氧化，组合线有无破损，检查外壳、尾锥有无缺损和丢失。

（三）技术要求

①表笔插接正确。将电表表笔与检波器串插头接触紧密，测量过程中表笔金属部分不能与手接触。

②万用表的档位选择正确，量程选择合适。机械调零、欧姆调零准确，更换电阻量程档需重新欧姆调零。

③水平放置万用表，视线垂直万用表表盘正确读取测量阻值。

（四）注意事项

①安全劳动保护用品穿戴齐全。

②选择万用表档位时，遵循先功能后量程的原则。

③操作万用表时，扭动旋转开关不能用力过猛，以免损坏。

二 检波器测试仪的使用

（一）设备、材料、工具

SMT-200 检波器测试仪、电池、检波器连线、电源线、检波器串、测试平台等。

（二）操作规程

①将检波器串垂直插入测试平台。

②将 SMT-200 检波器测试仪主机与电池相连，按 START/ENTER 键，测试仪开机并进入自检程序，约 20s 后，测试仪完成自检，自动进入主菜单。

③使用导航键将光标移动到所要使用的菜单项，按下 START/ENTER 键，即可进入；或直接按下所要使用的菜单项前面的数字，也可直接进入所要使用的菜单。

④按“2”进入 Setup menu 参数设置菜单进行以下设置：

String menu—设置检波器串的配置及并联电阻；

Geophone menu—选择和编辑检波器类型（库、参数卡）；

Operating menu—设置测试操作参数；

Test Sequence—选择测试项目；

Limits menu—限定值菜单（噪声和漏电范围）；

Display menu—显示和声音及公制 / 英制选择；

Power menu—电源设置；

Date&Time—日期和时间设置；

Diagnostics—仪器校准检查及诊断。

⑤参数设置完成，按“0”键选择 Back to Main 返回主菜单。按“1”进入 Do a test 测试菜单，页面显示：[Sensor-20DX] 当前检波器测试类型、Temp [20.9℃] 当前测试设定温度、Series [6] 检波器串联个数、Parallel [2] 检波器并联个数、Not Shunted 确定是否使用并联电阻、Next# [1A] 将要测试的检波器串记录号、Estimated Space 测试仪还可存储测试记录的剩余空间，检查并核对以上信息。

⑥连接检波器串，选择 Start next test 开始测试，测试过程中根据页面提示进行极性敲击测试，敲击结束按 START/ENTER 键确认测试结束。

⑦测试结束自动显示测试结果。包括 No. 记录号、Temp 测试温度、Pol 极性、Leak 漏电电阻、Res 直流电阻、Freq 自然频率、Damp 阻尼系数、Sens 灵敏度、Dist 畸变、Imp 交流阻抗等指标，参数超标项标 * 显示。

⑧更换检波器串，选择 Start next test 开始下一串测试。

⑨测试结束，选择 Back to Main 返回主菜单，选择 0 shut down 保存配置，自动关机。

（三）技术要求

①应保持检波器耦合良好，避免晃动。

②测试仪的参数输入准确。

③所有检波器需进行极性敲击，不得遗漏。

（四）注意事项

①安全劳动保护用品穿戴齐全。

②测试仪的环境温度符合测试要求。

③测试过程中，避免环境噪声和振动。

三 排除六串二并检波器串故障

（一）设备、材料、工具

500 型万用表、六串二并检波器串、螺丝刀、电烙铁、斜口钳、尖嘴钳、热缩管、检波器芯体、检波器组合线、防水插头，测量适配器等。

（二）操作规程

1. 电烙铁通电加热

水平放置万用表机械调零，正确插入表笔和测量适配器，选择电阻档位和量程，进行欧姆调零。

2. 检查检波器串外观

检波器组合线无缺失、无断线，将测量适配器与检波器串防水插头连接进行测量，根据万用表读数判断故障现象。

3. 故障判断

①表头读数接近零或小于检波器串正常值，说明检波器串短路故障。

②表头读数接近无穷大或大于检波器串正常值，说明检波器串断路故障。

4. 故障分析

根据测量得到的阻值参照图 6–1–1 六串二并检波器串示意图分析故障原因：

①检波器串阻值接近零，一般是检波器串防水插头短路或前一组组合线短路。

②检波器串阻值小于检波器串正常值，说明有一只或几只检波器短路。

③检波器串阻值接近无穷大，是防水插头断线或前一组的红色组合线断线。

④检波器串阻值大于正常值，说明有一组的组合线断线、检波器串中有一只或几只检波器不工作、检波器芯体并联电阻脱落。

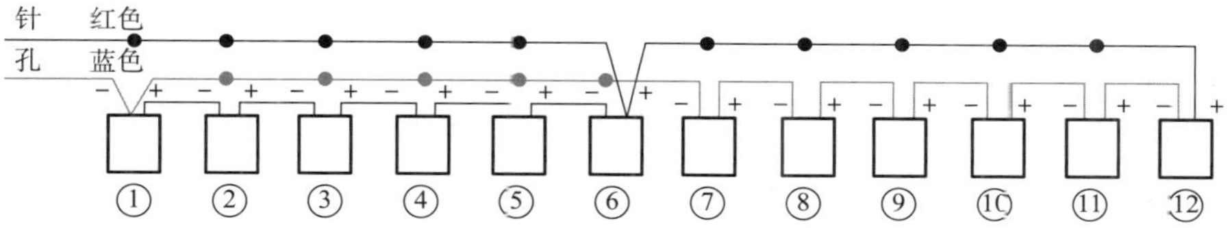

图 6–1–1　六串二并检波器串示意图

5. 排查故障

①检波器串阻值接近为零。只可能出现在第 1 个到第 7 个检波器之间，打开 1 ~ 7 中的一个检波器（中间为佳），断开该检波器芯体上方的红色过路线，观察万用表读数，若读数接近无穷大，则故障点在打开的检波器位置之后。若读数不变依然为“0”，则故障点在打开的检波器位置之前。焊接恢复红色过路线。按故障方向间隔一个检波器或取中间数打开，按上述步骤操作直至找到故障点。

②检波器串阻值小。检波器串有检波器短路，适度力量逐个摇动每个检波器，观察表头指针摆动情况，表针不摆动或幅度小的那几个就是损坏的检波器。当不工作的检波器中有第 1、第 6、第 12 个检波器存在时，故障位置还应考虑到相邻检波器上，依次拆开相应的检波器直至找到故障点。

③检波器串阻值接近无穷大。一般分为两种情况，一是前一组检波器红色过路线断开或插头线断开，二是前一组和后一组同时出现断线。打开 1 ~ 6 中的一个检波器（中间为佳），用万用表红表笔测量红色过路线，黑表笔测量蓝色过路线，若万用表读数接近无穷大，则故障点在该点之前；若万用表读数为“0”，则该检波器位置之前过路线正常；用黑表笔测量检波器芯体上的焊点，若万用表读数＞ 1500 Ω，则故障点在这个检波器之前；反之故障点在这个检波器之后。按故障方向间隔一个检波器或取中间数打开，按上述步骤操

作直至找到故障点。

④检波器串阻值大，通过摇动检波器判断哪一组检波器不工作。前一组不工作，前一组检波器芯体脱焊，打开 1～6 中的一个检波器（中间为佳），用黑表笔测量检波器芯体焊点，若万用表读数＞1500Ω，则故障点在这个检波器之前，反之故障点在这个检波器之后，按故障方向间隔一个检波器或取中间数打开，按上述步骤操作直至找到故障点；后一组不工作，前一组蓝过路线断线或后一组断路，打开第 6 或第 7 个检波器，测量蓝线直通情况，若不通，向前寻找并排除故障点。后一组断路，打开 7～12 中的一个检波器（中间为佳），用黑表笔测量检波器芯体焊点，若万用表读数＞1500Ω，则故障点在这个检波器之前，反之故障点在这个检波器之后，按故障方向间隔一个检波器或取中间数打开，按上述步骤操作直至找到故障点。

⑤阻值略大于正常值的检波器串，万用表调至 50μA 电流档，摇动检查每个检波器都工作，仔细对比表针摆动幅度，可以确定并联电阻脱落的检波器。

⑥排除短路故障，焊接排查出的断点，更换故障芯体，检查极性，组装外壳。

⑦使用测试仪测试各项参数，指标合格后，捆扎入库。

（三）技术要求

①万用表档位及量程选择准确，黑红表笔极性连接正确。

②修复的检波器串组合线长度符合规定要求。

③修复的检波器串的各项技术指标应符合标准。

（四）注意事项

①在专门维修场所进行检波器串的维修作业，严禁野外拆卸检波器串进行维修。

②注意劳保用品的穿戴，使用电烙铁进行焊接操作要戴好护目镜。

③检查检波器外壳、组合线、尾锥、防水帽，变形或破损应及时更换。

四 组装检波器串

（一）设备、材料、工具

500 型万用表、检波器组合线、防水插头线、检波器芯体、检波器外壳、防水帽、焊锡丝、中性助焊剂、热缩管、电烙铁、剥线钳、斜口钳、螺丝刀等。

（二）操作规程

①电烙铁进行通电加热，万用表水平放置，并对万用表进行机械调零。

②按红正黑负插入万用表表笔，选择测量电阻档位 ×100 量程，短接万用表表笔，进行欧姆调零。

③根据检波器串串并联组合示意图准备合适长度的组合线、检波器芯体、防水插头线、检波器外壳。以六串二并检波器串为例，需三芯组合线 5 根、二芯组合线 6 根、检波器芯体 12 个、防水插头线 1 根。

④将防水插头线、组合线按照示意图依次穿入防水帽，打结，剥去组合线护套长度 40mm ± 3mm，绝缘层无损伤。再将芯线剥除长度 2mm ± 1mm 绝缘层并镀锡，芯线无损伤。

⑤按照示意图正确焊接组合线与检波器芯体，未与芯体焊接的过路线焊点使用热缩管做好绝缘。

⑥所有芯体焊接完毕，用万用表测量组装的检波器串阻值、检查极性，逐个安装检波器外壳。

⑦使用测试仪测试各项参数指标合格后，捆扎入库。

（三）技术要求

①万用表档位及量程选择准确，红黑表笔极性连接正确。

②剥除组合线护套时，不得伤及芯线，剥除长度适当。

③芯体和组合线的极性焊接正确，焊点光滑、光亮度好、大小均匀，无毛刺、虚焊、脱焊。

④安装检波器外壳时对角拧紧螺丝，无缝隙。

（四）注意事项

①在专门场所进行组装检波器串。

②注意劳保用品的穿戴和安全生产工作。

③注意电动工具、电烙铁用电安全。

④电烙铁使用完毕需放置在固定位置的专用烙铁架上。

五 数传地震电缆维修

（一）设备、材料、工具

LT-428 手持终端、采集链、电源站、电瓶、数字万用表、电烙铁、焊锡丝、镊子、斜口钳、热缩管、绝缘胶带、FM4 接头、维修包等。

（二）操作规程

①连接好测试设备，运行 LT-428 测试程序后，双向测试采集链，Go book 上显示无法检测到全部 FDU，主要原因有：电缆故障、插头故障、电缆抽头故障、FDU 电路故障。

电缆故障：可能存在直接断线、电缆内部部分芯线断裂。检查电缆外观存在明显破损、拉伤的，根据线缆插头（或抽头）两端对应关系，使用万用表测量线芯的通断，确定断点位置，在保证道距足够时，对断点进行处理，去除断点被氧化部分和电缆变形部分，以预防电缆在此处造成数据传输故障，同时确定断裂的采集链是否为同颜色可以相接，可根据采集链抽头上的箭头方向加以判定。电缆芯线内部断裂，先拆卸一个 FDU，用电容表测量电缆线对应之间的电容值，55m 线段电容值为 2.45pF。根据电缆工作电容和电缆长度成正比，确定电缆的断点位置，采用维修包修复。

插头故障：FM4 插头不通，检查插头是否松动，插头插针是否氧化及磨损，可用无水酒精清洁或更换插头修复。

电缆抽头故障：检查线段外观有无破损断裂，FDU 是否完好，上述情况正常时，拆卸电缆的一端抽头，先用万用表电阻档测试线段的两对数传线通断，如有数传线不通，再拆卸下电缆的另一端抽头，用电容表分别测量两对数传线的电容值，电容值相同时即可判断抽头处不通；当未固定紧固螺丝的 FDU 采集链测试通过，上紧螺丝后采集链不通的情况，可直接判断为抽头接触不良造成；遇到抽头不通或短路时，应更换电缆线段。

FDU 电路故障：FDU 长期在野外环境下使用，受到撞击，造成 FDU 内部电容脱落、电感损坏；密封失效，FDU 受潮造成电路板损坏；可按操作步骤更换 FDU。

② LT-428 手持终端测试结果只看到电源站 LAUL，看不到 FDU，且电源站数据指示黄灯亮起，显示 INIT 项为 FALL，该采集链属于短路故障，分为线段短路和 FDU 短路。

线段短路：取下第二或第三个 FDU，判断故障方向，再逐一排除，最后确定短路位置。也可用电表的电阻档测试 FM4 插头的针与孔阻值，应为无穷大，否则说明该段采集链短路。线段短路的主要原因是车辆碾压、生拉硬拽、线段护套受损等造成的。

FDU 短路：FDU 短路主要是 FDU 受潮或内部电路损坏引起，可按操作步骤更换 FDU。

③排列传输故障一般是指在野外排列传输数据指令时遇到排列不通、短路、接触不良、时通时断、传输丢码、放炮时断排列等现象。首先检查 FM4 插头插针长短、是否松动、是否氧化。插头的接触问题是造成采集链传输故障的重要原因之一。其次对采集链线段、FDU 分别进行外观检查，有无明显的损伤、挤压、拉拽变形，电缆外形发生改变造成工作电容改变将影响电缆传输频率，遇有电缆变形的情况必须将其更换。

④焊接排查出的断点，排除短路故障，更换故障 FDU，更换故障插头。

⑤将修复的采集链连接 TMS-428 测试，各项指标合格。

⑥使用排列助手运行 Term428ce 进行道序重写，完成后进行捆扎入库。

（三）技术要求

①焊接插针断线线头剥皮在 2mm 左右，连接断线线头剥皮在 5mm 左右。

②焊接前，线头做镀锡处理。

③更换 FDU 时，清洁电缆抽头包覆成型套中的密封槽，更换新的 O 形圈，用润滑脂润滑，确保电缆抽头插针完好无损，插入 FDU，将螺钉按对角原则依序拧紧，以确保 FDU 的密封性。

④维修包内部需灌胶，避免断点连接处受潮、氧化，降低由维修包引起的传输故障。

（四）注意事项

①注意劳保用品的穿戴和安全生产工作。

②在专门场所进行组装检波器串，消防器材配备齐全。

③拆卸下来 FDU，用酒精清洗，烘干后再次进行测试。

④在通风良好环境下使用酒精等挥发易燃溶剂。

六 I-Nodal 节点仪器故障维修

（一）设备、材料、工具

手持终端，中继单元、GPS 蘑菇头天线，触点开关，I-Nodal 节点仪、电动螺丝刀、电路板、防静电手环、密封圈、硅脂、端盖、底桶、电池包、5Hz 检波器、数字万用表、节点仪故障统计表等。

（二）操作规程

1. 检查故障

①检查 I-Nodal 节点仪器外观，有无壳体损坏、触点磨损严重、顶盖损坏、尾椎缺失等情况。如有损坏更换相应部件后，使用触点开关开机自检。

②手持终端开机，中继单元开机。在手持终端 WiFi 网络上选取并连接中继单元。

③双击运行巡线软件 I-Nodal Inspection，输入用户名及密码进行登录，用户名可以自定义，默认密码为：123456。

④点击左侧扫描图标，进入测试界面，点击绿色三角按钮进行搜索。

⑤搜索节点仪设备，检查该节点仪设备是否处于正常采集状态蓝色“Sampling”；检查电量、存储空间、检波器通道及阻值、卫星个数等各项参数指标是否正常。

⑥故障节点仪关机，并将故障类型做好标识。

2. 排除故障

（1）节点不开机

触点腐蚀、顶盖和电池包连线有松动或损坏、电池包故障和采集板坏等。对于前两种情况进行更换部件或者重新插接即可解决问题。

电池包故障首先测试电池包上的 BAT（+）与 BAT（-）之间电压是否等于 VBAT 和 GND 之间的电压且大于 16.3V。如果电压显示低于该值就需要对节点进行充电处理。当电池包无法充电时，开机后，用万用表电压档测试 GND 与 3.3V 测试点之间的电压，若能测量到 3.3V，说明启动了开机程序，此时，电源电路板工作，可以进行充电。若开机，但是测量不到 3.3V，说明电路板的分压电路有问题，需要修复。采集板引起的无法开机需要检查处理采集板到电池包连线的部分或者更换采集板。

（2）工作状态不正常

工作状态不正常包括：GPS 无法完成同步、搜不到节点设备、同步未进入采集状态等。三块电路板都可导致工作状态不正常，搜不到节点设备时更换采集板，GPS 无法完成同步更换通信板或者主控板。

（3）存储状态不正常

一是采集数据占满容量后，后续不再记录数据，存储容量显示异常。二是内存卡卡槽与卡接触面接触不良。三是主控板存储报错。前两种情况对存储卡进行格式化或者重新插接即可解除故障，主控板报错需要更换主控板。

（4）检波器指标不合格

检波器在使用过程中损坏造成指标不正常，更换检波器即可。

3. 检修完成

排除故障后，填写节点仪故障统计表，开机自检后进行测试，各项指标合格后，更换密封圈并将节点仪组装完好，检修完成。

（三）技术要求

①数字万用表档位及量程选择准确，黑红表笔极性连接正确。

②更换电路板过程中应佩戴防静电手环。

③检查节点仪外观，壳体损坏、触点磨损严重、顶盖损坏、尾椎缺失等应及时更换。

④修复的节点仪器的各项技术指标应符合标准。

⑤安装节点仪器端盖时对角拧紧螺丝，无缝隙。

（四）注意事项

①在专门场所进行节点仪器的维修。

②注意劳保用品的穿戴和安全生产工作。

③注意电动工具用电安全。

④在通风良好环境下使用酒精等挥发易燃溶剂。

思考题

1. 采集设备山地施工步骤有哪些？

2.LT-428 排列助手与排列的连接顺序是什么？

3. 检波器串电阻大有哪些原因？

4. 使用 I-Nodal Setlinepoint 软件设置节点仪时需要检查核对哪些参数？

5. SmartSolo APP 中，扫码模式和蓝牙模式部署显示的距离有何不同？

扫一扫
获取更多资源

第七章

地震爆炸设备使用与维护

地震勘探涉爆作业的内容，主要是学习和掌握物探行业广泛使用的 SHOT PRO、BOOM BOX 爆炸机及成型药包的相关知识。针对涉爆作业的特性，更加注重操作流程与细节的制定，充分体现应知应会、易学易懂的教学原则。

第一节　药包制作与装填

一　制作成型药包

（一）设备、材料、工具

炮线转盘、雷管测试仪、斜口钳、雷管剥线钳、绝缘防水胶带、班报、签字笔、成型药柱、雷管、被覆线、防浮帽、黄油等。

（二）操作规程

1. 截取炮线

①将被覆线放置于被覆线转盘上，并将被覆线的一端进行短路。

②用雷管测试仪测量整捆被覆线通断情况。

③按设计井深截取炮线，两端剥开绝缘层并将一端短路。

2. 选取药柱

①根据任务书要求的药量，从炸药存放点的药箱中取出药柱，并填写班报。

②将药柱放到包药点，如果药柱的数量多于 2 节，则需要先将其组合成 1 根并拧紧后平放在包药点。

3. 选取雷管

①到雷管箱存放点，先双手释放静电，再打开雷管箱。

②按任务要求取出雷管，将雷管箱锁好，并填写班报。

4. 包药

①将炮线未短路一端从药柱穿线孔外侧穿入，药柱内侧炮线打结。

②用雷管剥线钳将雷管引线绝缘皮剥开，露出金属线芯，分别缠绕在两个炮线露出的金属线芯上，剪断雷管引线短路点，连接处用绝缘胶布包好。

③将雷管聚能凹槽向下放入药柱预留孔中。

④安置完雷管后，先将防浮帽安装拧紧在药柱顶端，然后再将炮线在防浮帽上系牢，

其他药柱依次通过自身螺纹向下连接，药包制作完成。

（三）技术要求

①截取炮线长度一般是井深减去药柱长度加 2m。

②连接雷管与炮线要在雷管脚线短路状态下进行，按照“全过程短路包药法”的要求，距雷管不少于 20cm 处用雷管剥线钳剥去外皮，将两根雷管线绕在炮线上，再剪断雷管线短路点，保留长度 2cm。

③炮线与雷管连接处，先用绝缘胶布包好，再用防水胶布包严。两层胶布都要在头部回折再绕紧，并在胶布包裹处涂满黄油，防止受潮。

④多节药柱之间连接要相互拧紧，防止单体脱落，炮线与防浮帽捆绑牢固，整齐，无散落。

（四）注意事项

①每次只能取用单井所用的炸药、雷管。

②不准随意扔、甩炸药，应轻拿轻放，摆放规范。

③雷管应放置在专用便携式雷管箱内，雷管存取完毕，及时上锁。

④雷管脚线应保持短路状态，不得提前剪断脚线，取用时不准牵管强抽，剥皮时应使用雷管剥线钳。

⑤药包制作前，应先检查炮线，确认良好后将一端短路，另一端接雷管。

⑥作业时禁止携带射频器材及烟火。

⑦制作药包场地，应避开高压电源和射频干扰。

二 装填成型药包

（一）设备、材料、工具

制作完成的成型药包、爆炸杆（根据井深而定）、铁锹、班报、信息卡、签字笔、雷管测试仪等。

（二）操作规程

①下药工核对信息无误后，将爆炸杆、药包拿到井口。

②托起药包，将其对准井口，提紧炮线，防止药包脱落。

③将药包置入井口后，用爆炸杆抵住药包防浮帽，缓缓向井中推进。

④约推进 2m 时停止推进，连接第二根爆炸杆，继续向下推进直至下入井底。

⑤药包下入井底后，需要向下轻压爆炸杆，以使药包下部与井底紧密结合。

⑥下药完成约 30 ~ 60s 后，下药工要轻提炮线检查药包是否上浮。

⑦确认下药合格后，将爆炸杆逐根从井中取出。

⑧再次轻提炮线确认炸药未上浮，确认正常后，用软土、细沙封井。

⑨井口封好后，填写好班报和信息卡。

（三）技术要求

①确定钻井深度，用爆炸杆匀速将药包推入井中，边下药边观察炮线是否随着移动。

②在遇有流沙井时，完钻后应立即下药，防止井壁坍塌，确保下药深度符合要求。

（四）注意事项

①严禁使用钻具下药。

②下药工未离开井口时，不得将炮线引向爆炸作业站。

③药包下井遇卡时，严格按照废盲炮处置措施处理，且应妥善处理。

④专人负责下药，搬运药包时不准提拽或在地面拖拽。

⑤严禁在钻机未离开时下药。

⑥操作爆炸杆要防止砸伤自己或他人。

⑦下药用力要适度、均匀，不准强压。

三 操作雷管测试仪

（一）设备、材料、工具

雷管测试仪，斜口钳、雷管剥线钳、雷管、被覆线、绝缘防水胶带、一字螺丝刀、十字螺丝刀等。

（二）操作规程

1. 检查雷管测试仪

①将电池安装到雷管测试仪电池盒中，开机检查工作是否正常。

②短接两个极柱，然后按下测试键，观察屏幕显示是否归零。

③分别短接两个极柱与测试仪的外壳，然后按下测试键，观察屏幕显示是否漏电。

2. 测量炮线

①参照药包制作安全规程，在设置的警戒区内挖一个雷管测试坑，同时发出警戒信息。

②截取 10m 以上的炮线，将两端的绝缘皮剥去 2～4cm，将其中的一端牢固短接。

③将炮线另一端连接到测试仪两个极柱上，按下测试键，测量炮线阻值。

3. 测量雷管阻值

①双手释放静电。

②打开雷管箱锁，取一发雷管（疏管拿取），锁好雷管箱，手拿雷管步行到雷管测试坑。

③保持雷管引脚线短路状态，在雷管引脚线短接一端，用雷管剥线钳剥去脚线端部绝缘皮 1 ~ 2cm。

④将雷管引脚线分别绕接在炮线未短接的一端，用绝缘胶布包好。

⑤剪断雷管短路部分，将雷管放入坑底并使雷管的聚能凹坑向下。

⑥将炮线放开，引到距测试坑 10m 外的测试站。

⑦用雷管测试仪测试雷管通断情况及电阻值。

⑧测试结束，短接炮线、短接雷管引脚线。

⑨清理现场回收工具。

（三）技术要求

①雷管测试仪使用前必须检查工作电流及漏电情况，确定使用安全且工作状况良好。

②测试人员进入场地前，严禁携带火种与射频器材。

③使用专用的雷管测试仪测试，检测时长应小于 2s。

④检测雷管时，要轻拿轻放。

⑤连接雷管的过程中，应保持雷管处于短路状态。

⑥测试指标不合格，应做好相关记录。

（四）注意事项

①接触雷管前应有效释放静电，疏管拿取雷管。

②测试站应按照安全要求设置在警戒区以外。

③检测雷管时，必须使用专用雷管测试仪。

④便携式雷管箱存放雷管不得超过额定数量。

第二节　爆炸机操作

一　安装检测爆炸机

（一）设备、材料、工具

爆炸机、电瓶、天线、话筒、模拟仿真盒、炮线、十字螺丝刀、一字螺丝刀等。

（二）操作规程

1. 安装爆炸机

①在操作台面上将爆炸机直立放稳；

②将天线拧紧；

③将话筒水晶头一端，按方向对准电台话筒插口插入；

④将电瓶安装到背包架下面的位置，并用带子扎紧。

2. 开机检测

①接通爆炸机电源；

②按下电台开关，调整电台音量和频道；

③按下开机键，检查爆炸机显示状态；

④将井口检波器线缆接入爆炸机输入端；

⑤将模拟仿真盒通过炮线接到高压输出端；

⑥分别测量井口检波器阻值和雷管阻值。

3. 恢复设备

①拆下井口检波器连线及炮线并收起；

②关闭电台电源，断开爆炸机电源；

③卸下电台天线，收起话筒；

④清理现场回收工具。

（三）技术要求

①安装天线时，要按照顺时针方向拧入，拧紧即可。

②安装话筒时要按照卡口对应插入，听到“咔”声表示安装到位。

③连接井口检波器时要注意极性。

④连接炮线时，要牢固拧在高压端子上，金属丝不能搭接在爆炸机的外壳上。

⑤接通电源插头时，应按照端子正负极标识对应插入。

（四）注意事项

①安装天线前，应先检查天线座是否松动。

②安装电瓶前，应检查壳体有无破损，防止电解液烧伤皮肤。

③安装电瓶时注意不要将电瓶极柱与背包架相碰，防止电源短路。

④连接电瓶时，极性不能接反。

⑤电台未接天线，禁止开机，防止烧坏电台。

二 设置 SHOT PRO Ⅱ译码器参数

（一）设备、材料、工具

SHOT PRO Ⅱ爆炸机、天线、电台、话筒、12V 电瓶、万用表等。

（二）操作规程

1. 安装检查爆炸机

①检查爆炸机外观及线缆连接情况；

②安装固定好电台天线及话筒；

③检查电瓶外观、使用万用表测量电瓶电压；

④检查电瓶连接端子、爆炸机电源输入正负正确无误后，将插头连接好。

2. 开机检查

①打开爆炸机电台电源开机；

②旋转音量旋钮调整音量；

③按照要求选择所需频道；

④按下【ARM】键 3s，SHOT PRO Ⅱ开机；

⑤检查三机工作模式、主菜单、电池电压和关机提示等信息；

⑥根据主菜单提示，完成检查修改“炮点桩号、箱体号、队号、启动码”参数。

3. 输入参数

①按压【C】键，进入参数设置菜单；

②移动光标，使其停留在“1.JOB PROFILE”一行上，按【ENT】回车键，进入工作方式菜单；

③选择 FLAG# = × × × × × × × ×，输入炮点桩号；

④选择 BOX ID#=0 ~ 15，按照需要设置箱体号；

⑤按压【C】键，再返回参数设置菜单；

⑥移动光标，使其停留在“RADIO CONTROL”一行上，按【ENT】回车键，进入电台控制菜单；

⑦选择 START CODE=0，1，2，设置启动码；

⑧设置完成后按【B】键返回主菜单。

4. 译码器的测试

①将放炮模拟器连接到译码器上；

②操作译码器模拟放炮；

③译码器关机后按顺序拆卸；

④清理现场回收工具。

（三）技术要求

①译码器放炮测试结果合乎要求：井口时间和爆炸信号准确。

②测试译码器的电瓶电压不能低于 12V。

③参数设置完成后编码器和译码器的工作参数应相匹配。

（四）注意事项

①应保证爆炸机的工作电压为 12 ~ 13.8V。

②触摸按键不能用力按压。

③连接电瓶时，极性不能接反。

④电台未接天线，禁止开机，防止烧坏电台。

三 设置 BOOM BOX Ⅱ译码器参数

（一）设备、材料、工具

BOOM BOX Ⅱ译码器、天线、电台、话筒、12V 电瓶、掌上电脑（PDA）、万用表等。

（二）操作规程

1. 安装检查爆炸机

①检查爆炸机外观及线缆连接情况；

②安装固定好电台天线及话筒；

③检查电瓶外观，使用万用表测量电瓶电压；

④检查电瓶连接端子，爆炸机电源输入正负正确无误后，将插头连接好。

2. 检查爆炸机电台

①打开爆炸机电台电源开机；

②旋转音量旋钮调整音量；

③按照要求选择所需频道。

3. 爆炸机开机

①将电瓶插头与爆炸机电源插头正确连接；

②扳动 ARM 开关保持 3s 开机；

③开机观察主机屏幕信息和面板指示灯状态；

④一切正常后才可以输入放炮参数。

4. 设置掌上电脑

①打开 PDA 电脑，检查工作情况；

②启动 PDA 按下 PDA 左上角的 Start 程序；

③在菜单里找到 BOOM BOX AXIM0；

④按下界面中 SETUP，进入 Setup Parneters Pagel 菜单；

⑤在栏目内 Unit ID 框内输入 ID 单元机号；

⑥在栏目内 Crew Number 框内输入施工队号；

⑦在栏目内 STAER CODE 内输入 SC 保密码；

⑧选择 BBox 菜单发射设置参数。

5. 传送参数

①将 PDA 上的红外发射口，对准 BOOM BOX Ⅱ的红外接收窗口；

②当 PDA 提示与爆炸机建立红外线连接后才能传送参数；

③选择 Send Setup 发射除单元 ID 号和队号外的所有参数；

④选择 Send New Id&Crew 发送新 ID 和队号。

6. 译码器的测试

①将放炮模拟器连接到译码器上；

②操作译码器模拟放炮；

③译码器关机并按顺序拆卸；

④清理现场回收工具。

（三）技术要求

①译码器放炮测试结果合乎要求：井口时间和爆炸信号准确。

②测试译码器的电瓶电压不能低于 12V。

③参数设置完成后编码器和译码器的工作参数应相匹配。

（四）注意事项

①应保证爆炸机的工作电压为 12 ~ 13.8V。

②只有当 PDA 与 BOOM BOX Ⅱ爆炸机建立连接，PDA 发出“滴滴”声时才能进行数据传送。

③使用掌上电脑时，应轻拿轻放，避免损坏。

④连接电瓶时，极性不能接反。

⑤电台未接天线，禁止开机，防止烧坏电台。

四 设置 SHOT PRO Ⅱ编码器参数

（一）设备、材料、工具

SHOT PRO Ⅱ编码器、天线、电台、话筒、12V 电瓶、万用表等。

（二）操作规程

1. 连接编码器

①安装编码器电台天线、连接话筒；

②连接电源，接通编码器电源开机。

2. 设置参数

（1）工作方式设置

在参数设置菜单（DATA ENTRY）选择 JOB PROFILE（工作方式）菜单，分别设置：

① BOX#（箱体号）；

② CREW#（队号）；

③ BOX MODE（工作方式）；

④ MSTR/SLVE（主 / 从）；

⑤ REC SEQ RECSYSTEM（地震仪器类型）。

（2）电台控制设置

在参数设置菜单（DATA ENTRY）选择 RODIO CONTRL（电台控制）菜单，分别设置：

① START CODE（启动码）；

② START DLY（启动延迟）；

③ ENCODER DLY（编码器延迟）；

④ RAD REF DLY（无线电参考延迟）；

⑤ READY TONE（准备音）；

⑥ PFS DATA（PFS 数据）；

⑦ MICPOLARITY（麦克极性）；

⑧ SPKRPOLARITY（喇叭极性）。

（3）报告设置

在参数设置菜单（DATA ENTRY）选择 REPORT（报告）菜单，分别设置：

① SHOT COUNT（炮点计数）；

② NORMALIZE（图形显示方式）。

（4）硬件设置

在参数设置菜单（DATA ENTRY）选择 HARDWARE SETUP（硬件设置）菜单，分别设置：

① AUTO ARM（自动预备）；

② UH DISP TIME（井口显示时间）；

③ REMOTE FIRE（遥控点火）；

④ DEFAULT PAR（缺省参数）；

⑤ CONTROL MODE（震源类型）；

⑥ GPS REF STAT（GPS 参考站）；

⑦ GPS CORR TX（GPS 校验）。

（三）技术要求

①测试编码器的电瓶电压不能低于 12V。
②参数设置完成后编码器和译码器的工作参数应相匹配。

（四）注意事项

①编码器参数设置应与译码器参数相匹配。
②爆炸机电源电压应为直流电压 12 ~ 13.8V。
③连接电瓶时，极性不能接反。
④电台未接天线，禁止开机，防止烧坏电台。

五 设置 BOOM BOX Ⅱ编码器参数

（一）设备、材料、工具

BOOM BOX Ⅱ编码器、天线、电台、话筒、12V 电瓶、万用表、掌上电脑（PDA）等。

（二）操作规程

1. 连接编码器

①安装编码器电台天线、连接话筒；
②连接电源，接通编码器电源开机；

2. 参数的设置

开启掌上电脑进入 BOOM BOX Ⅱ编码器设置界面，选择需要设置的参数：
① START CODER（启动码）；
② CREW ID#（队号）；
③ UNITS TO FIRE（点火箱体号）；
④ UNITID（箱体号）；
⑤ REPEATER ID（重复器号）；
⑥ ENCODER DELAY（编码器启动延迟）；
⑦ ENCODER RADIU DELAY（编码器电台启动延迟）；
⑧ ENCODER RADIO REF DELAY（编码器电台参考延迟）；
⑨ Operating Mode（工作方式）；
⑩ Recoder Type（记录仪器类型）；
⑪ Ready Message（准备信息）；
⑫ Auto Shut Down（自动关机）；
⑬ Interface Function（接口功能）；

⑭ MIC POLARITY（麦克极性）：NORM/REV（正常 / 反向）；
⑮ SPKR POLARITY（喇叭极性）：NORM/REV（正常 / 反向）。

（三）技术要求

①编码器参数设置应与译码器参数相匹配。
②只有当 PDA 与 BOOM BOX Ⅱ通信正常时，PDA 发出“滴滴”声表示已建立连接。
③使用 PDA 掌上电脑输入参数时应将编码器底部方形插头断开。

（四）注意事项

①编码器参数设置应与译码器参数相匹配。
②爆炸机电源电压应为直流电压，直流电压为 12 ~ 13.8V。
③连接电瓶时，极性不能接反。
④电台未接天线，禁止开机，防止烧坏电台。

六 炮点警戒规程

（一）设备、材料、工具

红色警戒旗、黄色警戒旗、警戒哨子等。

（二）操作规程

①放炮前在炮点周围（根据相关规定的安全距离）设立警戒标志，警戒区内禁止人员、畜类及车辆进入。

②警戒人员吹响警戒哨、摇动警戒旗，开始警戒。

③警戒人员观察炮点警戒区，无人员、畜类及车辆进入时，举起警戒旗，吹响哨子并撤退到炮井警戒区边界外侧。

④由仪器操作员通过无线电台向炮点爆炸机操作人员发出充电放炮指令。

⑤放炮结束后，警戒人员观察空中和爆炸点周围没有爆炸飞散物时，摇动警戒旗，解除放炮警戒。

（三）技术要求

①吹响警戒哨、摇动警戒旗，表示开始警戒。
②吹响警戒哨、红旗上举表示炮点可以放炮。
③警戒人员与爆炸机操作人员之间的联络不能用口语代替旗语。
④放炮结束时应及时解除警戒。

（四）注意事项

①若出现突发异常情况，应立即从爆炸机上拔掉炮线并将其短路，通知仪器停止放炮。

②炮线加长线长度不应小于激发安全距离要求。

③在雷雨、暴雪、大雾等恶劣天气时停止激发作业。

④高压线附近作业时加长线不得横跨高压线，应采取有效防上喷措施。

⑤严禁将爆炸机交给指定操作人员以外的其他人员进行操作。

七 连接炮线及井口检波器

（一）设备、材料、工具

雷管测试仪、井口检波器、炮线、斜口钳、雷管剥线钳、绝缘防水胶带等。

（二）操作规程

1. 根据安全距离要求制作主炮线

①按照施工任务书，寻找炮点位置；

②用“全过程短路法”将炮点井口引线与主炮线进行连接；

③使用绝缘胶布，将炮线连接处缠绕，做好绝缘处理；

④将主炮线放开，延伸到爆炸作业站。

2. 放置井口检波器

①在距离炮井 2 ~ 3m 处地面上，将井口检波器安插牢固；

②将检波器线缆一端，使用斜口钳剥去线皮，露出 2cm 金属丝；

③将检波器剥开的线头与爆炸机井口输入端连接，并用绝缘胶布包好。

3. 收线恢复现场

①放炮完成后拆除并收起主炮线；

②收起井口检波器线缆。

（三）技术要求

①使用线径较粗、电阻率较小、拉力强的中型被覆线制作主炮线。

②选择并截取炮线，长度应满足最小安全距离规定。

③井口检波器距离炮点不能超出范围，做到平、稳、正、直、紧。

④井口检波器线缆，剥皮长度应适当。

（四）注意事项

①炮线加长线长度不应小于激发安全距离要求。

②炮线连接处要接触良好，不能虚接或短路。

③当地面潮湿应将炮线连接处架起并做好绝缘处理。

④井口检波器应用手拔出，禁止拖拽。

八 连接起爆网络

（一）设备、材料、工具

雷管测试仪、斜口钳、雷管剥线钳、被覆线、绝缘防水胶带等。

（二）操作规程

1. 制作主炮线

①根据安全距离要求，截取被覆线；

②制作爆炸机连接井口的主炮线。

2. 连接单井炮线

①按照施工任务书，寻找炮点位置；

②分开井口短路的炮线，用“全过程短路法”与主炮线进行连接；

③使用绝缘胶布，将炮线连接处缠绕，做好绝缘处理；

④将主炮线放开，延伸到爆炸作业站；

⑤用雷管测试仪测量井中雷管的通断，测试正常后将主炮线短路。

3. 连接组合井炮线

①按照施工任务书，寻找炮点位置；

②用雷管测试仪分别测量各单井中雷管的通断；

③逐一分开井口短路的炮线，先用“全过程短路法”将所有单井进行串联连接，构成一个组合环路；

④用“全过程短路法”将主炮线串联接入连接好的组合环路中；

⑤使用绝缘胶布，将炮线连接处缠绕，做好绝缘处理；

⑥将主炮线放开，延伸到爆炸作业站作业；

⑦用雷管表测量串联网络的通断，测试正常后将主炮线短路。

（三）技术要求

①使用线径较粗、电阻率较小、拉力强的中型被覆线制作主炮线。

②选择并截取炮线，长度应满足最小安全距离规定。

③主炮线与井口炮线剥皮留头 2cm，保持短路状态。

（四）注意事项

①炮线加长线长度不应小于激发安全距离要求。

②炮线间的连接处要接触良好，不能虚接或短路。

③当地面潮湿应将炮线连接处架起并做好绝缘处理。

④连接爆炸机一端的炮线，放炮前应始终保持短路状态。

九 爆炸机电瓶检测与充电

（一）设备、材料、工具

充电机、500 型万用表、12V 电瓶，一字螺丝刀、毛巾等。

（二）操作规程

1. 安装调试万用表

①将万用表放平，检查指针是否在刻度盘左端的零位上，若不是则应调零；

②调整机械调零螺丝，使指针指在零位；

③将万用表红表笔插入“+”插口、黑表笔插入“–”插口；

④右侧旋钮打在电压 V 直流功能档位，左侧量程旋钮置 50V 直流电压档。

2. 检测电瓶

①将电瓶拿到工作台，检查外观和电极柱；

②将红表笔接到电瓶正极，黑表笔接入电瓶负极；

③根据万用表刻度盘上的刻度读取电压值。

3. 电瓶充电

①检查电瓶外观是否有开裂或漏液现象，如果有应禁止充电；

②将充电机输出端正极接到电瓶的正极柱，负极接负极柱；

③将充电机电源输入端插入 220V 交流电源中；

④观察充电指示灯状态，当充电指示灯闪烁时，表示开始充电；

⑤充电完成后，拔出充电机 220V 电源线，断开充电机与电瓶连接线。

（三）技术要求

①测量电瓶前，使用毛巾清洁电瓶表面和极柱。

②测量电压值时，表针稳定后再读取。

③万用表档位量程选择要准确。

④表笔与电瓶极柱极性正确，充分接触。

（四）注意事项

①当电瓶有漏液时不能用手接触，防止硫酸灼伤皮肤。

②正确选择万用表功能开关，防止损坏万用表。

③避免电瓶电极短路，延长电瓶使用寿命。

④充电时要区分极性，防止设备损坏或无法充电。

⑤充电前要确保输入电源为 220V 的交流电源。

⑥充电场所保持通风，消防器材齐全。

十 操作爆炸机通信电台

（一）设备、材料、工具

爆炸机、天线、电台、话筒、12V 电瓶、万用表，螺丝刀等。

（二）操作规程

1. 安装电台附件

①将全部的设备和工具拿到工作台面上；

②检查并安装天线；

③检查电瓶连接线及电源插头；

④安装、调试万用表，测量电瓶电压；

⑤将电瓶装入爆炸机电瓶卡槽内并接通电源插头。

2. 操作电台

①按下电台音量开关，开机；

②调整音量到合适的位置；

③观察 LCD 显示屏幕显示的状态；

④按下频道按钮，选择规定的通信频道。

3. 发射和接收语音

①手持话筒按下“通话键”，距离话筒 2.5 ~ 5cm，发射语音信号；

②松开“通话键”，接收语音信号。

4. 恢复设备

①按下音量开关，关闭电台；

②断开爆炸机电源连线插头；

③卸下电台天线、收起话筒；

④清理现场回收工具。

（三）技术要求

①安装天线前，要检查天线中心头是否牢固、无氧化，如果松动应更换天线。
②安装话筒前要检查发射按键、连线是否完好。
③电台处于发射状态时，指示灯会亮起。
④检查电瓶连线、插头是否完好、如果氧化接触不良应进行处理或更换。
⑤电瓶电压低于 12V 时，应更换电瓶。

（四）注意事项

①安装电瓶或连接电源插头时，注意电瓶电压和电源极性。
②电台没有安装天线前，不能发射，避免烧坏电台发射管。
③电台处于发射状态时，电台天线不得接触人体或其他物体。
④操作电台开关、按键、旋钮时，切忌用力过大以免损坏电台。

十一 操作爆炸机放炮（BOOM BOX Ⅱ爆炸机）

（一）设备、材料、工具

BOOM BOX Ⅱ爆炸机、万用表、双绞炮线、井口检波器（线缆）、雷管剥线钳、绝缘防水胶带、警戒旗等。

（二）操作规程

①检查爆炸机外观及线缆连接情况。
②安装固定好电台天线及话筒。
③检查电瓶外观，使用万用表测量电瓶电压。
④检查电瓶连接端子，将爆炸机电源输入端子连接好。
⑤调试电台：
旋转音量旋钮调节到合适的音量；
选择与编码器相同的频道；
按下话筒发射键进行通话测试。
⑥扳动 ARM 开关 3s 开机。
⑦检查工作参数（队号、ID 号、保密码）。
⑧建立爆炸作业站：
根据任务书查找炮点桩号；
爆炸作业站选择激发炮点上风口方向，爆炸作业站与炮井的距离遵守安全操作规程；
在激发炮点周围（根据相关规定的安全距离）设立警戒标志；

用全过程短路法连接炮线、安置井口检波器。

⑨发出警戒指令，测试雷管、井口检波器阻值：

扳动 ARM 开关同时按下 TEST 键测试雷管阻值；

按下【TEST】键测试井口检波器阻值。

⑩充电放炮：

爆炸机操作员向仪器操作员，报告炮点桩号、井深、药量等信息；

炮点操作员接收到仪器操作员发来的充电指令后，发出警戒信号，确认警戒区安全时，同时扳动译码器的 CHARGE 开关和 ARM 开关，开始高压充电；

炮点起爆后，查看井口时间、验证 TB。

⑪ 完成放炮解除警戒：

取下高压极柱上的炮线并立即短接，然后发出解除警戒信号；

记录《爆炸班报》后，收炮线、井口检波器和警戒旗，移动爆炸作业站到下一炮点。

（三）技术要求

①电瓶电压应为 12 ~ 13.8V。

②译码器启动码必须与编码器设置一致。

③电台频道必须与编码器电台设置一致。

④雷管总阻值应等于炮线加雷管阻值之和。

⑤井口阻值应等于线缆加检波器阻值之和。

⑥爆炸激发后，应保持 3 ~ 5s，方可释放按钮。

（四）注意事项

①安装电瓶时，防止正负极柱接反。

②严禁将爆炸机交给指定操作人员以外的其他人员进行操作。

③接线前应确保炮线加长线爆炸机端短路良好。

④接线前应轻提炮线检查炸药是否上浮，观察井口上方有无高压线。

⑤严禁将 2 个（含 2 个）以上炮点的炮线同时引到同一爆炸作业站。

⑥接到起爆指令前应再次确认警戒区域安全，遇特殊情况应立即停止充电，确认安全后再进行激发作业。

十二 源驱动激发

（一）设备、材料、工具

爆炸机、天线、电台、话筒、安卓手机、12V 电瓶、万用表等。

（二）操作规程

①将安卓手机的无线蓝牙接收器打开，搜寻爆炸机上的蓝牙自编号，通过手机 APP 进行爆炸机上无线蓝牙接收器的绑定。

②使用手机 APP 到井口正上方进行定位，手机 APP 软件显示定位坐标、定位误差、定位锁星数、“抓取”的炮点桩号。操作“定位按键”进行桩号核对。

③发送坐标信息时，按下爆炸机 GPS 键变为红灯后，4s 内必须按下手机 APP“发送按键”。爆炸机指示灯由红灯变为绿灯时，表示爆炸机已将发送到蓝牙上的定位信息读取成功，并已保存到爆炸机。

④爆炸机上的无线蓝牙接收成功后，蓝牙接收器指示灯将闪动一次，发送的定位信息将保留，单炮 4s 超时可再次发送。

⑤爆破员接收到仪器操作员发来的充电指令后，发出警戒信号确认警戒区安全时，同时扳动译码器的 CHARGE 开关和 ARM 开关，开始高压充电（当充电或功激发后，爆炸机的定位信息将自动清除）。

⑥起爆后，爆破员查看井口时间、验证 TB。

⑦取下高压极柱上的炮线并立即短接，解除警戒。

⑧记录《爆炸班报》。

⑨清理现场回收工具。

（三）技术要求

①电瓶电压应为 12 ~ 13.8V。

②译码器启动码必须与编码器设置一致。

③编码器、译码器电台频道必须设置一致。

④激发后应保持 3 ~ 5s，方可释放按钮。

⑤定位信息如果发送成功将显示发送成功，否则，显示发送失败。

⑥ APP 操作时，当定位误差小于定义的抓取半径时，注意核实桩号。

（四）注意事项

①安装电瓶时，防止正负极柱接反。

②严禁将爆炸机交给指定操作人员以外的其他人员进行操作。

③接线前应确保炮线加长线爆炸机端短路良好。

④接线前应轻提炮线检查炸药是否上浮，观察井口上方有无高压线。

⑤严禁将 2 个（含 2 个）以上炮点的炮线同时引到同一爆炸作业站。

⑥接到起爆指令前应再次确认警戒区域安全，遇特殊情况应立即停止充电，确认安全后再进行激发作业。

第三节　爆炸机故障排除

一　排除爆炸机不开机故障

（一）设备、材料 、工具

爆炸机、12V 电瓶、万用表、模拟仿真盒、维修配件、绝缘防水胶带、30W 电烙铁、焊锡丝、一字螺丝刀 、十字螺丝刀、斜口钳、尖嘴钳等。

（二）操作规程

1. 安装检查爆炸机

①安装电台天线、连接话筒；

②将电瓶装进爆炸机电瓶卡槽，接通电源；

③扳动 ARM 开关开机，观察主机屏幕显示的信息和面板指示灯状态。

2. 常见故障现象

①屏幕没有显示，状态指示灯也不闪亮，电台能正常开机；

②屏幕没有显示，面板指示灯闪烁；

③屏幕没有显示，状态指示灯不闪亮，电台也不能开机。

3. 故障排除

①检测爆炸机主机保险片是否烧断或接触不良，如果保险片正常，检查主机插头是否连接良好。如果线缆存在破损，使用绝缘防水胶带进行缠绕做好绝缘处理。

②屏幕没有显示，面板指示灯闪烁：这种情况一般是屏幕显示相关电路出现故障，应交由专业技术人员维修。

③爆炸机主机和电台都不能开机：检测电瓶电压，如果电压正常，检查总保险片是否烧断，检查电源线是否断路、电源连接插头是否接触良好。找到故障点后，做相应处理。

4. 测试爆炸机

①爆炸机故障排除后，开机进行参数检查。

②开启电台，测试电台工作情况。

③模拟放炮，测试爆炸机工作状态。

（三）技术要求

①电瓶电压应为 12 ~ 13.8V。

②爆炸机应选择 10A 保险片，不能过大。

③更换损坏元器件时，应使用与原型号相同的替换。

④焊接线缆插头时应使用套管，防止焊点之间短路。

（四）注意事项

①连接电瓶前，应仔细核对电瓶的正负极，不能接错。

②使用万用表测量电瓶方法要正确。

③未安装天线禁止使用电台。

④排除故障前，应该断开电源再操作。

⑤使用电烙铁要注意用电安全，防止烫伤。

二 排除爆炸机通信故障

（一）设备、材料、工具

爆炸机、12V 电瓶、万用表、天线、话筒、50Ω 同轴电缆、绝缘防水胶带、30W 电烙铁、焊锡丝、一字螺丝刀、十字螺丝刀、斜口钳、尖嘴钳等。

（二）操作规程

1. 安装爆炸机

①检查电瓶外观有无开裂、漏液、极柱有无氧化现象；

②安装爆炸机电台天线和话筒；

③安装爆炸机电瓶，接通电源。

2. 开机检测

（1）译码器屏幕有显示，状态指示灯正常，电台不能正常开机

①检测电台电源、音量开关是否正常。

②检查电台尾部电源插头是否连接良好。

③检查连线有无断裂。

（2）译码器和电台接通电源后，都不能开机

①检测电瓶电压是否正常。

②检查总保险片和电源连接插头。

（3）爆炸机通信距离近

①检查电台天线中心头是否松动或回缩。

②检查天线插座、馈线到天线座是否断裂和短路。

③检查电台尾部天线插头是否连接良好。

（4）不能语音通话，按下话筒发射键发射灯不亮

①检查话筒与电台是否连接良好。

②检查话筒连线是否断裂。

（5）语音通话正常，不能放炮

①检查电台尾部信号插头是否连接良好。

②检查信号线是否断路、短路。

3. 测试爆炸机

①爆炸机加电开机，进行参数检查。

②开启电台，检测电台工作情况。

③测试爆炸机工作状态。

（三）技术要求

①电瓶电压应为 12 ~ 13.8V。

②更换天线时，应选用频率相匹配的天线。

③更换天线馈线时，应使用 50Ω 同轴电缆。

④焊接线缆插头时应使用套管，防止焊点之间短路。

（四）注意事项

①连接电瓶前，应仔细核对电瓶的正负极，不能接错。

②使用万用表测量电瓶方法要正确。

③未安装天线禁止使用电台。

④安装电台信号线插头应注意方向和位置。

⑤电台处于发射状态时，电台天线不得接触人体或其他物体。

三 排除爆炸网络故障

（一）设备、材料、工具

雷管测试仪，斜口钳、雷管剥线钳、绝缘防水胶带等。

（二）操作规程

1. 单井故障排除

①使用雷管测试仪测量炮线阻值。

②查找故障点。

③根据故障现象进行排除。

④复测炮线阻值。

2. 组合井故障排除

①使用雷管测试仪测量炮线阻值。

②根据故障现象，分别测量单井炮线阻值。

③查找单井炮线故障点。
④根据故障现象进行排除。
⑤连接爆炸网络，测量炮线网络阻值。

（三）技术要求

①单独测量炮线时应将炮点炮线及时短路。
②测量组合单井时，要将其他各井炮线短路。
③炮线各连接处，应使用绝缘防水胶带包好。

（四）注意事项

①组合井应全部采用串联方式。
②排除故障时应做好警戒工作。
③警戒区内禁止其他人员、车辆进入。
④禁止使用一切通信器材。

四 排除放炮无井口时间故障

（一）设备、材料、工具

爆炸机、12V 电瓶、井口检波器、万用表，检波器线缆、绝缘防水胶带、30W 电烙铁、焊锡丝、一字螺丝刀、十字螺丝刀、斜口钳、尖嘴钳等。

（二）操作规程

1. 安装爆炸机

①安装电台天线、连接话筒；
②将电瓶装进爆炸机电瓶卡槽，接通电源；
③开机观察主机屏幕信息和面板指示灯状态。

2. 故障检测

①井口线缆连接到爆炸机井口输入端；
②测试井口检波器阻值，数值显示在屏幕上。
屏幕显示“Geo>800”：
a. 检查检波器线缆是否开路或接触不良；b. 检查井口检波器内部是否开路。
屏幕显“Geo>000”或“Geo>0××”：
a. 检查检波器线缆是否破损短路；b. 检查井口检波器内部是否短路。
屏幕显示正常值 290Ω 左右：
a. 用指针万用表电阻档测量检波器阻值，并摇动检波器，观测指针摆动情况；b. 指针不摆动或幅度小应更换检波器；c. 将检波器重新连接至爆炸机，进行放炮测试。

3. 故障排除

①如果线缆开路或短路，查找到故障点后，根据情况重新连接或换线。

②如果是井口检波器芯体引线开路，打开上盖发现后，重新焊接。

③经过测试，确认检波器损坏后，更换新的检波器。

（三）技术要求

①电瓶电压应为 12 ~ 13.8V。

②当检波器芯体损坏应更换同频率的井口检波器。

③安置井口检波器应距激发点 2 ~ 3m 的距离。

（四）注意事项

①连接电瓶前，应仔细核对电瓶的正负极，不能接错。

②使用万用表测检波器方法要正确。

③未安装天线禁止使用电台。

④井口检波器线缆不应该有接头。

五 排除遥爆系统常见故障

（一）设备、材料、工具

译码器、编码器、12V 电瓶、模拟仿真盒、万用表、掌上电脑、维修配件、绝缘防水胶带、30W 电烙铁、焊锡丝、一字螺丝刀、十字螺丝刀、斜口钳、尖嘴钳等。

（二）操作规程

1. 连接爆炸机

①安装译码器和编码器的电台天线及连接话筒。

②接通译码器和编码器电源。

2. 测试爆炸机

①打开译码器和编码器电台进行频道调整。

②开机检查并输入编码器和译码器参数。

③连接模拟仿真盒。

④模拟放炮检测爆炸机。

3. 检测译码器故障

①根据故障现象分别检查电瓶电压、插头连线、保险片、最后检查译码器电路。

②根据故障现象检查电台、电台天线、信号线缆。

4. 检测放炮结果

①检查井口时间和起爆信号是否正常。

②检查炮线、井口检波器连线。

③检查译码器及编码器参数。

（三）技术要求

①电瓶电压应为 12 ~ 13.8V。

②更换元器件时，应使用与原型号相同的替换。

③焊接线缆插头时应使用套管，防止焊点之间短路。

④查找故障要准确，不能随意拆卸，避免故障的扩大。

⑤使用电烙铁焊接时焊点要光滑，不能有虚焊和短路现象。

（四）注意事项

①连接电瓶前，应仔细核对电瓶的正负极，不能接错。

②使用万用表测量电瓶方法要正确。

③维修时要断开译码器电源。

④电台发射时天线杆不应接触到其他物体或皮肤。

⑤电台每次连续发射时间不得大于 60s。

⑥未安装天线禁止使用电台。

⑦使用电烙铁要注意用电安全，防止触电和烫伤。

六 排除爆炸机高压不放电故障

（一）设备、材料、工具

译码器、编码器、12V 电瓶、模拟仿真盒、万用表、掌上电脑、维修配件、绝缘防水胶带、30W 电烙铁、焊锡丝、一字螺丝刀、十字螺丝刀、斜口钳、尖嘴钳等。

（二）操作规程

1. 连接爆炸机

①安装译码器和编码器电台天线、连接话筒。

②接通译码器和编码器电源。

2. 测试译码器

①打开译码器和编码器电台进行频道调整；

②开机检查并输入编码器和译码器参数；

③连接模拟仿真盒；

④操作译码器进行模拟放炮；

⑤根据检测放炮结果，检查井口时间和起爆信号是否正常。

3. 故障排除

①使用螺丝刀打开译码器面板固定螺栓，取出固定面板。

②使用万用表电阻档，测量高压端子与电路板之间是否有断裂开焊故障。

③使用万用表电阻档，测量高压输出连线焊点与电路板是否断路。

④发现故障点时，对故障点做相应的处理。

4. 恢复设备

①将译码器重新装好，接通电源进行测试。

②清理现场回收工具。

（三）技术要求

①焊接电路时要求焊点光滑不能有虚焊、毛刺且焊点不能过大。

②如高压端子断裂，应使用导线进行跨接并紧固高压端子。

③焊接电路板时，时间不能过长，一般在 3 ~ 5s。

（四）注意事项

①连接电瓶前，应仔细核对电瓶的正负极，不能接错。

②拆开译码器前，应断开电源，切勿带电操作。

③未安装天线禁止使用电台。

④使用电烙铁要注意用电安全，防止触电和烫伤。

七 排除译码器辅助部件故障

（一）设备、材料、工具

译码器、编码器、12V 电瓶、模拟仿真盒、万用表、掌上电脑、维修配件、绝缘防水胶带、30W 电烙铁、焊锡丝、一字螺丝刀、十字螺丝刀、斜口钳、尖嘴钳等。

（二）操作规程

1. 测试爆炸机

①安装编码器和译码器的电台天线和话筒。

②接通编码器和译码器电源并开机。

③将模拟仿真盒连接到译码器上。

④操作译码器模拟放炮。

⑤根据测试结果，判断故障。

2. 查找故障

（1）系统连线故障

①检查线缆外观是否完好。

②检查线缆插头是否松动或接触不良。

③拧下译码器上的线缆插头，根据连接图，使用万用表测量插头与另一端线路的通断。

④找到故障点后，做相应的处理。

（2）通信系统故障

①检查电台开关机是否正常。

②测试电台语音发射和接收是否正常。

③检查电台天线杆中心极是否牢固。

④检查电台馈线及天线底座是否完好。

⑤找到故障点后，做相应的处理。

（三）技术要求

①译码器放炮测试结果合格：井口时间（UPHOLE) 准确、爆炸信号（TB）准确。

②测试译码器的电瓶电压正常。

③测试前，应分别检查编码器和译码器工作参数是否匹配。

（四）注意事项

①连接电瓶前，应仔细核对电瓶的正负极，不能接错。

②拆卸线缆前，应将电源断开，切勿带电操作。

③未安装天线禁止使用电台。

④使用电烙铁要注意用电安全，防止触电和烫伤。

八 维护保养爆炸机

（一）设备、材料、工具

爆炸机、12V 电瓶、万用表，无水乙醇、毛刷、清洁毛巾、脱脂棉、绝缘防水胶带、一字螺丝刀、十字螺丝刀、斜口钳、尖嘴钳、活动扳手等。

（二）操作规程

1. 外观清洁

①使用干毛巾清洁爆炸机背包表面的尘土、污垢。②使用毛刷清除爆炸机主机和电台的尘土。③使用酒精棉球擦拭爆炸机面板及高压端子的污垢及氧化物。④使用酒精棉签清洁天线插头及插座的污垢及氧化物。⑤清除井口检波器和连线的泥土、污垢，保持外部清洁。

2. 检查紧固

①使用螺丝刀和扳手紧固主机与背包架固定螺栓。②紧固电台固定螺栓。③紧固爆炸机电台天线座。④检查插座、插针、连线是否松动、弯曲或接触不良。⑤检查紧固井口检波器上盖和尾椎。

（三）技术要求

①确定爆炸机各部位紧固牢靠。②确保爆炸机外观清洁。

（四）注意事项

①清洁爆炸机主机及电台时要注意，不能有水进入机器内部以防短路和锈蚀。②清洁泥土时，不能使用硬物刮磨爆炸机的主机及电台。③使用湿毛巾擦拭后，要及时晾干或吹干。④爆炸机应集中存放在干燥、清洁的地方。⑤爆炸机电瓶要及时充电。充电时，要严格按照充电机使用说明书正确充电。⑥每天保养后的爆炸机，应立即做好各项功能测试，发现有问题及时送修。

九 测试遥爆系统电台启动延迟

（一）设备、材料、工具

12V 电瓶、编码器、译码器、100MHz 数字示波器、掌上电脑等。

（二）操作规程

1. 电台启动延迟时间调整

（1）设备设置

①示波器开机将时间刻度置为 500μs，触发源选 1 通道，触发方式置为单次触发的上升沿触发，触发电平为 2.5V，并将第 2 通道打开，通道 1 电平刻度为 5V，通道 2 电平刻度为 50V。②编码器和译码器通电开机，分别输入相应参数。译码器的〈DECODER DELAY〉参数设置为 0.00μs。将编译码器电台频率设置一致。

（2）连接设备

①将示波器的通道 1 与编码器的系统连线的 TB 相连。②将示波器的通道 2 接在译码器雷管接线柱的两端。

（3）测试操作

①用 10～100Ω 1/4W 电阻，连接到译码器雷管接线柱两端。②充电放炮，放炮结束后，读取示波器上两通道显示的脉冲起跳点之间时间差。

（4）调整差值

①用取得的时间差，加上原来设置的值，置入编码器的〈RAD Start delay〉参数，用于

修正该值。②反复进行上述调整过程，直到编码器钟 TB 脉冲信号上升沿与译码器起爆电压脉冲信号上升沿的差值小于 50μs。

2. 电台参考信号延迟调整（RAD REF DELAY）

（1）设置设备

①将示波器的时间刻度置为 500μs，触发源选 1 通道，触发方式置为单次触发的上升沿触发，触发电平为 2.5V，并将第 2 通道打开，通道 1 电平刻度置为 5V，通道 2 电平刻度为 5V。②编码器和译码器通电开机，分别输入相应的参数。译码器的〈DECODER DELAY〉参数设置为 0.00μs，将编译码器电台频率设置一致。

（2）连接设备

①将通道 1 接在编码器的模拟数据（ANALOG DATA）信号输出道。②将示波器的通道 2 与编码器的系统连线的参考标识脉冲（REFERENCE MARKE) 信号输出道相连。

（3）测试操作

①用 10～100Ω 1/4W 电阻，连接到译码器雷管接线柱两端。②采用模拟放炮方式，放炮结束后，读取示波器上两通道显示的脉冲起跳点之间的时间差。

（4）调整差值

①用取得的时间差，加上原来设置的值，置入编码器的〈RADIO REF DEL〉参数，用于修正该值，使得这两个信号脉冲间的时差尽可能小。②反复进行上述调整过程，直到译码器钟 TB 时间标识脉冲信号上升沿与解码后的译码器钟 TB 脉冲信号上升沿起跳点的差值不大于 100μs。

（三）技术要求

①必须完成启动延迟调整后，才能进行电台参考延迟调整。②编码器和译码器要使用相同型号的电台。③编码器和译码器电台频率要设置一致。

（四）注意事项

①连接电瓶前，应仔细核对电瓶的正负极，不能接错。②设备操作时，要轻拿轻放，不要磕碰设备。③未安装天线禁止使用电台。④电台发射时天线杆不应接触到其他物体或皮肤。

思考题

1. BOOM BOX Ⅱ爆炸机的常见故障？
2. 装填成型药包的注意事项？
3. BOOM BOX Ⅱ译码器参数设置流程有哪些？
4. 爆炸机电瓶检测与充电标准操作规程内容有哪些？
5. 源驱动激发与常规激发有何区别？

扫一扫
获取更多资源

参考文献

［1］陆基孟．地震勘探原理［M］．青岛：中国石油大学出版社，1993.

［2］孙传友．地震勘探仪器原理［M］．青岛：中国石油大学出版社，1996.

［3］吕郊．地震勘探仪器原理［M］．青岛：中国石油大学出版社，1997.

［4］黄祥成，胡农，李德富．机修钳工技师手册［M］．北京：机械工业出版社，2001.

［5］钱可强，等．机械制图［M］．北京：中国劳动社会保障出版社，2001.

［6］中国石油天然气总公司劳资局．石油地震勘探工［M］．北京：石油工业出版社，1998.

［7］中国石油天然气集团公司人事劳资部．石油地震勘探工［M］．北京：石油工业出版社，2000.

［8］石油石化职业技能培训教程．石油地震勘探工［M］．北京：石油工业出版社，2020.

［9］职业技能培训教程与鉴定试题集．石油地震勘探工［M］．北京：石油工业出版社，2006.

［10］Sercel Company. 508XT Uuser's Manual 2016.

［11］Sercel Company.508XT Function Manual. 2016.

［12］Sercel Company.428XL Technical Manual. 2006.

［13］Sercel Company.428XL Uuser's Manual. 2006.